"十二五"职业教育国家规划教材
经全国职业教育教材审定委员会审定

工业和信息化"十三五"高等职业教育人才培养规划教材

Linux网络操作系统项目教程（RHEL 6.4/CentOS 6.4）

（第2版）

Network Operating System of Linux

杨云 张菁 ◎ 主编

INDUSTRY AND INFORMATION TECHNOLOGY TRAINING PLANNING MATERIALS
TECHNICAL AND VOCATIONAL EDUCATION

人民邮电出版社
北京

图书在版编目（CIP）数据

Linux网络操作系统项目教程 : RHEL 6.4/CentOS 6.4 : 第2版 / 杨云，张菁主编. -- 2版. -- 北京 : 人民邮电出版社，2016.8(2024.2重印)
工业和信息化“十三五”高等职业教育人才培养规划教材
ISBN 978-7-115-42127-2

Ⅰ. ①L… Ⅱ. ①杨… ②张… Ⅲ. ①Linux操作系统－高等职业教育－教材 Ⅳ. ①TP316.89

中国版本图书馆CIP数据核字(2016)第119262号

内容提要

本书是“十二五”职业教育国家规划教材，是一本 Linux 零基础教材。本书基于“项目驱动、任务导向”的项目化教学方式编写而成，体现了“基于工作过程”的教学理念。

本书以 Red Hat Enterprise Linux 6.4/CentOS 6.4 为平台，对 Linux 网络操作系统的应用进行了详细讲解。全书共分为系统安装与常用命令、系统配置与管理、vim 编程与调试、网络服务器配置与管理 4 个学习情境，共 14 个教学实训项目。教学实训项目包括：安装与基本配置 Linux 操作系统，熟练使用 Linux 常用命令，管理 Linux 服务器的用户和组，配置与管理文件系统，配置与管理磁盘，管理 Linux 服务器的网络配置，熟练使用 vim 程序编辑器与 shell，学习 shell script，使用 gcc 和 make 调试程序，配置与管理 Samba、DHCP、DNS、Apache、FTP 服务器。每个项目后面有“故障排除”“项目实录”“实践习题”等结合实践应用的内容，使用大量翔实的企业应用实例，配以项目实录视频，使“教、学、做”融为一体，实现理论与实践的完美统一。

本书可作为高职高专院校计算机应用技术专业、计算机网络技术专业和网络系统管理专业的理论与实践一体化教材，也可作为 Linux 系统管理和网络管理人员的自学指导书。

◆ 主　　编　杨　云　张　菁
　责任编辑　马小霞
　责任印制　焦志炜

◆ 人民邮电出版社出版发行　　北京市丰台区成寿寺路 11 号
　邮编　100164　　电子邮件　315@ptpress.com.cn
　网址　http://www.ptpress.com.cn
　固安县铭成印刷有限公司印刷

◆ 开本：787×1092　1/16
　印张：19　　　　　　2016 年 8 月第 2 版
　字数：485 千字　　　2024 年 2 月河北第 22 次印刷

定价：52.00 元（附光盘）

读者服务热线：(010)81055256　印装质量热线：(010)81055316
反盗版热线：(010)81055315

前言

党的二十大报告指出“科技是第一生产力、人才是第一资源、创新是第一动力”。大国工匠和高技能人才作为人才强国战略的重要组成部分，在现代化国家建设中起着重要的作用。高等职业教育肩负着培养大国工匠和高技能人才的使命，近几年得到了迅速发展和普及。

网络强国是国家的发展战略。自主可控的网络技能型人才培养显得尤为重要，国产服务器操作系统的应用是重中之重。

1．改版背景

《Linux 网络操作系统及应用（项目式）》一书出版 3 年来，得到了兄弟院校师生的厚爱，已经重印十余次。

为了适应计算机网络的发展和高职高专教材改革的需要，我们修订了本书的核心内容，将操作系统版本升级到 Red Hat Enterprise Linux 6.4/CentOS 6.4，删除了部分陈旧的内容，增加了新技术的内容介绍，丰富了教学配套资源。

2．教材姊妹篇

《Linux 网络操作系统项目教程（RHEL 6.4/CentOS 6.4）》（第 2 版）和《网络服务器搭建、配置与管理——Linux 版》（第 2 版）两本书都是“十二五”职业教育国家规划教材。

本书是国家级精品课程和精品资源共享课程配套教材、Linux 零基础教材，是《网络服务器搭建、配置与管理——Linux 版》（第 2 版）（人民邮电出版社，杨云主编）的姊妹篇。《网络服务器搭建、配置与管理——Linux 版》（第 2 版）已由人民邮电出版社在 2015 年 4 月正式出版，目前已重印 3 次。

《Linux 网络操作系统项目教程（RHEL 6.4/CentOS 6.4）》（第 2 版）的成功出版，将给高职高专院校选择合适的 Linux 教材提供更大的灵活性和方便性。根据教学要求和教学重点的不同，使用者可以选学其中任意 1 本教材。当然，如果时间允许，使用者同时选用 2 本教材（两学期连上），将能得到更大的收获。

3．本书特点

本书最大的特点是为教师和学生提供了立体化教学资源，助力“易教易学”。

（1）本书是基于工作过程导向的“教、学、做”一体化的工学结合教材。

本书集项目教学与拓展实训为一体，按照“项目导入”→“职业能力目标和要求”→“学习性工作任务”→ “项目实录”→“练习题”→“实践习题”→“超级链接”的梯次进行组织。理实一体，“教、学、做”一体化，强化能力培养。

项目实录是一个更加完备的工程项目，包括项目背景、网络拓扑、深度思考等内容，配合精品课网站的相关视频录像，读者可以随时进行工程项目的学习与实践。

（2）本书是国家精品课程和国家精品资源共享课程的配套教材。

本书是国家级精品课程和国家精品资源共享课程《Linux 网络操作系统》的配套教材，教学资源丰富，所有教学录像和实验视频全部放在网站上，供下载学习和在线收看。另外，教学中经常会用到的实训指导书、课程标准、题库、教师手册、学习指南、学习论坛、教材补充材料等内容也都放在课程网站上。精品课程网站地址为 http://linux.sdp.edu.cn/kcweb；国家精品资源共享课程地址为 http://www.icourses.cn/coursestatic/course_2843.html。PPT 教案、习题解答等必备资料可到人民邮电出版社教学服务与资源网（http://www.ptpedu.com.cn）免费下载使用。

4．随书光盘

随书项目实录收录了安装与基本配置 Linux 操作系统、熟练使用 Linux 基本命令、管理用户与组、管理文件权限、管理文件系统、管理动态磁盘、管理 LVM 逻辑卷、配置 TCP-IP 网络接口、使用 vim 编辑器、使用 shell 编程、配置与管理 samba 服务器、配置与管理 DHCP 服务器、配置与管理 DNS 服务器、配置与管理 Web 服务器、配置与管理 FTP 服务器这 15 个项目实录的视频。

拓展项目实录收录了配置与管理 NFS 服务器、配置与管理 iptables 服务器、配置与管理 squid 代理服务器、配置与管理电子邮件服务器、配置与管理 VPN 服务器、配置远程管理、安装和管理软件包、进程管理与系统监视、排除系统和网络故障这 9 个项目实录的视频。

随书光盘还含有源码、习题答案、项目实录的 PPT 等其他教学资源，并赠送 RHEL5.4 版本的所有项目实录视频。

5．其他

本书由杨云、张菁主编。池州职业技术学院张菁编写项目 1~项目 5，大庆职业学院任宁编写项目 6~项目 8，大庆职业学院运永顺编写项目 12~项目 13，清远市技师学院肖泽编写项目 9~项目 10，广东轻工职业技术学院谢峰编写项目 11、项目 14。邹汪平、张晖、梁明亮、马立新、杨建新、金月光、薛鸿民、李满、王秀梅、郭娟、王春身、李娟、孙凤杰等老师也参与了编写工作。本书是理论和经验的一次总结与升华，肯定不会让读者感到失望。

订购教材后请向作者索要：授课计划、项目指导书、电子教案、电子课件、课程标准、大赛试卷及答案、考试试卷及答案、拓展提升、项目任务单、实训指导书等内容。QQ：68433059。Windows & Linux（教师群）：189934741。

编者

2023 年 5 月

目　录　CONTENTS

学习情境一　系统安装与常用命令

项目一　安装与基本配置 Linux 操作系统　1

项目二　熟练使用 Linux 常用命令　36

学习情境二　系统配置与管理

项目三　管理 Linux 服务器的用户和组　56

项目四 配置与管理文件系统 71

项目五 配置与管理磁盘 90

项目六　管理 Linux 服务器的网络配置　115

学习情境三　vim 编程与调试

项目七　熟练使用 vim 程序编辑器与 shell　134

项目八　学习 shell script　165

项目九　使用 GCC 和 make 调试程序　196

学习情境四　网络服务器配置与管理

项目十　配置与管理 Samba 服务器　208

项目十一 配置与管理 DHCP 服务器 223

项目十二 配置与管理 DNS 服务器 237

项目十三 配置与管理 Apache 服务器 257

项目十四 配置与管理 FTP 服务器 279

学习情境一　系统安装与常用命令

项目一 安装与基本配置 Linux 操作系统

项目导入

某高校组建了校园网，需要架设一台具有 Web、FTP、DNS、DHCP、Samba、VPN 等功能的服务器来为校园网用户提供服务，现需要选择一种既安全又易于管理的网络操作系统，正确搭建服务器并测试。

职业能力目标和要求

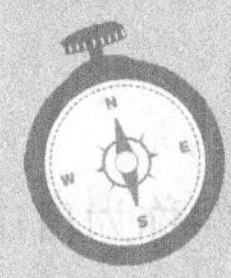

- 理解 Linux 操作系统的体系结构。
- 掌握如何搭建 Red Hat Enterprise Linux 6 服务器。
- 掌握如何删除 Linux 服务器。
- 掌握如何登录、退出 Linux 服务器。
- 理解 Linux 的启动过程和运行级别。
- 掌握如何排除 Linux 服务器安装的故障。

1.1　任务 1　认识 Linux 操作系统

1.1.1　子任务 1　认识 Linux 的前世与今生

1. Linux 系统的历史

Linux 系统是一个类似 UNIX 的操作系统，Linux 系统是 UNIX 在计算机上的完整实现，它的标志是一个名为 Tux 的可爱的小企鹅，如图 1-1 所示。UNIX 操作系统是 1969 年由 K.Thompson 和 D.M.Richie 在美国贝尔实验室开发的一个操作系统。由于良好而稳定的性能，其迅速在计算机中得到广泛的应用，在随后的几十年中又做了不断的改进。

1990 年，芬兰人 Linus Torvalds 接触了为教学而设计的 Minix 系统后，开始着手研究编写一个开放的与 Minix 系统兼容的操作系统。1991 年 10 月 5 日，Linus Torvalds 在赫尔辛基技术大学的一台 FTP 服务器上发布了一个消息，这也标志着 Linux 系统的诞生。Linus Torvalds 公布了第一个 Linux 的内核版本 0.02 版。在最开始时，Linus Torvalds 的兴趣在于了解操作系统运行原理，因此 Linux 早期的版本并没有考虑最终用户的使用，只是提供了最核心的框架，使得Linux编程人员可以享受编制内核的乐趣,但这样也保证了Linux系统内核的强大与稳定。Internet 的兴起，使得 Linux 系统也能十分迅速地发展，很快就有许多程序员加入了 Linux 系统的编写行列之中。

随着编程小组的扩大和完整的操作系统基础软件的出现，Linux 开发人员认识到，Linux 已经逐渐变成一个成熟的操作系统。1992 年 3 月，内核 1.0 版本的推出，标志着 Linux 第一个正式版本的诞生。这时能在 Linux 上运行的软件已经十分广泛了，从编译器到网络软件以及 X-Window 都有。现在，Linux 凭借优秀的设计、不凡的性能，加上 IBM、Intel、AMD、Dell、Oracle、Sybase 等国际知名企业的大力支持，市场份额逐步扩大，逐渐成为主流操作系统之一。

2. Linux 的版权问题

Linux 是基于 Copyleft（无版权）的软件模式进行发布的，其实 Copyleft 是与 Copyright（版权所有）相对立的新名称，它是 GNU 项目制定的通用公共许可证（General Public License，GPL）。GNU 项目是由 Richard Stallman 于 1984 年提出的，他建立了自由软件基金会（FSF）并提出 GNU 计划的目的是开发一个完全自由的、与 UNIX 类似但功能更强大的操作系统，以便为所有的计算机使用者提供一个功能齐全、性能良好的基本系统，它的标志是角马，如图 1-2 所示。

图 1-1　Linux 的标志 Tux

图 1-2　GNU 的标志角马

GPL 是由自由软件基金会发行的用于计算机软件的协议证书，使用证书的软件称为自由软件（后来改名为开放源代码软件（Open Source Software））。大多数的 GNU 程序和超过半数的自由软件都使用它，GPL 保证任何人都有权使用、复制和修改该软件。任何人都有权取得、修改和重新发布自由软件的源代码，并且规定在不增加附加费用的条件下可以得到自由软件的源代码。同时还规定自由软件的衍生作品必须以 GPL 作为它重新发布的许可协议。Copyleft 软件的组成非常透明化，这样当出现问题时，就可以准确地查明故障原因，及时采取相应对策，同时用户不用再担心有“后门”的威胁。

小资料

GNU 这个名字使用了有趣的递归缩写，它是“GNU’s Not UNIX”的缩写形式。由于递归缩写是一种在全称中递归引用它自身的缩写，因此无法精确地解释出它的真正全称。

3. Linux系统的特点

Linux操作系统作为一个免费、自由、开放的操作系统，它的发展势不可挡，它拥有如下所述的一些特点。

（1）完全免费。由于Linux遵循通用公共许可证GPL，因此任何人都有使用、复制和修改Linux的自由，可以放心地使用Linux而不必担心成为“盗版”用户。

（2）高效安全稳定。UNIX操作系统的稳定性是众所周知的，Linux继承了UNIX核心的设计思想，具有执行效率高、安全性高和稳定性好的特点。Linux系统的连续运行时间通常以年作单位，能连续运行3年以上的Linux服务器并不少见。

（3）支持多种硬件平台。Linux能在笔记本电脑、PC、工作站甚至大型机上运行，并能在x86、MIPS、PowerPC、SPARC、Alpha等主流的体系结构上运行，可以说Linux是目前支持硬件平台最多的操作系统。

（4）友好的用户界面。Linux提供了类似Windows图形界面的X-Window系统，用户可以使用鼠标方便、直观和快捷地进行操作。经过多年的发展，Linux的图形界面技术已经非常成熟，其强大的功能和灵活的配置界面让一向以用户界面友好著称的Windows也黯然失色。

（5）强大的网络功能。网络就是Linux的生命，完善的网络支持是Linux与生俱来的能力，所以Linux在通信和网络功能方面优于其他操作系统，其他操作系统不包含如此紧密地和内核结合在一起的连接网络的能力，也没有内置这些网络特性的灵活性。

（6）支持多任务、多用户。Linux是多任务、多用户的操作系统，可以支持多个使用者同时使用并共享系统的磁盘、外设、处理器等系统资源。Linux的保护机制使每个应用程序和用户互不干扰，一个任务崩溃，其他任务仍然照常运行。

1.1.2 子任务2 理解Linux体系结构

Linux一般有3个主要部分：内核（Kernel）、命令解释层（Shell或其他操作环境）、实用工具。

1. Linux内核

内核是系统的心脏，是运行程序和管理磁盘及打印机等硬件设备的核心程序。操作环境向用户提供一个操作界面，它从用户那里接受命令，并且把命令送给内核去执行。由于内核提供的都是操作系统最基本的功能，如果内核发生问题，整个计算机系统就可能会崩溃。

Linux内核的源代码主要用C语言编写，只有部分与驱动相关的用汇编语言Assembly编写。Linux内核采用模块化的结构，其主要模块包括存储管理、CPU和进程管理、文件系统管理、设备管理和驱动、网络通信以及系统的引导、系统调用等。Linux内核的源代码通常安装在/usr/src目录，可供用户查看和修改。

当Linux安装完毕之后，一个通用的内核就被安装到计算机中。这个通用内核能满足绝大部分用户的需求，但也正因为内核的这种普遍适用性使得很多对具体的某一台计算机来说可能并不需要的内核程序（如一些硬件驱动程序）将被安装并运行。Linux允许用户根据自己机器的实际配置定制Linux的内核，从而有效地简化Linux内核，提高系统启动速度，并释放更多的内存资源。

在Linus Torvalds领导的内核开发小组的不懈努力下，Linux内核的更新速度非常快。用户在安装Linux后可以下载最新版本的Linux内核，进行内核编译后升级计算机的内核，就可以使用到内核最新的功能。由于内核定制和升级的成败关系到整个计算机系统能否正常运行，因此用户对此必须非常谨慎。

2. 命令解释层

Shell 是系统的用户界面，提供了用户与内核进行交互操作的一种接口。它接收用户输入的命令，并且把它送入内核去执行。

操作环境在操作系统内核与用户之间提供操作界面，它可以描述为一个解释器。操作系统对用户输入的命令进行解释，再将其发送到内核。Linux 存在几种操作环境，分别是：桌面（desktop）、窗口管理器（window manager）和命令行 shell（command line shell）。Linux 系统中的每个用户都可以拥有自己的用户操作界面，根据自己的要求进行定制。

Shell 是一个命令解释器，它解释由用户输入的命令，并且把它们送到内核。不仅如此，Shell 还有自己的编程语言用于对命令的编辑，它允许用户编写由 shell 命令组成的程序。Shell 编程语言具有普通编程语言的很多特点，如它也有循环结构和分支控制结构等，用这种编程语言编写的 Shell 程序与其他应用程序具有同样的效果。

同 Linux 本身一样，Shell 也有多种不同的版本。目前，主要有下列版本的 Shell。

- Bourne Shell：是贝尔实验室开发的版本。
- BASH：是 GNU 的 Bourne Again Shell，是 GNU 操作系统上默认的 Shell。
- Korn Shell：是对 Bourne Shell 的发展，在大部分情况下与 Bourne Shell 兼容。
- C shell：是 SUN 公司 Shell 的 BSD 版本。

Shell 不仅是一种交互式命令解释程序，而且还是一种程序设计语言，它跟 MS-DOS 中的批处理命令类似，但比批处理命令功能强大。在 Shell 脚本程序中可以定义和使用变量，进行参数传递、流程控制、函数调用等。

Shell 脚本程序是解释型的，也就是说 Shell 脚本程序不需要进行编译，就能直接逐条解释，逐条执行脚本程序的源语句。Shell 脚本程序的处理对象只能是文件、字符串或者命令语句，而不像其他的高级语言有丰富的数据类型和数据结构。

作为命令行操作界面的替代选择，Linux 还提供了像 Microsoft Windows 那样的可视化界面——X-Window 的图形用户界面（GUI）。它提供了很多窗口管理器，其操作就像 Windows 一样，有窗口、图标和菜单，所有的管理都通过鼠标控制。现在比较流行的窗口管理器是 KDE 和 Gnome（其中 Gnome 是 Red Hat Linux 默认使用的界面），两种桌面都能够免费获得。

3. 实用工具

标准的 Linux 系统都有一套叫作实用工具的程序，它们是专门的程序，如编辑器、执行标准的计算操作等。用户也可以产生自己的工具。

实用工具可分为以下 3 类。

- 编辑器：用于编辑文件。
- 过滤器：用于接收数据并过滤数据。
- 交互程序：允许用户发送信息或接收来自其他用户的信息。

Linux 的编辑器主要有：Ed、Ex、Vi、vim 和 Emacs。Ed 和 Ex 是行编辑器，Vi、vim 和 Emacs 是全屏幕编辑器。

Linux 的过滤器（Filter）读取用户文件或其他设备输入数据。检查和处理数据，然后输出结果。从这个意义上说，它们过滤了经过它们的数据。Linux 有不同类型的过滤器，一些过滤器用行编辑命令输出一个被编辑的文件，另外一些过滤器是按模式寻找文件并以这种模式输出部分数据。还有一些执行字处理操作，检测一个文件中的格式，输出一个格式化的文件。

过滤器的输入可以是一个文件，也可以是用户从键盘输入的数据，还可以是另一个过滤器的输出。过滤器可以相互连接，因此，一个过滤器的输出可能是另一个过滤器的输入。在有些情况下，用户可以编写自己的过滤器程序。

交互程序是用户与机器的信息接口。Linux 是一个多用户系统，它必须和所有用户保持联系。信息可以由系统上的不同用户发送或接收。信息的发送有两种方式，一种方式是与其他用户一对一地链接进行对话，另一种方式是一个用户对多个用户同时链接进行通信，即所谓广播式通信。

1.1.3　子任务 3　认识 Linux 的版本

Linux 的版本分为内核版本和发行版本两种。

1. 内核版本

内核是系统的心脏，是运行程序和管理磁盘及打印机等硬件设备的核心程序，它提供了一个在裸设备与应用程序间的抽象层。例如，程序本身不需要了解用户的主板芯片集或磁盘控制器的细节就能在高层次上读写磁盘。

内核的开发和规范一直由 Linus 领导的开发小组控制着，版本也是唯一的。开发小组每隔一段时间公布新的版本或其修订版，从 1991 年 10 月 Linus 向世界公开发布的内核 0.0.2 版本（0.0.1 版本功能相当简陋所以没有公开发布）到目前最新的内核 2.6.24 版本，Linux 的功能越来越强大。

Linux 内核的版本号命名是有一定规则的，版本号的格式通常为“主版本号.次版本号.修正号”。主版本号和次版本号标志着重要的功能变动，修正号表示较小的功能变更。以 2.6.12 版本为例，2 代表主版本号，6 代表次版本号，12 代表修正号。其中次版本号还有特定的意义：如果是偶数数字，就表示该内核是一个可放心使用的稳定版；如果是奇数数字，则表示该内核加入了某些测试的新功能，是一个内部可能存在着 BUG 的测试版。如 2.5.74 表示是一个测试版的内核，2.6.12 表示是一个稳定版的内核。读者可以到 Linux 内核官方网站 http://www.kernel.org/下载最新的内核代码。

2. 发行版本

仅有内核而没有应用软件的操作系统是无法使用的，所以许多公司或社团将内核、源代码及相关的应用程序组织构成一个完整的操作系统，让一般的用户可以简便地安装和使用 Linux，这就是所谓的发行版本（Distribution），一般谈论的 Linux 系统便是针对这些发行版本的。目前各种发行版本超过 300 种，它们的发行版本号各不相同，使用的内核版本号也可能不一样，现在最流行的套件有 Red Hat（红帽子）、SUSE、Ubuntu、红旗 Linux 等。

（1）Red Hat Linux

网址：http://www.redhat.com

Red Hat 是目前最成功的商业 Linux 套件发布商。它从 1999 年在美国纳斯达克上市以来，发展良好，目前已经成为 Linux 商界事实上的龙头。

一直以来，Red Hat Linux 就以安装最简单、适合初级用户使用著称，目前它旗下的 Linux 包括了两种版本，一种是个人版本的 Fedora（由 Red Hat 公司赞助，并且由社区维护和驱动，Red Hat 并不提供技术支持），另一种是商业版的 Red Hat Enterprise Linux，最新版本为 Red Hat Enterprise Linux 6。

（2）SUSE Linux Enterprise

网址：http://www.novell.com/linux

SUSE 是欧洲最流行的 Linux 发行套件，它在软件国际化上做出过不小的贡献。现在 SUSE 已经被 Novell 收购，发展也一路走好。不过，与红帽子相比，它并不太适合初级用户使用。

（3）Ubuntu

网址：http://www.ubuntu.org.cn/

Ubuntu 是 Linux 发行版本中的后起之秀，它具备吸引个人用户的众多特性：简单易用的操作方式、漂亮的桌面、众多的硬件支持……它已经成为 Linux 界一个耀眼的明星。

（4）红旗 Linux

网址：http://www.redflag-linux.com/

红旗 Linux 是国内比较成熟的一款 Linux 发行套件，它的界面十分美观，操作起来也十分简单，仿 Windows 的操作界面让用户使用起来更感亲切。

1.1.4 Red Hat Enterprise Linux 6 的新特性

红帽企业版 Linux 6.4 的正式版已于 2013 年 2 月发布。红帽企业 Linux 操作系统丰富的特性源自包括红帽工程师、合作伙伴、用户以及开源社区在内的众多人员的努力。凭借通过强大的生态系统实现的创新能力，红帽企业 Linux 6.4 操作系统能为用户提供由红帽屡获殊荣的全球支持团队所支持的成熟稳定的技术。

红帽企业 Linux 操作系统继续强化着在混合应用环境中领先操作系统的地位，用户希望通过创建物理、虚拟和云环境中通用的标准化基础架构来达到同时具备持续性、稳定性和灵活性。为达到这样目的，其特性就包括了安全硬盘删除和虚拟客户端的实时卷标重新分区等。还对关键功能进行了整合，诸如安全性和存储资源管理，包括云和虚拟化在内的新一代体系结构。

对于这款红帽企业 Linux 的升级版本，红帽利用硬件 OEM 最新的技术对其进行了改进。包括更新多个外围设备的设备驱动器，还有很多诸如针对英特尔至强 E5 处理器家族的编译器优化等。

红帽企业 Linux 6.4 操作系统包含了很多改进和最新的功能，特别是提供了研发人员工具、虚拟化、安全性、扩展性、文件系统和存储等领域的丰富功能。以下着重介绍的就是红帽企业 Linux 6.4 操作系统的部分最新特性和改进之处。

1. 研发人员工具

除了红帽企业 Linux 6 中所支持的 OpenJDK6 外，最新推出的 OpenJDK7 可以帮助用户运行红帽企业 Linux 6.4 来开发和测试开源 Java 的最新版本。除此之外，其他的功能还包括红帽企业 Linux 工具组（升级的 GCC）、性能优化、线程编译和 NUMA。

2. 虚拟化

红帽企业 Linux 6.4 操作系统有助于虚拟化环境的顺利迁移。在最新的 Virt-P2V 工具的帮助下，可以轻松地将物理硬件上运行的红帽企业 Linux 或者微软 Windows 系统转换到 KVM 虚拟客户机上运行。这个版本部署了更加强大的机制来保护与虚拟机相关的数据，并对安全擦除虚拟硬盘映像的方法进行了改进，可以使用户的操作更加安全且符合支付卡行业数据安全标准（简称 PCI-DSS）的法规规定。

3. 安全性

用户目前可以使用双因素验证来安全访问他们的红帽企业 Linux 环境。这种类型的验证机制比简单基于密码验证的方式更加安全。双因素验证已经被企业级环境所接受，也经常被作为行业标准使用。红帽企业 Linux 6.4 操作系统还包括了高级加密功能，这样数据块就能利用底层多处理器功能进行并行加密。用于 OpenSSH 的 AES-CTR（高级加密标准计数器模式）密码的推出可以支持这些功能。AES-CTR 非常适用于高速网络环境。

4. 可扩展性

红帽企业 Linux 6.4 继续试探操作系统平台扩展能力的底线，将每个虚假客户机的虚拟 CPU（vCPU）最大数量从 64 个增加到 160 个。相比 VMwareESX5.0 每个虚拟客户机仅限 32 个 vCPU 来说要高了很多。KVM 虚拟机可支持的内存配置最大容量也从 512GB 增加到了 2TB。

5. 文件系统

文件系统的改进包括 FUSE（用户领域的文件系统）支持的 O_DIRECT，当激活后，所有的 FUSE 读写都可以绕过服务器缓存直接进入存储。这种特性通过对特定使用案例的多存储还带来了更加持续的响应时间和对数据的更可预测的访问，包括数据库写入和重复数据删除。GFS2（共享存储文件系统）目前较之前的版本，读写硬盘数据的速度都要快了很多。除此之外，GFS2 文件系统检查功能目前可以用于检查上一代版本 GFS1 文件系统的完整性。

6. 存储

逻辑卷管理器（LVM）目前可以为 RAID 级别 4.5 和 6 提供支持，通过加强所有的管理功能（如创建和调整卷大小，配置 RAID 和对单个界面进行快照）来简化整体的存储管理。目前可以将红帽企业 Linux 6 作为基于 FCoE 的存储目标服务器进行配置，为本地光纤通道提供高水平的可靠性和性能，同时还能大幅度降低成本。这种特性对红帽企业 Linux 6.0 的 FCoE Initiator 支持提供补充。

7. 订阅管理

凭借红帽企业 Linux 6.4，用户可以默认使用红帽订阅管理（SAM），这是一种加强型订阅管理能力，使用 X.509 证书来帮助用户有效地管理本地订阅。这对推动法规遵从、升级和长期规划都有所帮助。用户可以使用红帽订阅管理器在红帽屡获殊荣的客户门户或者红帽企业 Linux SAM 实例上注册他们的系统。使用之前红帽企业 Linux 版本的 RHN 传统订阅管理的用户可以继续使用这种方式或者迁移到红帽订阅管理。

1.2 任务 2 设计与准备搭建 Linux 服务器

1.2.1 项目设计

中小型企业在选择网络操作系统时，首先推荐企业版 Linux 网络操作系统。一是由于其开源的优势，另一个是考虑到其安全性较高。

要想成功安装 Linux，首先必须要对硬件的基本要求、硬件的兼容性、多重引导、磁盘分区和安装方式等进行充分准备，获取发行版本，查看硬件是否兼容，选择适合的安装方式。做好这些准备工作，Linux 安装之旅才会一帆风顺。

用户可以借助 Windows 的设备管理器来查看计算机中各硬件的型号，并与 Red Hat 公司提供的硬件兼容列表进行对比，以确定硬件是否与 RHEL 5 兼容。

1. 硬件的基本要求

在安装 Red Hat Enterprise Linux 6 之前，我们首先要了解它的最低硬件配置需求，以保证主机可以正常运行。

- CPU：需要 Pentium 以上处理器。
- 内存：对于 x86、AMD64/Intel64 和 Itanium2 架构的主机，最少需要 512MB 的内存，如果主机是 IBM Power 系列，则至少需要 1GB 的内存（推荐 2GB）。
- 硬盘：必须保证有大于 1GB 的空间。实际上，这是安装占用的空间，如果考虑到交换分区、用户数据分区，则所需要的空间远远不止 1GB（完全安装就需要 5GB 以上的硬盘空间）。
- 显卡：需要 VGA 兼容显卡。
- 光驱：CD-ROM 或者 DVD。
- 其他：兼容声卡、网卡等。

由于 Windows 在操作系统上的垄断地位，绝大多数硬件产品厂商只开发了 Windows 操作系统的驱动程序，不过随着 Linux 的快速发展，这种局面在一定程度上得到了缓解，比如著名的显卡厂商 nVIDIA 和 AMD 都开始为 Linux 开发驱动程序，其他业余人员、爱好者也合作编写了质量相当高的各种硬件驱动程序。

Red Hat Enterprise Linux 6 支持目前绝大多数主流的硬件设备，不过由于硬件配置、规格更新极快，若想知道自己的硬件设备是否被 Red Hat Enterprise Linux 6 支持，最好去访问硬件认证网页（https://hardware.RedHat.com/），查看哪些硬件通过了 Red Hat Enterprise Linux 6 的认证。

2. 多重引导

Linux 和 Windows 的多系统共存有多种实现方式，最常用的有以下 3 种。

- 先安装 Windows，再安装 Linux，最后用 Linux 内置的 GRUB 或者 LILO 来实现多系统引导。这种方式实现起来最简单。
- 无所谓先安装 Windows 还是 Linux，最后经过特殊的操作，使用 Windows 内置的 OS Loader 来实现多系统引导。这种方式实现起来稍显复杂。
- 同样无所谓先安装 Windows 还是 Linux，最后使用第三方软件来实现 Windows 和 Linux 的多系统引导。这种实现方式最为灵活，操作也不算复杂。

在这 3 种实现方式中，目前用户使用最多的是通过 Linux 的 GRUB 或者 LILO 实现 Windows、Linux 多系统引导。

LILO 是最早出现的 Linux 引导装载程序之一，其全称为 Linux Loader。早期的 Linux 发行版本中都以 LILO 作为引导装载程序。GRUB 比 LILO 晚出现，其全称是 GRand Unified Bootloader。GRUB 不仅具有 LILO 的绝大部分功能，并且还拥有漂亮的图形化交互界面和方便的操作模式。因此，包括 Red Hat 在内的越来越多的 Linux 发行版本转而将 GRUB 作为默认安装的引导装载程序。

GRUB 提供给用户交互式的图形界面，还允许用户定制个性化的图形界面。而 LILO 的旧版本只提供文字界面，在其最新版本中虽然已经有图形界面，但对图形界面的支持还比较有限。

LILO 通过读取硬盘上的绝对扇区来装入操作系统，因此每次改变分区后都必须重新配置 LILO。如果调整了分区的大小或者分区的分配，那么 LILO 在重新配置之前就不能引导这个分区的操作系统。而 GRUB 是通过文件系统直接把内核读取到内存，因此只要操作系统内核的路径没有改变，GRUB 就可以引导操作系统。

GRUB 不但可以通过配置文件进行系统引导，还可以在引导前动态改变引导参数，动态加载各种设备。例如，刚编译出 Linux 的新内核，却不能确定其能否正常工作时，就可以在引导时动态改变 GRUB 的参数，尝试装载新内核。LILO 只能根据配置文件进行系统引导。

GRUB 提供强大的命令行交互功能，方便用户灵活地使用各种参数来引导操作系统和收集系统信息。GRUB 的命令行模式甚至还支持历史记录功能，用户使用上下键就能寻找到以前的命令，非常高效易用，而 LILO 就不提供这种功能。

3. 安装方式

任何硬盘在使用前都要进行分区。硬盘的分区首先有两种类型：主分区和扩展分区。一个 Red Hat Enterprise Linux 6 提供了多达 4 种安装方式支持，可以从 CD-ROM/DVD 启动安装、从硬盘安装、从 NFS 服务器安装或者从 FTP/HTTP 服务器安装。

（1）从 CD-ROM/DVD 安装

对于绝大多数场合来说，最简单、快捷的安装方式当然是从 CD-ROM/DVD 进行安装。只要设置启动顺序为光驱优先，然后将 Red Hat Enterprise Linux 6 CD-ROM Disk 1 或者 DVD 放入光驱启动即可进入安装向导（CD-ROM 版本有 5 张光盘）。

（2）从硬盘安装

如果是从网上下载的光盘镜像，并且没有刻录机去刻盘，从硬盘安装也是一个不错的选择。需要进行的准备活动也很简单，将下载到的 ISO 镜像文件复制到 FAT32 或者 ext2 分区中，在安装的时候选择硬盘安装，然后选择镜像位置即可。

（3）从网络服务器安装

对于网络速度不是问题的用户来说，通过网络安装也是不错的选择。Red Hat Enterprise Linux 6 目前的网络安装支持 NFS、FTP 和 HTTP 3 种方式。

注意

在通过网络安装 Red Hat Enterprise Linux 6 时，一定要保证光驱中不能有安装光盘，否则有可能会出现不可预料的错误。

4. 磁盘分区

（1）磁盘分区简介

硬盘上最多只能有四个主分区，其中一个主分区可以用一个扩展分区来替换。也就是说主分区可以有 1～4 个，扩展分区可以有 0～1 个，而扩展分区中可以划分出若干个逻辑分区。

目前常用的硬盘主要有两大类：IDE 接口硬盘和 SCSI 接口硬盘。IDE 接口的硬盘读写速度比较慢，但价格相对便宜，是家庭用 PC 常用的硬盘类型。SCSI 接口的硬盘读写速度比较快，但价格相对较贵。通常，要求较高的服务器会采用 SCSI 接口的硬盘。一台计算机上一般有两个 IDE 接口（IDE0 和 IDE1），在每个 IDE 接口上可连接两个硬盘设备（主盘和从盘）。采用 SCSI 接口的计算机也遵循这一规律。

Linux 的所有设备均表示为/dev 目录中的一个文件，如：

- IDE0 接口上的主盘称为/dev/hda；
- IDE0 接口上的从盘称为/dev/hdb；
- IDE1 接口上的主盘称为/dev/hdc；

- IDE1 接口上的从盘称为/dev/hdd；
- 第一个 SCSI 接口的硬盘称为/dev/sda；
- 第二个 SCSI 接口的硬盘称为/dev/sdb；
- IDE0 接口上主盘的第 1 个主分区称为/dev/hda1；
- IDE0 接口上主盘的第 1 个逻辑分区称为/dev/hda5。

由此可知，/dev 目录下“hd”打头的设备是 IDE 硬盘，“sd”打头的设备是 SCSI 硬盘。对于 IDE 硬盘，设备名称中第 3 个字母为 a，表示该硬盘是连接在第 1 个接口上的主盘硬盘，而 b 则表示该盘是连接在第 1 个接口上的从盘硬盘，并以此类推。对于 SCSI 硬盘，第 1～3 个磁盘所对应的设备名称依次为/dev/sda、/dev/sdb、/dev/sdc，其他以此类推。另外，分区使用数字来表示，数字 1～4 用于表示主分区或扩展分区，逻辑分区的编号从 5 开始。

如果是在虚拟机中，则不存在主从盘的问题，建议在虚拟机中使用 SCSI 硬盘。

（2）分区方案

对于初次接触 Linux 的用户来说，分区方案越简单越好，所以最好的选择就是为 Linux 装备两个分区，一个是用户保存系统和数据的根分区（/），另一个是交换分区。其中交换分区不用太大，与物理内存同样大小即可；根分区则需要根据 Linux 系统安装后占用资源的大小和所需要保存数据的多少来调整大小（一般情况下，划分 15～20GB 就足够了）。

当然，对于 Linux 熟手，或者要安装服务器的管理员来说，这种分区方案就不太适合了。此时，一般还会单独创建一个/boot 分区，用于保存系统启动时所需要的文件，再创建一个/usr 分区，操作系统基本都在这个分区中；还需要创建一个/home 分区，所有的用户信息都在这个分区下；还有/var 分区，服务器的登录文件、邮件、Web 服务器的数据文件都会放在这个分区中，如图 1-3 所示。

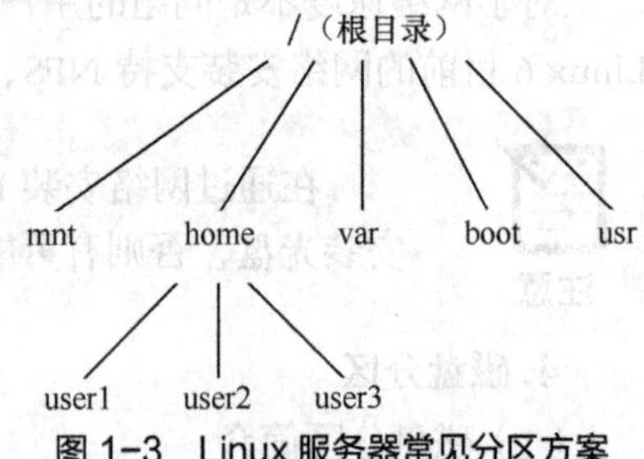

图 1-3 Linux 服务器常见分区方案

至于分区操作，由于 Windows 并不支持 Linux 下的 ext2、ext3 和 swap 分区，所以我们只有借助于 Linux 的安装程序进行分区了。当然，绝大多数第三方分区软件也支持 Linux 的分区，我们也可以用它们来完成这项工作。

1.2.2 项目准备

Red Hat Enterprise Linux 6 安装程序的启动，根据实际情况的不同，主要有以下 4 种选择。

- Red Hat Enterprise Linux 6 CD-ROM/DVD——需要用户有 Red Hat Enterprise Linux 6 的安装光盘。
- 从 CD-ROM/DVD 启动——用户的计算机必须支持光盘启动，并且安装文件可以通过本地硬盘、NFS/FTP/HTTP 等途径访问。
- 从 USB 闪盘启动——用户的计算机必须支持从闪盘启动，并且安装文件可以通过本地硬盘、NFS/FTP/HTTP 等途径访问。
- 以 PXE 方式网络启动。

下面，我们就通过 Red Hat Enterprise Linux 6 CD-ROM/DVD 来启动计算机，并逐步安装程序。

1.3 任务 3 安装 Red Hat Enterprise Linux 6

在安装前需要对虚拟机软件做一点介绍，启动 VMWare 软件，在 VMWare Workstation 主窗口中单击“New Virtual Machine”，或者选择“File”→“New”→“Virtual Machine”命令，打开新建虚拟机向导。继续单击“下一步”按钮，出现如图 1-4 所示对话框。从 VMWare 6.5 开始，在建立虚拟机时有一项“Easy install”，类似 Windows 的无人值守安装，如果不希望执行“Easy Install”，请选择第 3 项“我以后再安装操作系统”单选按钮（推荐选择本项）。其他内容请参照网上资料。或参考作者在人民邮电出版社出版的实训教材：《Linus 项目实训》。

1. 设置启动顺序

决定了要采用的启动方式后，就要到 BIOS 中进行设置，将相关的启动设备设置为高优先级。因为现在所有的 Linux 版本都支持从光盘启动，所以我们就进入“Advanced BIOS Feature”选项，设置第 1 个引导设备为“CDROM”。

一般情况下，计算机的硬盘是启动计算机的第一选择，也就是说计算机在开机自检后，将首先读取硬盘上引导扇区中的程序来启动计算机。要安装 RHEL 6 首先要确认计算机将光盘设置为第 1 启动设备。开启计算机电源后，屏幕会出现计算机硬件的检测信息，此时根据屏幕提示按下相应的按键就可以进入 BIOS 的设置画面，如屏幕出现“Press DEL to enter SETUP”字样，那么单击 Delete 键就进入 BIOS 设置画面。不同的计算机提示信息有所不同，不同主板的计算机 BIOS 设置画面也有所差别。

在 BIOS 设置画面中将系统启动顺序中的第 1 启动设备设置为 CD-ROM 选项，并保存设置，退出 BIOS。

2. 选择安装方式

现在把 Red Hat Enterprise Linux 6 CD-ROM/DVD 放入光驱，重新启动计算机，稍等片刻，就看到了经典的 Red Hat Linux 安装界面，如图 1-5 所示。

新建虚拟机向导
客户机操作系统安装
虚拟机就像一台物理计算机；它需要操作系统。您将如何安装客户操作系统？
安装从:
安装盘(D):
无可用驱动器
安装盘镜像文件 (iso)(M):
F:\ISO安装文件\rhel-server-5.4-i386-dvd.iso
浏览(R)...
我以后再安装操作系统(S)
创建一个虚拟空白硬盘.
帮助 <返回(B) 继续(N)> 取消

图 1-4 在虚拟机中选择安装方式

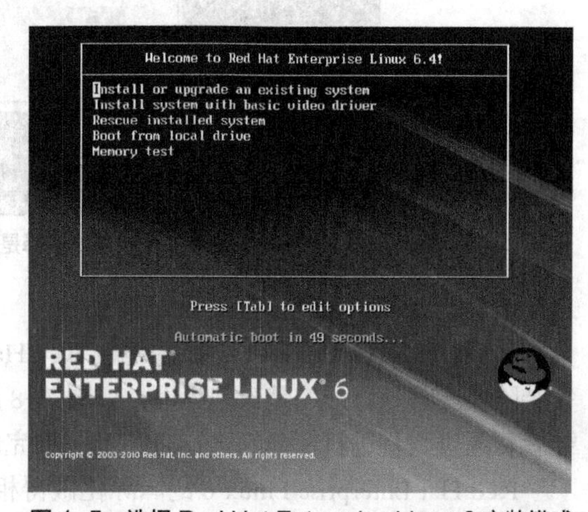

图 1-5 选择 Red Hat Enterprise Linux 6 安装模式

RHEL6 的安装欢迎界面和 RHEL5 有点区别，RHEL6 分 4 个选项，第一个是安装或者升级一个存在的系统，第二个是安装基本的视频驱动系统，第三个是救援模式安装系统，第四个是从本地磁盘启动。光盘安装界面常用按键<tab>键是编辑，回车是执行，移动可使用上下方向键。

3. 检测光盘和硬件

选中第一项，直接按回车键，安装程序就会自动去检测硬件，并且会在屏幕上提示相关的信息，如光盘、硬盘、CPU、串行设备等，如图 1-6 所示。

```
Freeing unused kernel memory: 1264k freed
Write protecting the kernel read-only data: 10240k
Freeing unused kernel memory: 904k freed
Freeing unused kernel memory: 1676k freed

Greetings.
anaconda installer init version 13.21.195 starting
mounting /proc filesystem... done
creating /dev filesystem... done
starting udev...input: VMware VMware Virtual USB Mouse as /devices/pci0000:00/00
00:00:11.0/0000:02:00.0/usb2/2-1/2-1:1.1/input/input5
generic-usb 0003:0E0F:0003.0002: input,hidraw1: USB HID v1.10 Mouse [VMware VMwa
re Virtual USB Mouse] on usb-0000:02:00.0-1/input1
done
mounting /dev/pts (unix98 pty) filesystem... done
mounting /sys filesystem... done
trying to remount root filesystem read write... done
mounting /tmp as tmpfs... done
running install...
running /sbin/loader
detecting hardware...
waiting for hardware to initialize...
detecting hardware...
waiting for hardware to initialize...
```

图 1-6　Red Hat Enterprise Linux 6 安装程序检测硬件中

检测完毕，还会出现一个光盘检测窗口，如图 1-7 所示。这是因为大家使用的 Linux 很多都是从网上下载的，为了防止下载错误导致安装失败，Red Hat Enterprise Linux 特意设置了光盘正确性检查程序。如果确认自己的光盘没有问题，就按下“skip”按钮跳过漫长的检测过程。

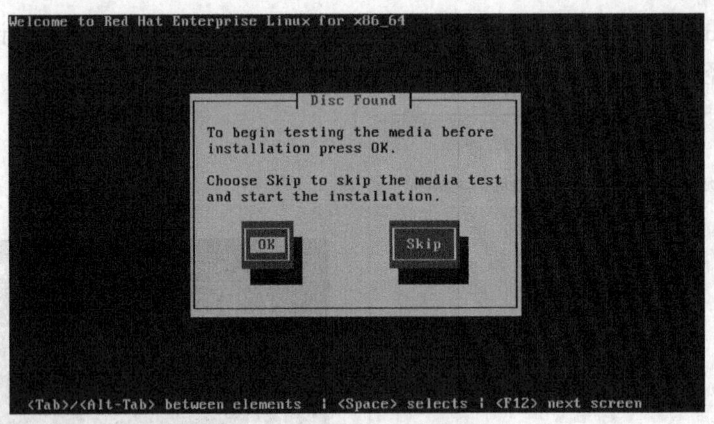

图 1-7　选择是否检测光盘介质

4. 选择安装语言并进行键盘设置

如果你的主机硬件都可以很好地被 Red Hat Enterprise Linux 6 支持，现在就进入了图形化安装阶段。首先打开的是欢迎界面，如图 1-8 所示。接下来，Red Hat Enterprise Linux 6 的安装就要通过我们进行简单的选择来一步一步完成了。

Red Hat Enterprise Linux 6 的国际化做得相当好，它的安装界面内置了数十种语言支持。根据自己的需求选择语言种类，这里选择“简体中文”，单击“Next”按钮后，整个安装界面就变成简体中文显示了，如图 1-9 所示。

图 1-8 Red Hat Enterprise Linux 6 的欢迎界面

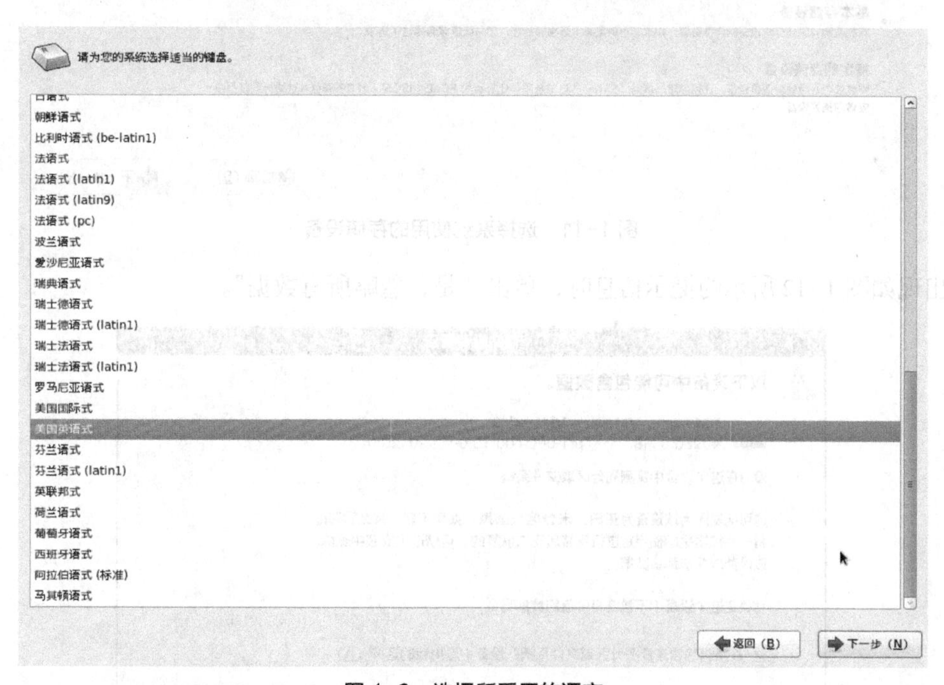

图 1-9 选择所采用的语言

接下来是键盘布局选择窗口，对于选择了“简体中文”界面的用户来说，这里最好选择“美国英语式”，如图 1-10 所示。

5. 选择系统使用的存储设备

一般情况下，默认选择“基本存储设备”，再单击“下一步”按钮，如图 1-11 所示。

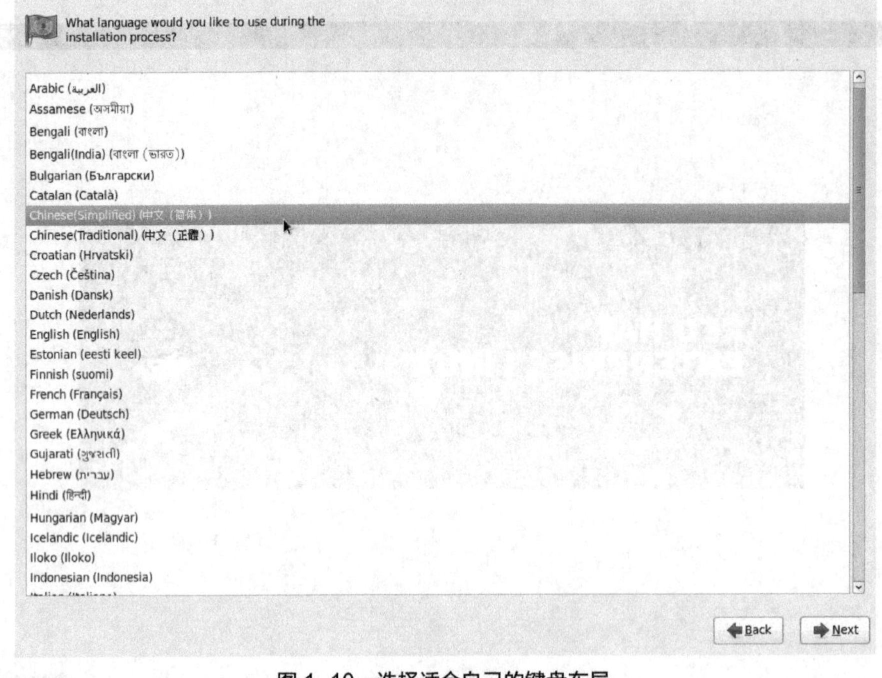

图 1-10　选择适合自己的键盘布局

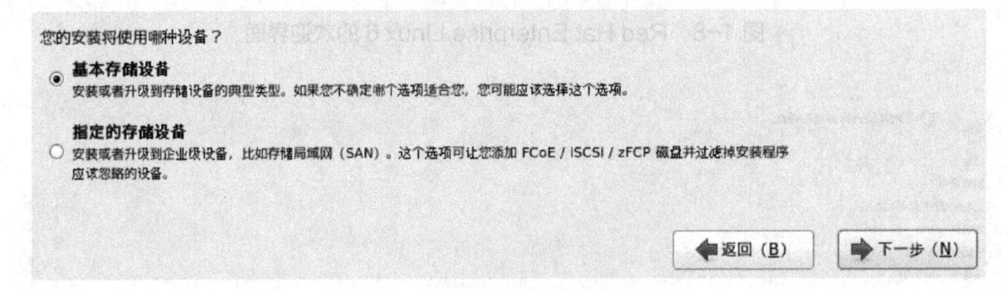

图 1-11　选择系统使用的存储设备

出现如图 1-12 所示的提示信息时，单击“是，忽略所有数据”。

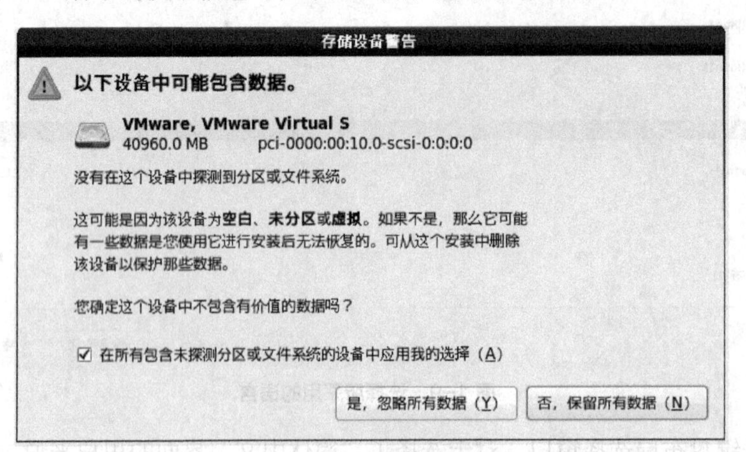

图 1-12　存储设备警告

6. 设置计算机名

可根据实际情况，对计算机主机名进行命名，如 RHEL6.4-1，如图 1-13 所示。

图 1-13　为计算机命名

7. 配置网络

单击界面左下角的“配置网络”按钮，进入配置服务器网络界面，选中“System eth0”，然后单击“编辑”按钮，可以给 eth0 配置静态 IP 地址，如图 1-14 所示。

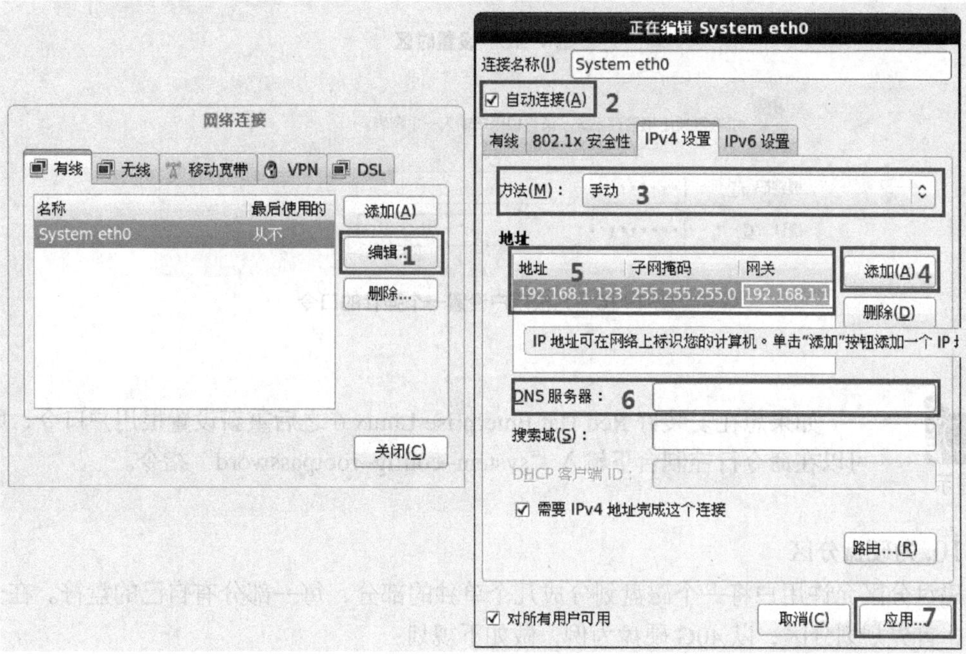

图 1-14　配置网络

8. 选择系统时区

单击“关闭”按钮，回到图 1-13，单击“下一步”按钮，出现如图 1-15 所示的时区选择图。时区默认为“亚洲/上海”，注意需要去掉“系统时钟使用 UTC 时间”前面的对勾，然后单击“下一步”按钮。

9. 设置 root 账户密码

设置根用户口令是 Red Hat Enterprise Linux 6 安装过程中最重要的一步。根用户类似于 Windows 中的 Administrator（管理员）账号，对于系统来说具有至高无上的权力，如图 1-16 所示。建议输入一个复杂组合的密码，密码可以包含大写、小写、数字及符号。

图 1-15 设置时区

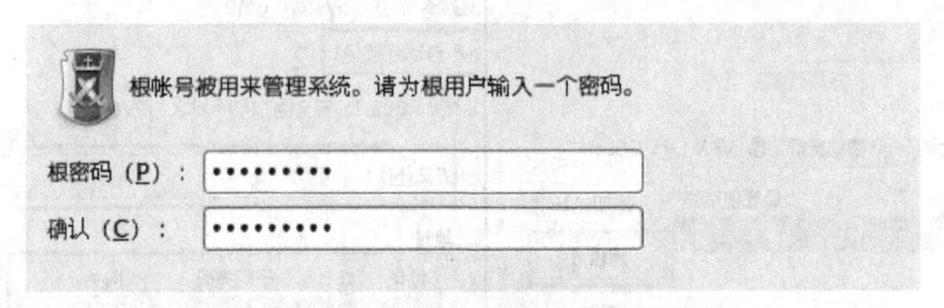

图 1-16 为根用户设置一个强壮的口令

如果想在安装好 Red Hat Enterprise Linux 6 之后重新设置根用户口令，则可以在命令行控制台下输入“system-config-rootpassword”指令。

10. 为硬盘分区

磁盘分区允许用户将一个磁盘划分成几个单独的部分，每一部分有自己的盘符。在分区之前，首先规划分区，以 40G 硬盘为例，做如下规划：

- /boot 分区大小为 300MB；
- swap 分区大小为 4GB；
- /分区大小为 10GB；
- /usr 分区大小为 8GB；
- /home 分区大小为 8GB；
- /var 分区大小为 8GB；
- /tmp 分区大小为 1GB。

下面进行具体分区操作。

Red Hat Enterprise Linux 6 在安装向导中提供了一个简单易用的分区程序（Disk Druid）来帮助用户完成分区操作。在此选择“创建自定义布局”，使用分区工具手动在所选设备中创建自定义布局，如图 1-17 所示。

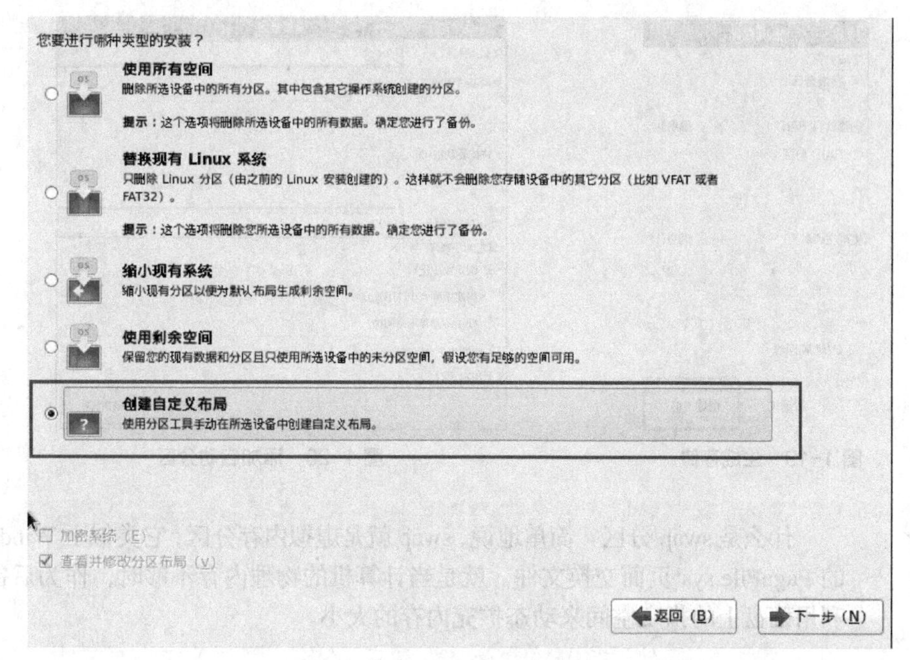

图 1-17　选择安装类型

单击“下一步”按钮，出现如图 1-18 所示的“请选择源驱动器”对话框。

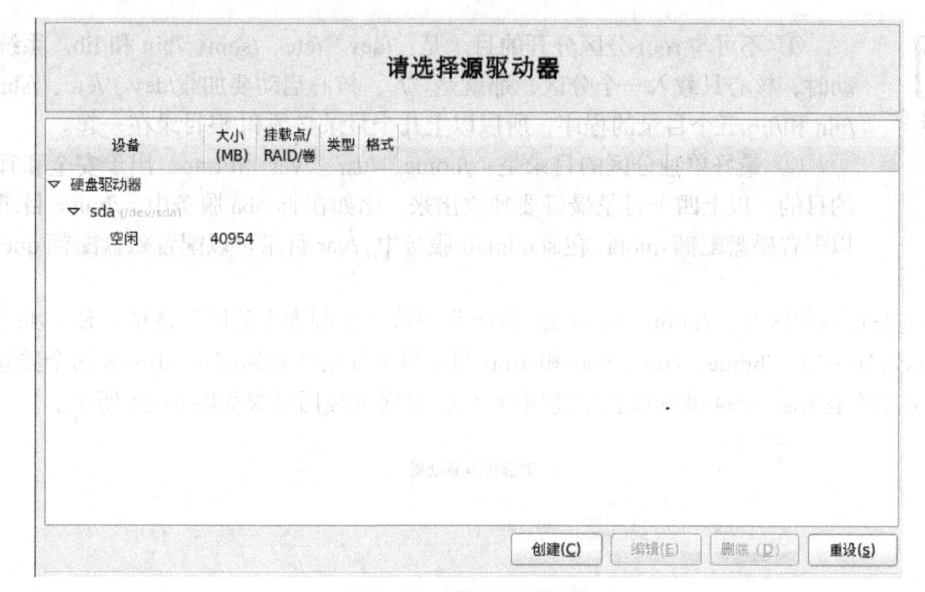

图 1-18　请选择源驱动器

（1）先创建 boot 分区（启动分区）。单击“创建”按钮，会出现如图 1-19 所示的“生成存储”对话框，在该对话框中单击“创建”按钮，出现如图 1-20 所示的“添加分区”对话框。在“挂载点”选择“/boot”，磁盘文件系统类型就选择标准的“ext4”，大小设置为 300MB（在“大小”框中输入 300，单位是 MB），其他的按照默认设置即可。

（2）再创建交换分区。单击“创建”按钮，此时会出现同样的窗口，我们只需要在“文件系统类型”中选择“swap”，大小一般设置为物理内存的两倍即可。例如，计算机物理内存大小为 2GB，设置的 swap 分区大小就是 4096MB（4GB）。

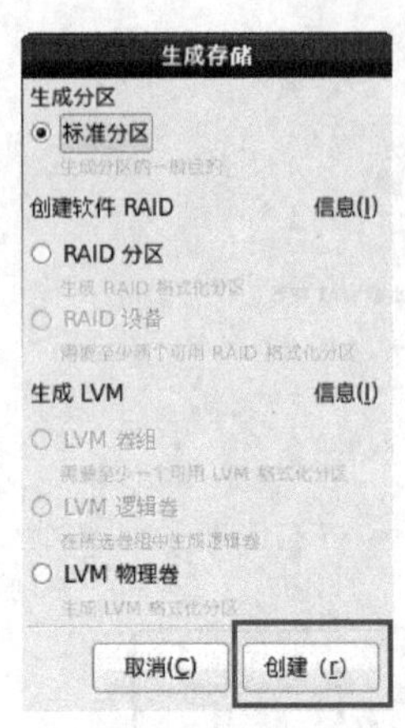

图 1-19　生成存储

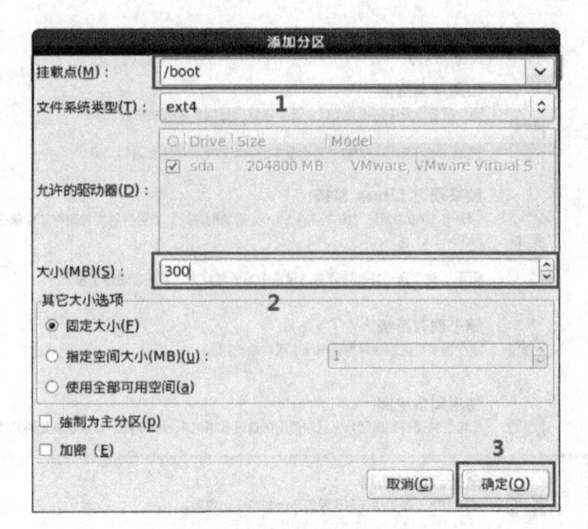

图 1-20　添加启动分区

说明

什么是 swap 分区？简单地说，swap 就是虚拟内存分区，它类似于 Windows 的 PageFile.sys 页面交换文件。就是当计算机的物理内存不够时，作为后备军利用硬盘上的指定空间来动态扩充内存的大小。

（3）用同样方法，创建“/”分区大小为 10GB，“/usr”分区大小为 8GB，“/home”分区大小为 8GB，“/var”分区大小为 8GB，“/tmp”分区大小为 1GB。

特别注意

① 不可与 root 分区分开的目录是：/dev、/etc、/sbin、/bin 和/lib。系统启动时，核心只载入一个分区，那就是“/”，核心启动要加载/dev、/etc、/sbin、/bin 和/lib 五个目录的程序，所以以上几个目录必须和/根目录在一起。

② 最好单独分区的目录是：/home、/usr、/var 和/tmp，出于安全和管理的目的，以上四个目录最好要独立出来，比如在 samba 服务中，/home 目录可以配置磁盘配额 quota，在 sendmail 服务中，/var 目录可以配置磁盘配额 quota。

（4）在创建分区时，/boot、/、swap 分区都勾选“强制为主分区”选项，建立独立主分区（/dev/sda1−3）。/home、/usr、/var 和/tmp 四个目录分别挂载到/dev/sda5−8 四个独立逻辑分区（扩展分区/dev/sda4 被分成若干逻辑分区）。分区完成后结果如图 1-21 所示。

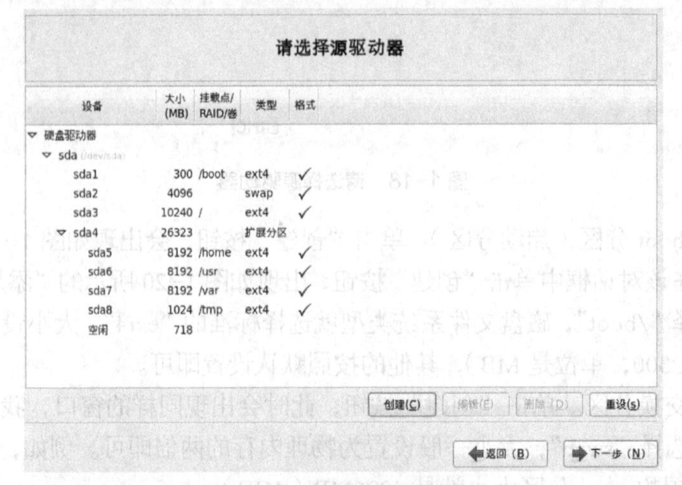

图 1-21　完成分区后的结果

（5）单击“下一步”按钮继续。出现如图 1-22 所示的“格式化警告”对话框，单击“格式化”按钮，出现如图 1-23 所示的“将存储配置写入磁盘”对话框。

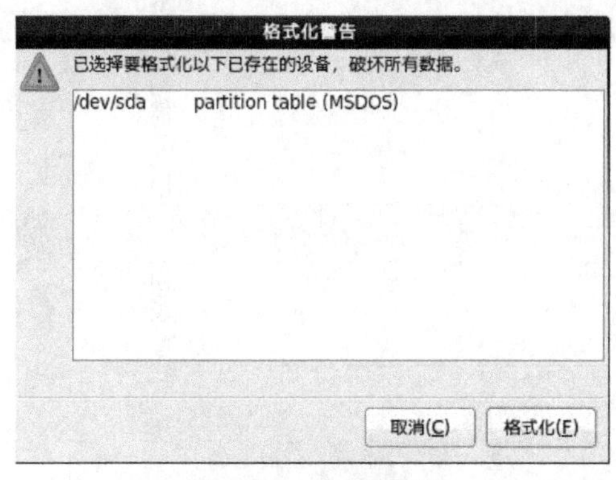

图 1-22 格式化警告

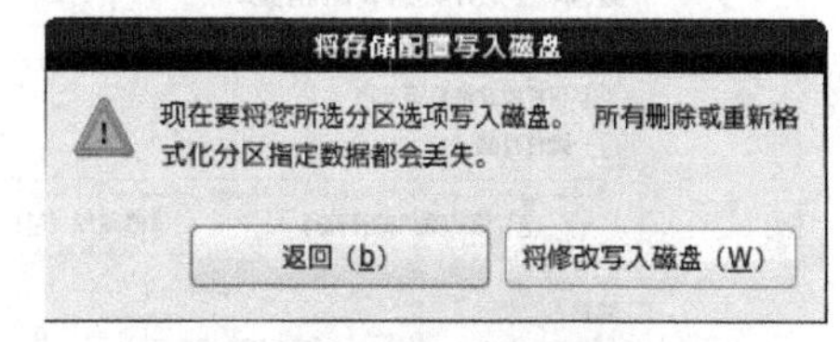

图 1-23 将存储配置写入磁盘

（6）确认分区无误后，单击“将修改写入磁盘”，这里只有一个硬盘，保持默认，如图 1-24 所示，直接单击“下一步”按钮继续。

图 1-24 选择写入磁盘的存储设备

11. 开始安装软件

① 出现选择安装软件组的对话框，如图 1-25 所示。这里选择“基本服务器”，并单击“现在自定义”按钮，然后单击“下一步”按钮。

各选项包含的软件如下。

- 基本服务器：安装的基本系统的平台支持，不包括桌面。
- 数据库服务器：基本系统平台，加上 mysql 和 PostgreSQL 数据库，无桌面。
- 万维网服务器：基本系统平台，加上 PHP，Web server，还有 mysql 和 PostgreSQL 数据库的客户端，无桌面。
- 身份管理服务器：加入身份管理。
- 虚拟化主机：基本系统加虚拟化平台。

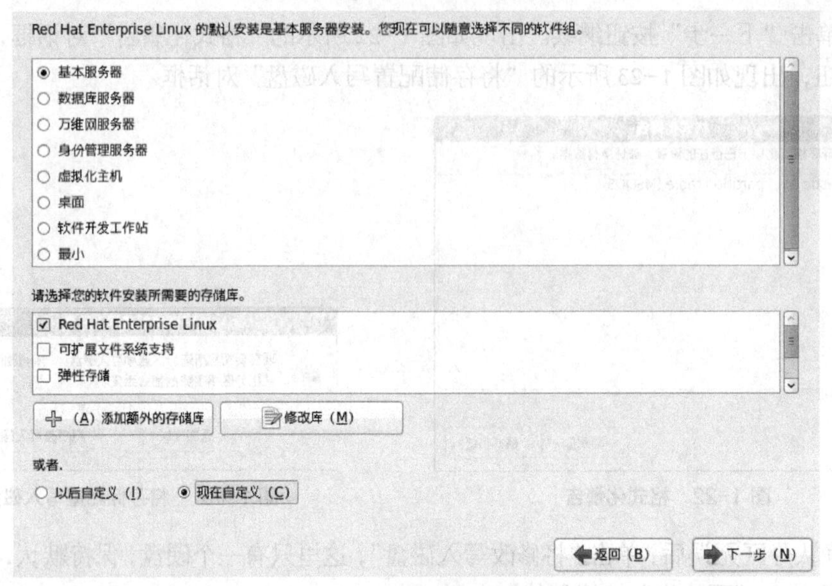

图 1-25　选择安装软件组

- 桌面：基本的桌面系统，包括常用的桌面软件，如文档查看工具。
- 软件开发工作站：包含的软件包较多，如基本系统、虚拟化平台、桌面环境、开发工具。
- 最小：基本的系统，不含有任何可选的软件包。

② 出现“选择软件包”对话框，如图 1-26 所示。在“基本系统”中将“Java 平台”前面的对勾去掉。再选中“桌面”选项，如图 1-27 所示，选中除 KDE 外的所有桌面选项。

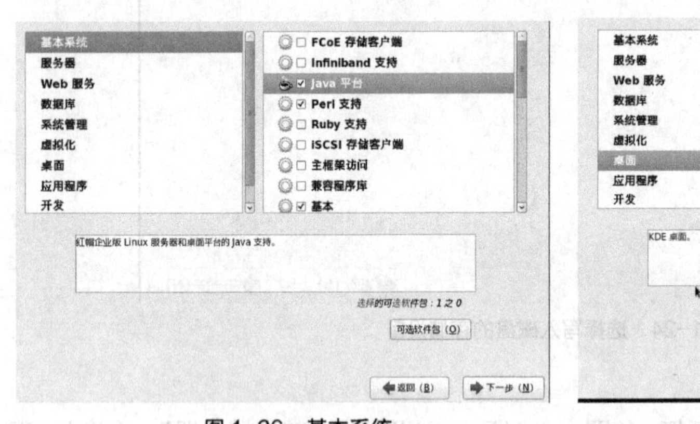

图 1-26　基本系统

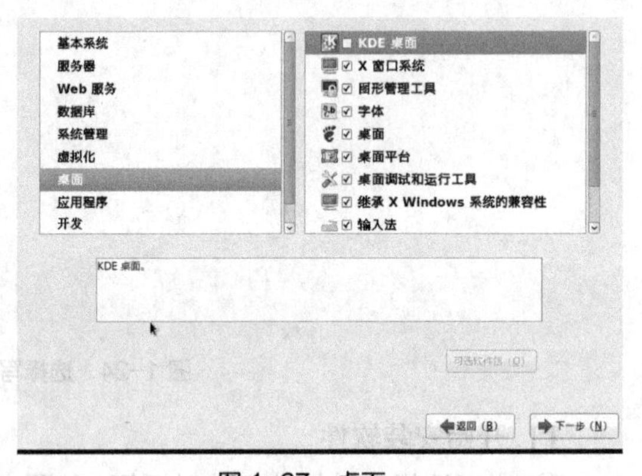

图 1-27　桌面

如果不选择“桌面”中的选项，安装完成后，不会出现图形界面，只会出现命令终端。这一点要特别注意。

12. 安装完成

进入安装软件阶段，等所选软件全部安装完成后，出现安装完成的祝贺界面，如图 1-28 所示。单击“重新引导”则重新引导计算机，启动新安装的 Linux。

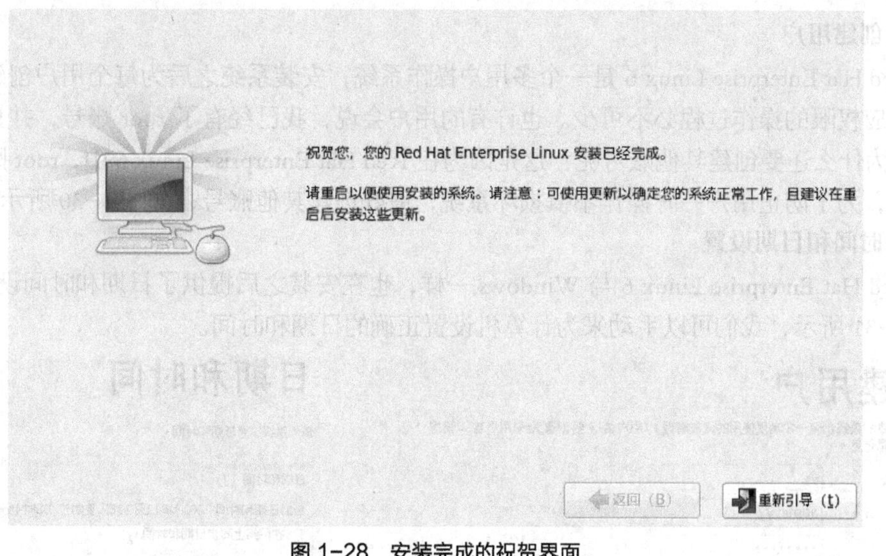

图 1-28 安装完成的祝贺界面

至此，RedHat 6.4 安装完成。

1.4 任务 4 基本配置安装后的 Red Hat Enterprise Linux 6

Red Hat Enterprise Linux 6 和 Windows XP 类似，安装好并重启之后，并不是立刻就可以投入使用，还必须进行必要的安全设置、日期和时间设置、创建用户和声卡等的安装。

1. 许可协议

Red Hat Enteprise Linux 6 在开始设置之前会显示一个许可协议，只有勾选“是，我同意这个许可协议”，才能继续配置。

2. 设置软件更新

注册成为 Red Hat 用户，才能享受它的更新服务，不过遗憾的是，目前 Red Hat 公司并不接收免费注册用户，你首先必须是 Red Hat 的付费订阅用户才行。当然，如果你是 Red Hat 的订阅用户，那么完全可以注册一个用户并进行设置，以后你就可以自动从 Red Hat 获取更新了，如图 1-29 所示。

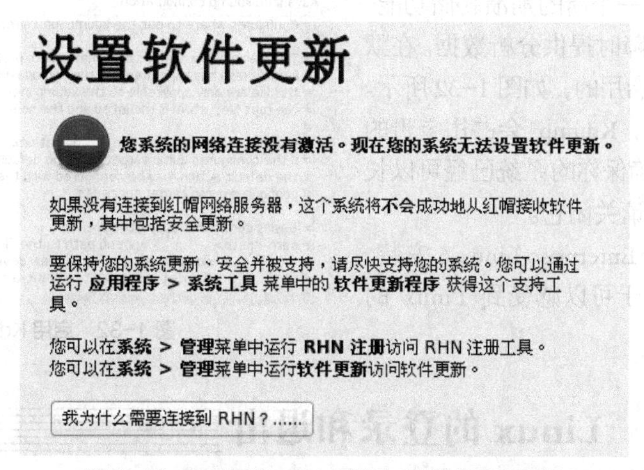

图 1-29 注册了 Red Hat 账号才能进行自动更新

3. 创建用户

Red Hat Enterprise Linux 6 是一个多用户操作系统，安装系统之后为每个用户创建账号并设置相应权限的操作过程必不可少。也许有的用户会说，我已经有了 root 账号，并且设置了密码，为什么还要创建其他账号呢？这是因为在 Red Hat Enterprise Linux 6 中，root 账号的权限过大，为了防止用户一时操作不慎损坏系统，最好创建其他账号，如图 1-30 所示。

4. 时间和日期设置

Red Hat Enterprise Linux 6 与 Windows 一样，也在安装之后提供了日期和时间设置界面，如图 1-31 所示，我们可以手动来为计算机设置正确的日期和时间。

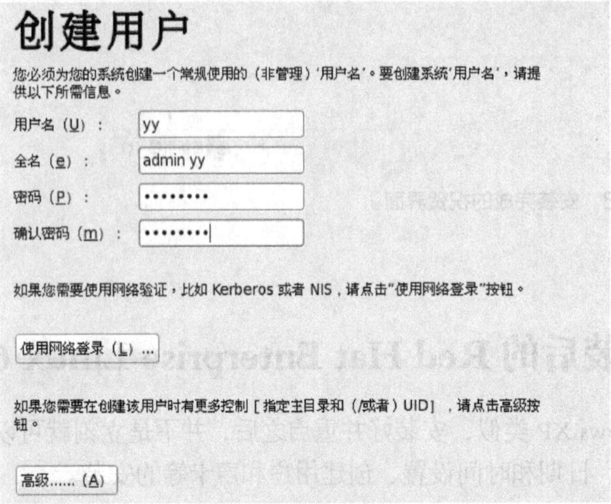

图 1-30　创建用户并设置密码

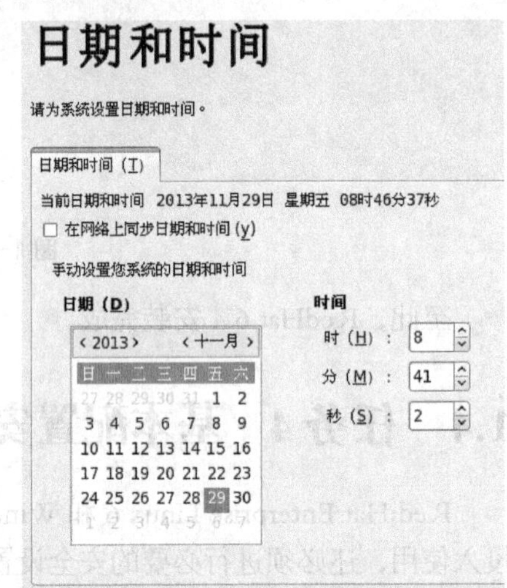

图 1-31　设置日期和时间

如果计算机此时连接到了网络上，还可以通过时间服务器来自动校准时间。只要选择图 1-30 中的“在网络上同步日期和时间（y）”复选框，重新启动计算机后，它会自动与内置的时间服务器进行校准。

5. Kdump

Kdump 提供了一个新的崩溃转储功能，用于在系统发生故障时提供分析数据。在默认配置下该选项是启用的，如图 1-32 所示。

需要说明的是，Kdump 会占用宝贵的系统内存，所以在确保你的系统已经可以长时间稳定运行时，请关闭它。

至此，Red Hat Enterprise Linux 6 安装、配置成功，我们终于可以感受到 Linux 的风采了。

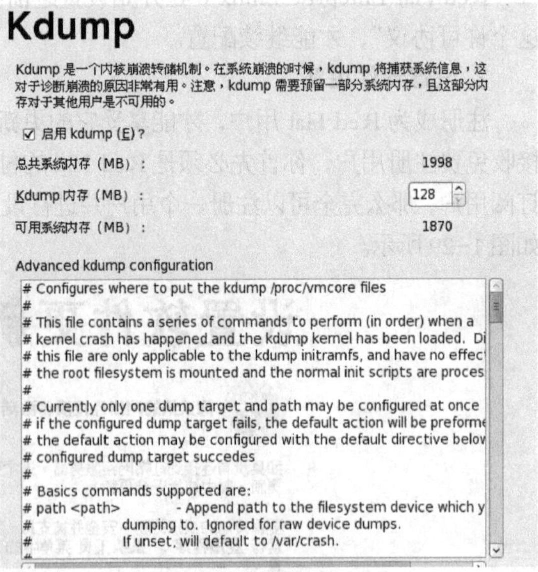

图 1-32　启用 Kdump

1.5　任务 5　Linux 的登录和退出

Red Hat Enterprise Linux 6 是一个多用户操作系统，所以，系统启动之后用户若要使用还需要登录。

1. 登录

Red Hat Enterprise Linux 6 的登录方式，根据启动的是图形界面还是文本模式而异。

（1）图形界面登录。对于默认设置 Red Hat Enterprise Linux 6 来说，就是启动到图形界面，如图 1–33 所示。如果登录的账户不是目前所选的账户，单击“其他”按钮则打开其他用户输入对话框，让用户输入账号和密码登录，如图 1–34 所示。

图 1–33　图形界面登录

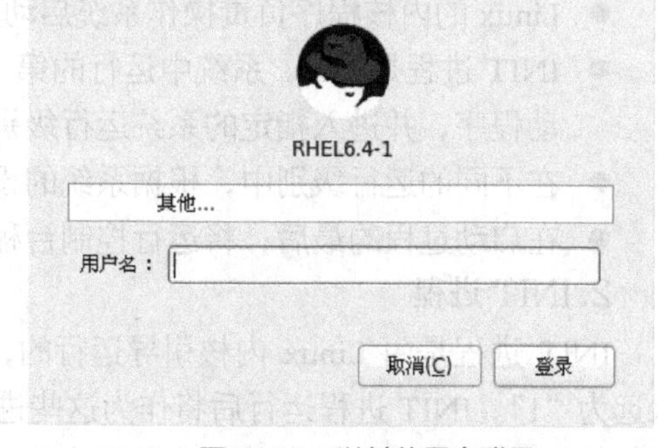

图 1–34　以其他用户登录

（2）文本模式登录。如果是文本模式，打开的则是 mingetty 的登录界面。你会看到如图 1–35 所示的登录提示。

图 1–35　以文本方式登录 Red Hat Enterprise Linux 6

注意

现在的 Red Hat Enterprise Linux 6 操作系统，默认采用的都是图形界面的 GNOME 或者 KDE 操作方式，要想使用文本方式登录，一般用户可以执行“应用程序”→“系统工具”→“终端”来打开终端窗口（或者直接右键单击桌面，选择“终端”命令），然后输入“init 3”命令，即可进入文本登录模式；如果在命令行窗口下输入“init 5”或“start x”命令则可进入图形界面。

2. 退出

至于退出方式，同样要根据所采用的是图形模式还是文本模式来进行相应的选择。

（1）图形模式。图形模式很简单，只要执行“系统”→“注销”就可以退出了。

（2）文本模式。Red Hat Enterprise Linux 6 文本模式的退出也十分简单，只要同时按下“Ctrl+D”组合键就可以注销当前用户；也可以在命令行窗口输入“logout”来退出。

1.6　任务 6　认识 Linux 启动过程和运行级别

本小节将重点介绍 Linux 启动过程、INIT 进程及系统运行级别。

1. 启动过程

Red Hat Enterprise Linux 6.0 的启动过程包括以下几个阶段。

- 主机启动并进行硬件自检后，读取硬盘 MBR 中的启动引导器程序，并进行加载。
- 启动引导器程序负责引导硬盘中的操作系统，根据用户在启动菜单中选择的启动项不同，可以引导不同的操作系统启动。对于 Linux 操作系统，启动引导器直接加载 Linux 内核程序。
- Linux 的内核程序负责操作系统启动的前期工作，并进一步加载系统的 INIT 进程。
- INIT 进程是 Linux 系统中运行的第一个进程，该进程将根据其配置文件执行相应的启动程序，并进入指定的系统运行级别。
- 在不同的运行级别中，根据系统的设置将启动相应的服务程序。
- 在启动过程的最后，将运行控制台程序提示并允许用户输入账号和口令进行登录。

2. INIT 进程

INIT 进程是由 Linux 内核引导运行的，是系统中运行的第一个进程，其进程号（PID）永远为“1”。INIT 进程运行后将作为这些进程的父进程按照其配置文件，引导运行系统所需的其他进程。INIT 配置文件的全路径名为“/etc/inittab”，INIT 进程运行后将按照该文件中的配置内容运行系统启动程序。

inittab 文件作为 INIT 进程的配置文件，用于描述系统启动时和正常运行中所运行的那些进程。文件内容如图 1-36 所示。

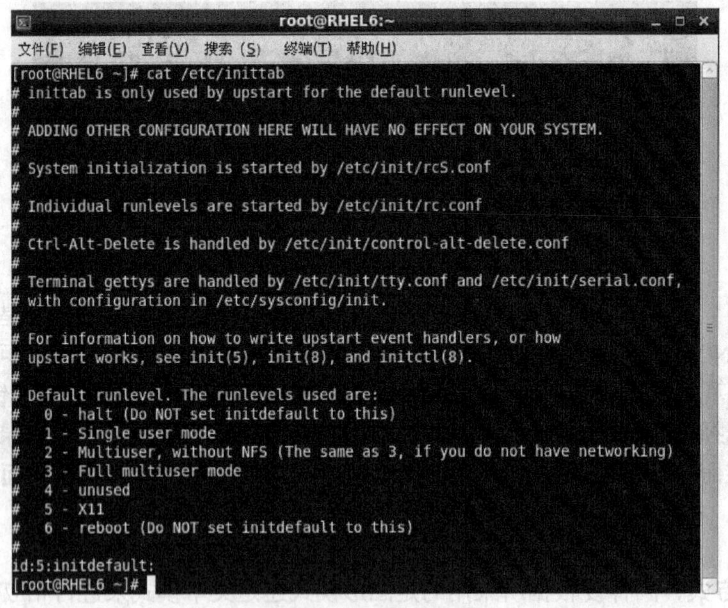

图 1-36 inittab 文件内容

3. 系统运行级别

运行级别就是操作系统当前正在运行的功能级别。在 Linux 系统中，这个级别从 0 到 6，共 7 个级别，各自具有不同的功能，这些级别在/etc/inittab 文件里指定。各运行级别的含义如下。

- 0：停机，不要把系统的默认运行级别设置为 0，否则系统不能正常启动。
- 1：单用户模式，用于 root 用户对系统进行维护，不允许其他用户使用主机。

- 2：字符界面的多用户模式，在该模式下不能使用 NFS。
- 3：字符界面的完全多用户模式，主机作为服务器时通常在该模式下。
- 4：未分配。
- 5：图形界面的多用户模式，用户在该模式下可以进入图形登录界面。
- 6：重新启动，不要把系统的默认运行级别设置为 6，否则系统不能正常启动。

（1）查看系统运行级别。

runlevel 命令用于显示系统当前的和上一次的运行级别。例如：

```
[root@RHEL6~]# runlevel
N 3
```

（2）改变系统运行级别。

使用 init 命令，后跟相应的运行级别作为参数，可以从当前的运行级别转换为其他运行级别。例如：

```
[root@RHEL6~]# init 2
[root@RHEL6~]# runlevel
5 2
```

1.7 任务 7 启动 Shell

操作系统的核心功能就是管理和控制计算机硬件、软件资源，以尽量合理、有效的方法组织多个用户共享多种资源，而 Shell 则是介于使用者和操作系统核心程序（Kernel）间的一个接口。在各种 Linux 发行套件中，目前虽然已经提供了丰富的图形化接口，但是 Shell 仍旧是一种非常方便、灵活的途径。

Linux 中的 Shell 又被称为命令行，在这个命令行窗口中，用户输入指令，操作系统执行并将结果回显在屏幕上。

1. 使用 Linux 系统的终端窗口

现在的 Red Hat Enterprise Linux 6 操作系统默认采用的都是图形界面的 GNOME 或者 KDE 操作方式，要想使用 Shell 功能，就必须像在 Windows 中那样打开一个命令行窗口。一般用户，可以执行“应用程序”→“系统工具”→“终端”命令来打开终端窗口（或者直接右键单击桌面，选择“在终端中打开”命令）。如图 1-37 所示。

图 1-37 从这里打开终端

执行以上命令后，就打开了一个白底黑字的命令行窗口，在这里我们可以使用 Red Hat Enterprise Linux 6 支持的所有命令行指令。

2. 使用 Shell 提示符

在 Red Hat Enterprise Linux 6 中，还可以更方便地直接打开纯命令行窗口。应该怎么操作呢？Linux 启动过程的最后，它定义了 6 个虚拟终端，可以供用户随时切换，切换时用“Ctrl” + “Alt” + “F1” ~ “Ctrl” + “A1t” + “F6”组合键可以打开其中任意一个。不过，此时就需要重新登录了。

进入纯命令行窗口之后，还可以使用“A1t” + “Fl” ~ “A1t” + “F6”组合键在 6 个终端之间切换，每个终端可以执行不同的指令，进行不一样的操作。

登录之后，普通用户的命令行提示符以“$”号结尾，超级用户的命令以“#”号结尾。

```
[yy@localhost~]$                          ;一般用户以“$”号结尾
[yy@localhost~]$ su  root                 ;切换到 root 账号
Password:
[root@localhost~]#                        ;命令行提示符变成以“#”号结尾了
```

当用户需要返回图形桌面环境时，也只需要按下“Ctrl” + “A1t” + “F7”组合键，就可以返回到刚才切换出来的桌面环境。

也许有的用户想让 Red Hat Enterprise Linux 6 启动后就直接进入纯命令行窗口，而不是打开图形界面，这也很简单，使用任何文本编辑器打开/etc/inittab 文件，找到如下所示的行：

```
id:5:initdeafault:
```

将它修改为

```
id:3:initdeafault:
```

重新启动系统你就会发现它登录的是命令行而不是图形界面了。

要想让 Red Hat Enterprise Linux 6 直接启动到图形界面，可以按照上述操作将“id:3”中的“3”修改为“5”；也可以在纯命令行模式，直接执行“startx”命令打开图形模式。

1.8 任务 8 认识 X-Window System

尽管大多数 UNIX 专业人员喜欢命令行界面，但是初学者往往更喜欢图形用户界面（GUI）。或者某些用户使用 Linux 的目的只是办公和娱乐，这时 GUI 是更好的选择。Linux 提供的 GUI 解决方案是 X-Window System。

1.8.1 子任务 1 理解什么是 X-Window System

X-Window System 是一套工作在 UNIX 计算机上的优良的窗口系统，最初是麻省理工学院的一个研究项目，现在是类 UNIX 系统中图形用户界面的工业标准。X-Window System 最重要的特征之一是它的与设备无关的结构。任何硬件只要和 X 协议兼容，就可以执行 X 程序并显示一系列包含图文的窗口，而不需要重新编译和链接。这种与设备无关的特征使得依据 X 标准开发的应用程序可以在不同环境下执行，因而奠定了 X-Window System 成为工业标准的地位。

X-Window System 中的 Window 不要误用为 Windows，因为 Windows 是系统名，专有名词是微软公司的注册商标。

X-Window System 于 1984 年在麻省理工学院（MIT）开始发展，之后成为开源项目。后来成立了 MIT X 协会用于研究发展 X-Window System 和控制相关标准。现在使用的 X-Window System 是第 11 版的第 6 次发行，通常称之为 X11R6。

很多人使用计算机是从微软的 Windows（视窗）操作系统开始的，但实际上，UNIX 系统中使用窗口形式的 GUI 环境要早于微软 Windows 操作系统。

X-Window System 的主要特征如下。

- X-Window System 本身就是基于 Client/Server 的结构建立的，具有网络操作的透明性。应用程序的窗口可以显示在自己的计算机上，也可以通过网络显示在其他计算机的屏幕上。
- 支持许多不同风格的操作界面。X-Window System 只提供建立窗口的一个标准，至于具体的窗口形式则由窗口管理器决定。在 X-Window System 上可以使用各种窗口管理器。
- X-Window System 不是操作系统必需的构成部分。对操作系统而言，X-Window System 只是一个可选的应用程序组件。
- X-Window System 现在是开源项目，可以通过网络或者其他途径免费获得源代码。

1.8.2 子任务 2 认识 X-Window System 的基本结构

X-Window System 由 3 部分构成。

- X Server：控制实际的显示与输入设备。
- X Client：向 X Server 发出请求以完成特定的窗口操作。
- 通信通道：负责 X Server 与 X Client 之间的通信。

X Server 是控制显示器和输入设备（主要是键盘和鼠标）的软件。X Server 可以响应 X Client 程序的“请求”（request），建立窗口以及在窗口中画图形和文字。但它只有在 X Client 程序提出请求后才完成动作。每一套显示设备只对应一个唯一的 X Server，而且 X Server 一般由系统的供应商提供，通常无法被用户修改。对于操作系统而言，X Server 只是一个普通的应用程序而已，因此很容易更换新的版本，甚至是第三方提供的原始程序。

X Client 是使用操作系统窗口功能的一些应用程序。在 X-Window 下的应用程序被称作 X Client，原因是它是 X Server 的客户，它向 X Server 发出请求以完成特定的动作。X Client 无法直接影响窗口或显示，它们只能发出请求给 X Server，由 X Server 来完成它们的请求。

通信通道是 X Server 和 X Client 之间传输信息的通道，凭借这个通道，X Client 传送请求给 X Server，而 X Server 回传状态及其他一些信息给 X Client。根据 X Server 和 X Client 所在位置的不同，可以大致分为两种情况：

- X Server 和 X Client 位于同一台计算机上，它们之间可以使用计算机上任何可用的进程通信方式进行交互；
- X Server 和 X Client 位于不同的计算机上，它们之间的通信必须通过网络进行，需要相关网络协议的支持。

X-Window System 提供的图形化用户界面与 Windows 界面非常类似，操作方法也基本相同。不过，它们对于操作系统的意义是不相同的。

Windows 的图形化用户界面是跟系统紧密相连的，如果图形化用户界面出现故障，整个计算机系统就不能正常工作。而 Linux 在字符界面下利用 Shell 命令以及相关程序和文件就能够实现系统管理、网络服务等基本功能。X-Window System 图形化用户界面的出现一方面让 Linux 的操作更为简单方便，另一方面也为许多应用程序（如图形处理软件）提供运行环境，丰富了 Linux 的功能。X-Window System 图形化用户界面中运行程序时如果出现故障，一般是可以正常退出的，而不会影响其他字符界面下运行的程序，也不需要重新启动计算机。目前 X-Window System 已经是 Linux 操作系统中一个不可缺少的构成部件。

1.9 任务 9 安装的常见故障及排除

1.9.1 开始安装阶段的故障及其排除

1. 无法使用 RAID 卡来引导

由于某些主板的 BIOS 不支持从 RAID 卡引号，致使无法使用 RAID 卡来引导系统。如果无法执行安装并且无法正确引导系统，就需要重新安装并且使用不同的分区。

在重新安装系统的过程中，不论选择自动分区还是手工分区都需要重新为系统分区。在系统分区时，要注意。

- 在 RAID 阵列之外的一个分开的硬盘驱动器中安装/boot 分区。
- 必须有一个用于创建分区的内部硬盘驱动器，并且在 RAID 阵列外的一个驱动器的 MBR 上安装优选的引导装截程序（GRUB 或 LILO）。
- 引导装载程序应该安装在包含/boot/分区的同一驱动器中。

2. 信号 11 错误

信号 11 错误通称“分段错误”（segmentation fault），指程序进入了没有为其分配的内存位置。如果在安装中接收到一个致命的信号 11 错误，其原因可能是系统总栈内存中的硬件错误。内存中的硬件错误可能由可执行文件或系统硬件的问题导致。和其他的操作系统一样，Red Hat Enterprise Linux 6.0 要运行正常，对系统硬件也有其自己的要求。某些硬件可能无法满足这些要求，即使它们在其他操作系统下运行正常。检查是否拥有来自 Red Hat 的最新安装更新和映像，检查在线勘误来确定是否有可用的更新版本。如果最新的映像仍不成功，则可能是由硬件问题导致的。通常是内存或 CPU 缓存的问题，一种可能的解决方案是关闭 BIOS 中的 CPU 缓存，还可以试着调换母板插槽中的内存来查看这个问题是和插槽还是和内存有关的。还可以试一试只使用 256 MB 内存来运行安装程序，为此使用 mem=256M 引导安装程序。要试验这个选项，在安装程序的引导提示后输入：

```
mem=xxxM
```

这里的 xxx 应该用 MB 为单位的内存数量替换。

这个命令允许超越内核在机器上检测到的内存数量。在一些老系统中，若安装程序只检测到 16 MB（而实际有更多内存），或者在显卡和主内存共享视频内存的新系统中，需要使用该引导选项。另外一种方法是在安装光盘上执行介质检查，Red Hat Enterprise Linux 6.0 Linux 安装程序具备测试安装介质完整性的能力。它可以用在 CD、DVD、硬盘 ISO，以及 NFS ISO 安装方法中。Red Hat 建议你在开始安装进程和报告任何与安装相关的错误之前测试这些安装介质（许多错误是由错误刻录的光盘造成的），要进行测试，在 boot：提示下输入命令 1inux mediacheck 即可。

关于信号 11 错误的详情可访问 http://www.bitwizard.nl/sig11/网站。

3. 没有发现 IDE 光盘

如果在 x86、AMD64 或 IntelEM64T 系统中有一台 IDE（ATAPI）光驱，但是安装程序未成功地找到它并且询问其类型，则可尝试下列引导命令。重新开始安装，然后在 boot：提示后输入 Linux hdX=cdrom 命令。根据光盘连接的接口及其被配置为主还是次而定，把 X 替换成以下字母之一。

a：第 1 个 IDE 控制器，主。

b：第 1 个 IDE 控制器，次。

c：第 2 个 IDE 控制器，主。

d：第 2 个 IDE 控制器，次。

如果在第 3 个主控制器中安装了 IDE 光驱则命令为“linux hdc=cdrom”。

1.9.2 初始安装阶段的故障及其排除

1. 没有检测到鼠标

如果出现“提示[没有检测到鼠标]”消息，说明安装程序无法正确地识别鼠标。可以继续 GUI 安装，或者使用不需鼠标的文本模式安装。如果选择前者，则必须为安装程序提供鼠标配置信息。

2. 引导进入图形化安装问题

有些显卡在引导进入图形化安装程序时会出现问题，如果安装程序无法使用显卡的默认设置来运行，则其会在较低分辨率模式下运行。如果仍不行，则其试图在文本模式下运行。一种可行的解决方法是使用 resolution=引导命令，该命令对笔记本电脑用户最有帮助。要禁用帧缓冲支持，允许安装程序在文本模式中运行。试用 nofb 引导命令，该命令对于某些带有屏幕阅读硬件的辅助功能而言是必不可少的。

1.9.3 安装过程中的问题

1. “No device found to install Red Hat Enterprise Linux”错误消息

可能表明某个 SCSI 控制器没有被安装程序识别，首先查看硬件厂商的网站来确定是否有能够修正这个问题的可用驱动程序映像。

2. 没有软驱，却要保存回溯追踪消息

如果出现回溯追踪错误消息，通常可以保存到软盘中。如果系统中没有软驱，则可以使用 scp 命令复制到另一个远程系统中。当回溯追踪对话框出现时，回溯追踪消息会被自动写入一个名为“temp/anacdump.txt”的文件中。一旦这个对话框出现，输入“Ctrl”+“A1t”+“F2”组合键来切换到一个新的 tty（虚拟控制台），然后使用 scp 命令把消息写入一个已知运行的远程系统中的/tmp/anacdump.txt 文件中。

3. 分区表问题

如果在设置安装程序的磁盘分区之后出现类似“备份的分区表无法被读取，创建新分区时必须对其进行初始化，从而会导致该驱动器中的所有数据丢失。”的错误消息表示该驱动器中可能没有分区表，或者分区表可能无法被安装程序中使用的分区软件识别。使用EZ-BIOS之类程序的用户遇到过类似的问题，这个问题导致了无法被恢复的数据丢失（假定安装前没有备份）。无论执行哪一种安装类型，都应该备份系统中的现有数据。

4. 使用剩余空间问题

假如创建了一个swap和一个/（根）分区，而且选择了让根分区使用剩余空间，但是它并不一定会填满整个硬盘驱动器。如果硬盘大于1024个柱面，则必须创建一个/boot分区才能使/（根）分区使用硬盘中的所有剩余空间。

5. x86体系用户会遇到的其他分区问题

如果使用Disk Druid来创建分区，却无法前进到下一界面，则可能是没有创建所有满足Disk Druid的依赖关系所必需的分区。至少需要有一个/（根）分区和一个类型为swap的交换分区。

6. Itanium系统用户会遇到的其他分区问题

如果使用Disk Druid来创建分区却无法继续，则可能是没有创建满足Disk Druid的依赖关系所必需的分区，至少需要有一个类型为VFAT的/boot/efi/分区、一个/（根）分区和一个类型为swap的交换分区。

1.9.4 安装后的问题

1. 在基于x86系统的GRUB图形化屏幕中遇到的问题

如果在使用GRUB时遇到问题，则可能需要禁用图形化引导屏幕。可以用根用户身份编辑/boot/grub/grub.conf文件，然后重新引导系统来达到这一目的。编辑方法是把grub.conf文件中开头为“splashimage”的行变为注释，即在行首插入“#”字符。

按回车键退出编辑模式，回到引导装载程序窗口后输入 b 来引导系统。重新引导后grub.conf文件就会生效。可以重新启用图形化引导屏幕，方法是在grub.conf文件中恢复被注释的行。

2. 实现导入图形环境

如果安装X窗口系统，但是在登录Red Hat Enterprise Linux 6.0 Linux系统后却看不到图形化桌面环境，则可以输入startx命令，按回车键显示图形化界面。请注意，只在这一次操作中有效，并不会改变未来的登录进程。

要设置系统能够使用图形化屏幕登录，打开shell提示。如果登录的是用户账户，输入su root命令来变为根用户身份。输入gedi/etc/inittab命令，打开/etc/inittab文件。

要把登录从控制台改为图形化，把id:3:initdefault：行中的数字由3改为5即可。按“Ctrl”+“Q”组合键来保存并退出该文件。接着显示一条消息，询问是否要保存所做的改变。单击“保存”按钮，重新引导系统并再次登录后就会看到图形化登录提示。

3. 不能识别全部内存（RAM）

有时，内核不能识别全部内存（RAM），通常出现在使用老的EDO内存的情况下，可以用cat/proc/meminfo 命令来查看所显示的数量是否与系统内存相同。如果不同，在/boot/grub/grub.conf文件中添加以下一行：

```
mem=xxM
```

把 xx 替换为实际的物理内存数量（以 MB 为单位）。

进入 GRUB 引导界面后，输入 e 来编辑，显示选定的引导标签配置文件中的项目列表。选择开始为 kernel 的行，然后输入 e 来编辑这一引导项目。

在 kernel 行的末尾，添加：

```
mem=xxM
```

这里的 xx 与系统的物理内存数量相同。

按回车键退出编辑模式，回到引导装载程序屏幕后输入 b 来引导系统。

4. 配置声卡遇到问题

如果由于某种原因听不到声音。但是已安装了一块声卡，则可以运行声卡配置工具（system-config-soundcard）。要使用该工具，选择“主菜单”→“系统设置”→“声卡检测”选项，会弹出一个小文本框，提示输入根口令。还可以在 shell 提示下输入 system-config-soundcard 命令来启动声卡配置工具。如果不是根用户，它会提示输入根口令后继续。要运行基于文本的配置工具，在终端窗口中以根用户身份输入 sndconfig。注意，sndconfig 程序没有被默认安装，但是可以在 Red Hat Enterprise Linux 6.0 的光盘上找到它。

5. 基于 Apache 的 HTTPd 服务或 Sendmail 在启动时被挂起

如果说在启动基于 Apache 的 HTTPd 服务或 Sendmail 时遇到问题，则需要确定/etc/hosts 文件中是否包括如下行：

```
127.0.0.1  localhost.localdomain  localhost  boot
```

6. X 服务器崩溃和非根用户的问题

使用非根用户账号登录时遇到 X 服务器崩溃的问题，则文件系统可能已满（或者缺乏可用的硬盘空间）。要找出所遇到问题的症结所在，运行以下命令：

```
df  -h
```

该命令会诊断哪个分区已满，关键指标是分区已达到 100%，或者 90%或 95%。/home/和/tmp/分区有时会被用户文件很快填满。可以删除一些老文件，以腾出些空间，然后试着以普通用户身份运行 X 服务器。

1.9.5 忘记 root 密码的修复方法

在以前的版本中，比如 RHEL5 等，root 密码丢失，则登录单用户以后直接用 passwd root 命令修改就可以了，但是在 RHEL6 中进入单用户以后执行 passwd 命令却没有反应，没法直接修改 root 密码。既然在单用户下无法直接修改，那么我们还有一个办法，那就是在救援模式下修改密码，下面我们就讲述在救援模式下修改 root 密码的问题。

① 在 BIOS 中设置开机使用光盘启动，放入 RHEL6 的镜像光盘。

② 使用光盘启动，进入如图 1-38 所示的界面。

③ 进入救援模式的方法：选中第一行安装或者升级一个存在的系统，按 Tab 键，空格后输入 rescue 然后按回车键执行。或者直接选择第三行 rescue installed system，然后按回车键，进入救援模式。

④ 进入救援模式后，选择语言（简体中文或者英语）、选择键盘类型（US）。

⑤ 选择救援方式类型。可以有四种方式：本地光盘、硬盘、NFS 设备、提供一个 URL 等。

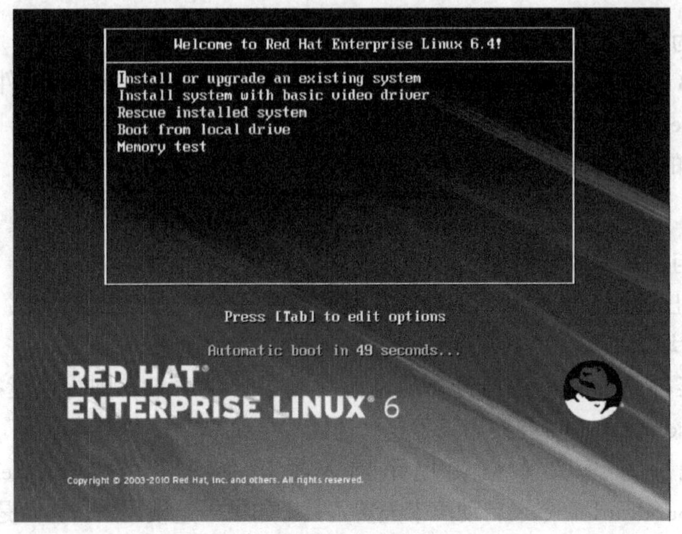

图 1-38 使用光盘引导 RHEL 6

⑥ 设置网络，如果是本地救援模式，可以不设置，如果是网络救援模式，必须设置网络。

⑦ 进入救援模式，选择 continue。如图 1-39 所示。

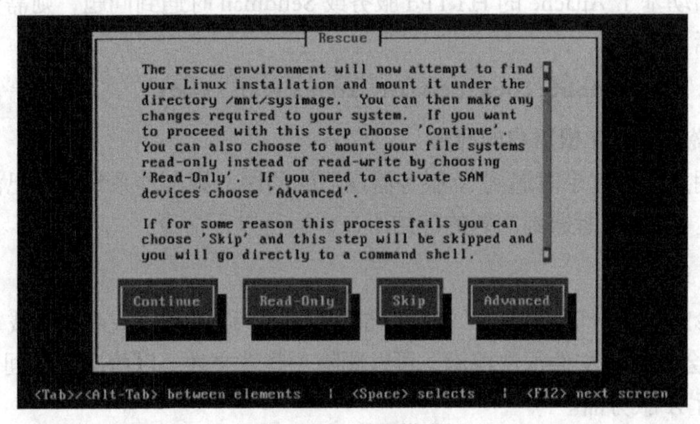

图 1-39 救援模式

⑧ 提示挂载系统检测硬盘，直接回车。如图 1-40 所示。提示系统被挂载到了/mnt/sysimage 上，直接按回车键。

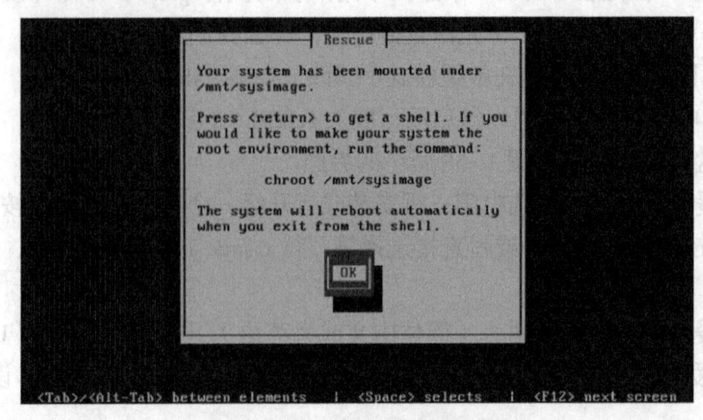

图 1-40 挂载系统检测硬盘

⑨ 急救箱快速启动菜单，选择默认的“shell start shell”后回车，进入救援系统(图 1-41)。

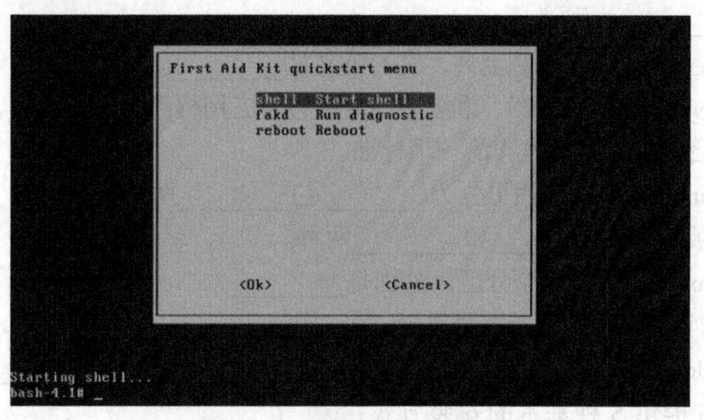

图 1-41 急救箱快速启动菜单

⑩ 进入系统，修改 root 密码。输入 passwd root，以允许为根用户输入一个新口令。这时，可以输入 shutdown –r now 来使用新的根口令重新引导系统。

1.10 项目实录：Linux 系统安装与基本配置

1. 录像位置

随书光盘中：\实训项目 安装与基本配置 Linux 操作系统.exe。

2. 项目背景

假设某计算机已经安装 Windows 2003，其磁盘分区情况如图 1-51 所示，要求增加安装 RHEL6.4，并保证原来的 Windows 2003 仍可使用。

从图 1-42 所示可知，此硬盘约有 20GB，分为 C、D、E 3 个分区。对于此类硬盘比较简便的操作方法是将 E 盘上的数据转移到 C 盘或者 D 盘，而利用 E 盘的硬盘空间来安装 Linux。

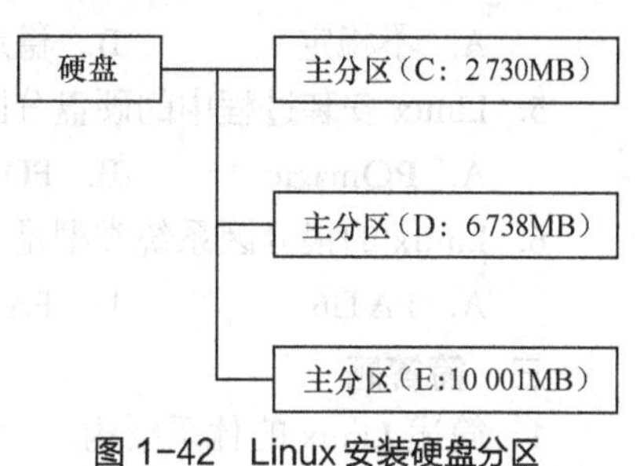

图 1-42 Linux 安装硬盘分区

3. 深度思考

在观看录像时思考以下几个问题。

(1) 如何进行双启动安装?

(2) 分区规划为什么必须要慎之又慎?

(3) 第一个系统的虚拟内存设置至少多大？为什么?

4. 做一做

根据项目要求及录像内容，将项目完整地做一遍。

1.11 练习题

一、填空题

1. GUN 的含义是________。
2. Linux 一般有 3 个主要部分：________、________、________。
3. 目前被称为纯种的 UNIX 指的就是________以及________这两套操作系统。

4. Linux 是基于________的软件模式进行发布的，它是 GNU 项目制定的通用公共许可证，英文是________。

5. 史托曼成立了自由软件基金会，它的英文是________。

6. POSIX 是________的缩写，重点在规范核心与应用程序之间的接口，这是由美国电气与电子工程师学会（IEEE）所发布的一项标准。

7. 当前的 Linux 常见的应用可分为________与________两个方面。

8. Linux 的版本分为________和________两种。

9. 安装 Linux 最少需要两个分区，分别是________。

10. Linux 默认的系统管理员账号是________。

11. X-Window System 由三部分构成：________、________、________。

12. RHEL 6 提供 5 种基本的安装方式：________、________、________、________和________。

二、选择题

1. Linux 最早是由计算机爱好者（　　）开发的。

A. Richard Petersen　　B. Linus Torvalds

C. Rob Pick　　D. Linux Sarwar

2. 下列中（　　）是自由软件。

A. Windows XP　　B. UNIX　　C. Linux　　D. Windows 2008

3. 下列中（　　）不是 Linux 的特点。

A. 多任务　　B. 单用户　　C. 设备独立性　　D. 开放性

4. Linux 的内核版本 2.3.20 是（　　）的版本。

A. 不稳定　　B. 稳定的　　C. 第三次修订　　D. 第二次修订

5. Linux 安装过程中的硬盘分区工具是（　　）。

A. PQmagic　　B. FDISK　　C. FIPS　　D. Disk Druid

6. Linux 的根分区系统类型是（　　）。

A. FATl6　　B. FAT32　　C. ext3　　D. NTFS

三、简答题

1. 简述 Linux 的体系结构。
2. Linux 有哪些安装方式?
3. 安装 Red Hat Linux 系统要做哪些准备工作?
4. 安装 Red Hat Linux 系统的基本磁盘分区有哪些?
5. Red Hat Linux 系统支持的文件类型有哪些?
6. 丢失 root 口令如何解决?
7. 简述 Linux 安装过程的故障，并剖析错误原因，找出解决方法。

1.12 实践习题

1. 使用虚拟机和安装光盘安装 Red Hat Enterprise Linux 6.4。
2. 对安装后的 Red Hat Enterprise Linux 6.4 进行基本配置。
3. 删除 Red Hat Enterprise Linux 6.4。

4. 练习使用 shell。
5. 练习使用 GRUB。

1.13 超级链接

点击 http://linux.sdp.edu.cn/kcweb，http://www.icourses.cn/coursestatic/course_2843.html 访问学习网站中学习情境的相关内容。

项目二 熟练使用 Linux 常用命令

项目导入

在文本模式和终端模式下，经常使用 Linux 命令来查看系统的状态和监视系统的操作，如对文件和目录进行浏览、操作等。在 Linux 较早的版本中，由于不支持图形化操作，用户基本上都是使用命令行方式对系统进行操作，所以掌握常用的 Linux 命令是必要的，项目 2 将对 Linux 的常用命令进行分类介绍。

职业能力目标和要求

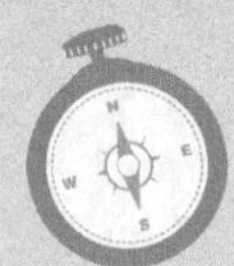

- 熟悉 Linux 系统的终端窗口和命令基础。
- 掌握文件目录类命令。
- 掌握系统信息类命令。
- 掌握进程管理类命令及其他常用命令。

2.1 任务 1 熟悉 Linux 命令基础

掌握 Linux 命令对于管理 Linux 网络操作系统是非常必要的。

2.1.1 子任务 1 了解 Linux 命令特点

在 Linux 系统中命令区分大小写。在命令行中，可以使用 Tab 键来自动补齐命令，即可以只输入命令的前几个字母，然后按 Tab 键。按 Tab 键时，如果系统只找到一个和输入字符相匹配的目录或文件，则自动补齐；如果没有匹配的内容或有多个相匹配的名字，系统将发出警鸣声，再按一下 Tab 键将列出所有相匹配的内容（如果有的话），以供用户选择。例如，在命令提示符后输入“mou”，然后按 Tab 键，系统将自动补全该命令为“mount”；如果在命令提示符后只输入“mo”，然后按 Tab 键，此时将警鸣一声，再次按 Tab 键，系统将显示所有以“mo”开头的命令。

另外，利用向上或向下的光标键，可以翻查曾经执行过的历史命令，并可以再次执行。

如果要在一个命令行上输入和执行多条命令，可以使用分号来分隔命令，例如：“cd /;ls”。

断开一个长命令行，可以使用反斜杠“\”，可以将一个较长的命令分成多行表达，增强命令的可读性。执行后，Shell 自动显示提示符“>”，表示正在输入一个长命令，此时可继续在新行上输入命令的后续部分。

2.1.2 子任务 2 后台运行程序

一个文本控制台或一个仿真终端在同一时刻只能运行一个程序或命令，在未执行结束前，一般不能进行其他操作，此时可采用将程序在后台执行的方式，以释放控制台或终端，使其仍能进行其他操作。要使程序以后台方式执行，只需在要执行的命令后跟上一个“&”符号即可，例如“find -name httpd.conf&”。

2.2 任务 2 熟练使用文件目录类命令

文件目录类命令是对文件和目录进行各种操作的命令。

2.2.1 子任务 1 熟练使用浏览目录类命令

1. 使用 pwd 命令

pwd 命令用于显示用户当前所处的目录。如果用户不知道自己当前所处的目录，就必须使用它。例如：

```
[root@RHEL6 etc]# pwd
/etc
```

2. 使用 cd 命令

cd 命令用来在不同的目录中进行切换。用户在登录系统后，会处于用户的家目录（$HOME）中，该目录一般以/home 开始，后跟用户名，这个目录就是用户的初始登录目录（root 用户的家目录为/root）。如果用户想切换到其他的目录中，就可以使用 cd 命令，后跟想要切换的目录名。例如：

```
[root@RHEL6 etc]# cd                  //改变目录位置至用户登录时的工作目录
[root@RHEL6 etc]# cd dir1             //改变目录位置至当前目录下的 dir1 子目录下
[root@RHEL6 etc]# cd ~                //改变目录位置至用户登录时的工作目录（用户的家目录）
[root@RHEL6 etc]# cd ..               //改变目录位置至当前目录的父目录
[root@RHEL6 etc]# cd ../user          //改变目录位置至当前目录的父目录下的 user 子目录下
[root@RHEL6 etc]# cd /dir1/subdir1        //利用绝对路径表示改变目录到 /dir1/
                                          subdir1 目录下
```

说明

在 Linux 系统中，用“.”代表当前目录；用“..”代表当前目录的父目录；用“~”代表用户的个人家目录（主目录）。例如，root 用户的个人主目录是/root，则不带任何参数的“cd”命令相当于“cd ~”，即将目录切换到用户的家目录。

3. 使用 ls 命令

ls 命令用来列出文件或目录信息。该命令的语法为

```
ls [参数] [目录或文件]
```

ls 命令的常用参数选项如下。

- -a：显示所有文件，包括以“.”开头的隐藏文件。
- -A：显示指定目录下所有的子目录及文件，包括隐藏文件。但不显示“.”和“..”。
- -c：按文件的修改时间排序。
- -C：分成多列显示各行。
- -d：如果参数是目录，则只显示其名称而不显示其下的各个文件。往往与“-l”选项一起使用，以得到目录的详细信息。
- -l：以长格形式显示文件的详细信息。
- -i：在输出的第一列显示文件的 i 节点号。

例如：

```
[root@RHEL6 ~]#ls          //列出当前目录下的文件及目录
[root@RHEL6 ~]#ls -a       //列出包括以“.”开始的隐藏文件在内的所有文件
[root@RHEL6 ~]#ls -t       //依照文件最后修改时间的顺序列出文件
[root@RHEL6 ~]#ls -F       //列出当前目录下的文件名及其类型。以/ 结尾表示为目录名，以*
结尾表示为可执行文件，以@ 结尾表示为符号连接
[root@RHEL6 ~]#ls -l       //列出当前目录下所有文件的权限、所有者、文件大小、修改时间
及名称
[root@RHEL6 ~]#ls -lg      //同上，并显示出文件的所有者工作组名
[root@RHEL6 ~]#ls -R       //显示出目录下以及其所有子目录的文件名
```

2.2.2 子任务 2 熟练使用浏览文件类命令

1. 使用 cat 命令

cat 命令主要用于滚屏显示文件内容或是将多个文件合并成一个文件。该命令的语法为

```
cat [参数] 文件名
```

cat 命令的常用参数选项如下。

- -b：对输出内容中的非空行标注行号。
- -n：对输出内容中的所有行标注行号。

通常使用 cat 命令查看文件内容，但是 cat 命令的输出内容不能够分页显示，要查看超过一屏的文件内容，需要使用 more 或 less 等其他命令。如果在 cat 命令中没有指定参数，则 cat 会从标准输入（键盘）中获取内容。

例如要查看/soft/file1 文件内容的命令为

```
[root@RHEL6 ~]#cat /soft/file1
```

利用 cat 命令还可以合并多个文件。例如，要把 file1 和 file2 文件的内容合并为 file3，且 file2 文件的内容在 file1 文件的内容前面，则命令为

```
[root@RHEL6 ~]# cat file2 file1>file3
 //如果 file3 文件存在，此命令的执行结果会覆盖 file3 文件中原有内容
[root@RHEL6 ~]# cat file2 file1>>file3
 //如果 file3 文件存在，此命令的执行结果将把 file2 和 file1 文件的内容附加到 file3 文件
中原有内容的后面。
```

2. 使用 more 命令

在使用 cat 命令时，如果文件太长，用户只能看到文件的最后一部分。这时可以使用 more

命令，一页一页地分屏显示文件的内容。more 命令通常用于分屏显示文件内容。大部分情况下，可以不加任何参数选项执行 more 命令查看文件内容，执行 more 命令后，进入 more 状态，按 Enter 键可以向下移动一行，按 Space 键可以向下移动一页；按 q 键可以退出 more 命令。该命令的语法为

```
more  [参数]  文件名
```

more 命令的常用参数选项如下。

- −num：这里的 num 是一个数字，用来指定分页显示时每页的行数。
- +num：指定从文件的第 num 行开始显示。

例如：

```
[root@RHEL6 ~]#more file1             // 以分页方式查看 file1 文件的内容
[root@RHEL6 ~]#cat file1 | more       //以分页方式查看 file1 文件的内容
```

more 命令经常在管道中被调用以实现各种命令输出内容的分屏显示。上面的第二个命令就是利用 shell 的管道功能分屏显示 file1 文件的内容。关于管道的内容在第 4 章中有详细介绍。

3. 使用 less 命令

less 命令是 more 命令的改进版，比 more 命令的功能强大。more 命令只能向下翻页，而 less 命令可以向下、向上翻页，甚至可以前后左右移动。执行 less 命令后，进入了 less 状态，按 Enter 键可以向下移动一行，按 Space 键可以向下移动一页，按 b 键可以向上移动一页，也可以用光标键向前、后、左、右移动，按 q 键可以退出 less 命令。

less 命令还支持在一个文本文件中进行快速查找。先按下斜杠键/，再输入要查找的单词或字符。less 命令会在文本文件中进行快速查找，并把找到的第一个搜索目标高亮度显示。如果希望继续查找，就再次按下斜杠键/，再按 Enter 键即可。

less 命令的用法与 more 基本相同，例如：

```
[root@RHEL6 ~]#less /etc/httpd/conf/httpd.conf  // 以分页方式查看 httpd.conf
文件的内容
```

4. 使用 head 命令

head 命令用于显示文件的开头部分，默认情况下只显示文件的前 10 行内容。该命令的语法为

```
head  [参数]  文件名
```

head 命令的常用参数选项如下。

- −n num：显示指定文件的前 num 行。
- −c num：显示指定文件的前 num 个字符。

例如：

```
[root@RHEL6 ~]#head  -n  20  /etc/httpd/conf/httpd.conf  //显示 httpd.conf
文件的前 20 行。
```

5. 使用 tail 命令

tail 命令用于显示文件的末尾部分，默认情况下只显示文件的末尾 10 行内容。该命令的语法为

```
tail  [参数]  文件名
```

tail 命令的常用参数选项如下。

- −n num：显示指定文件的末尾 num 行。
- −c num：显示指定文件的末尾 num 个字符。

● +num：从第 num 行开始显示指定文件的内容。

例如：

```
[root@RHEL6 ~]#tail -n 20 /etc/httpd/conf/httpd.conf    //显示 httpd.conf 文件的末尾 20 行
```

2.2.3 子任务 3 熟练使用目录操作类命令

1. 使用 mkdir 命令

mkdir 命令用于创建一个目录。该命令的语法为

```
mkdir [参数] 目录名
```

上述目录名可以为相对路径，也可以为绝对路径。

mkdir 命令的常用参数选项如下。

-p：在创建目录时，如果父目录不存在，则同时创建该目录及该目录的父目录。

例如：

```
[root@RHEL6 ~]#mkdir dir1    //在当前目录下创建 dir1 子目录
[root@RHEL6 ~]#mkdir -p dir2/subdir2
//在当前目录的 dir2 目录中创建 subdir2 子目录，如果 dir2 目录不存在则同时创建
```

2. 使用 rmdir 命令

rmdir 命令用于删除空目录。该命令的语法为

```
rmdir [参数] 目录名
```

上述目录名可以为相对路径，也可以为绝对路径。但所删除的目录必须为空目录。

rmdir 命令的常用参数选项如下。

-p：在删除目录时，一起删除父目录，但父目录中必须没有其他目录及文件。

例如：

```
[root@RHEL6 ~]#rmdir dir1    //在当前目录下删除 dir1 空子目录
[root@RHEL6 ~]#rmdir -p dir2/subdir2
//删除当前目录中 dir2/subdir2 子目录，删除 subdir2 目录时，如果 dir2 目录中无其他目录，则一起删除
```

2.2.4 子任务 4 熟练使用 cp 命令

1. cp 命令的使用方法

cp 命令主要用于文件或目录的复制。该命令的语法为

```
cp [参数] 源文件 目标文件
```

cp 命令的常用参数选项如下。

- -a ：尽可能将文件状态、权限等属性照原状予以复制。
- -f：如果目标文件或目录存在，先删除它们再进行复制（即覆盖），并且不提示用户。
- -i：如果目标文件或目录存在，提示是否覆盖已有的文件。
- -R：递归复制目录，即包含目录下的各级子目录。

2. 使用 cp 命令的范例

复制（cp）这个指令是非常重要的，不同身份者执行这个指令会有不同的结果产生，尤

其是-a、-p 选项，对于不同身份来说，差异非常大。下面的练习中，有的身份为 root，有的身份为一般账号（在这里用 bobby 这个账号），练习时请特别注意身份的差别。请观察下面的复制练习。

【例 2-1】用 root 身份，将家目录下的.bashrc 复制到/tmp 下，并更名为 bashrc。

```
[root@RHEL6 ~]# cp ~/.bashrc /tmp/bashrc
[root@RHEL6 ~]# cp -i ~/.bashrc /tmp/bashrc
cp: overwrite `/tmp/bashrc'? n 不覆盖，y 为覆盖
# 重复做两次动作，由于/tmp 底下已经存在 bashrc 了，加上-i 选项后，
# 则在覆盖前会询问使用者是否确定！可以按下 n 或者 y 来二次确认呢！
```

【例 2-2】变换目录到/tmp，并将/var/log/wtmp 复制到/tmp 且观察属性。

```
[root@RHEL6 ~]# cd   /tmp
[root@RHEL6 tmp]# cp   /var/log/wtmp.<==想要复制到当前目录，最后的，不要忘
[root@RHEL6 tmp]#ls   -l   /var/log/wtmp wtmp
-rw-rw-r—1 root utmp 96384 Sep 24 11:54/var/log/wtmp
-rw-r—r—1 root root 96384 Sep 24 14:06 wtmp
# 注意上面的特殊字体，在不加任何选项的情况下，文件的某些属性/权限会改变；
# 这是个很重要的特性！要注意喔！还有，连文件建立的时间也不一样了！
```

那如果你想要将文件的所有特性都一起复制过来该怎办？可以加上-a，如下所示。

```
[root@RHEL6 tmp]# cp   -a   /var/log/wtmp wtmp_2
[root@RHEL6 tmp]# ls   -l   /var/log/wtmp wtmp_2
-rw-rw-r—1 root utmp 96384 Sep 24 11:54/var/log/wtmp
-rw-rw-r—1 root utmp 96384 Sep 24 11:54 wtmp_2
```

cp 的功能很多，由于我们常常会进行一些数据的复制，所以也会常常用到这个指令。一般来说，如果复制别人的数据（当然，你必须要有 read 的权限）时，总是希望复制到的数据最后是自己的。所以，在预设的条件中，cp 的源文件与目的文件的权限是不同的，目的文件的拥有者通常会是指令操作者本身。

举例来说，例 2-2 中，由于是 root 的身份，因此复制过来的文件拥有者与群组就改变成为 root 所有。由于具有这个特性，因此当我们在进行备份的时候，某些需要特别注意的特殊权限文件，例如密码文件（/etc/shadow）以及一些配置文件，就不能直接以 cp 来复制，而必须要加上-a 或-p 等属性。

如果你想要复制文件给其他使用者，也必须要注意到文件的权限（包含读、写、执行以及文件拥有者等），否则，其他人还是无法针对你给的文件进行修改。

【例 2-3】复制/etc/这个目录下的所有内容到/tmp 里面。

```
[root@RHEL6 tmp]# cp   /etc/   /tmp
cp:omitting directory`/etc'  <== 如果是目录则不能直接复制，要加上-r 的选项
[root@RHEL6 tmp]# cp   -r   /etc/tmp
# 还是要再次的强调喔！ -r 是可以复制目录，但是，文件与目录的权限可能会被改变
# 所以，也可以利用『cp   -a   /etc   /tmp』来下达指令，尤其是在备份的情况下！
```

【例 2-4】若~/.bashrc 比/tmp/bashrc 新才复制过来。

```
[root@RHEL6 tmp]# cp   -u   ~/.bashrc   /tmp/bashrc
# 这个-u 的特性，是在目标文件与来源文件有差异时，才会复制的。
# 所以，比较常被用于『备份』的工作当中喔！^_^
```

你能否使用 bobby 身份，完整地复制/var/log/wtmp 文件到/tmp 底下，并更名为 bobby_wtmp 呢？

参考答案：

```
[bobby@www ~]$ cp  -a  /var/log/wtmp  /tmp/bobby_wtmp
[bobby@www ~]$ ls  -l  /var/log/wtmp   /tmp/bobby_wtmp
```

2.2.5　子任务 5　熟练使用文件操作类命令

1. 使用 mv 命令

mv 命令主要用于文件或目录的移动或改名。该命令的语法为

```
mv  [参数]  源文件或目录   目标文件或目录
```

mv 命令的常用参数选项如下。

- -i：如果目标文件或目录存在时，提示是否覆盖目标文件或目录。
- -f：无论目标文件或目录是否存在，直接覆盖目标文件或目录，不提示。

例如：

```
//将当前目录下的 testa 文件移动到/usr/目录下，文件名不变。
[root@RHEL6 /]# mv testa /usr/
//将/usr/testa 文件移动到根目录下，移动后的文件名为 tt
[root@RHEL6 /]# mv /usr/testa /tt
```

2. 使用 rm 命令

rm 命令主要用于文件或目录的删除。该命令的语法为

```
rm  [参数]  文件名或目录名
```

rm 命令的常用参数选项如下。

- -i：删除文件或目录时提示用户。
- -f：删除文件或目录时不提示用户。
- -R：递归删除目录，即包含目录下的文件和各级子目录。

例如：

```
//删除当前目录下的所有文件，但不删除子目录和隐藏文件。
[root@RHEL6 test]# rm *
// 删除当前目录下的子目录 dir，包含其下的所有文件和子目录，并且提示用户确认
[root@RHEL6 /]# rm -iR dir
```

3. touch 命令

touch 命令用于建立文件或更新文件的修改日期。该命令的语法为

```
touch  [参数]  文件名或目录名
```

touch命令的常用参数选项如下。

- -d yyyymmdd：把文件的存取或修改时间改为yyyy年mm月dd日。
- -a：只把文件的存取时间改为当前时间。
- -m：只把文件的修改时间改为当前时间。

例如：

```
[root@RHEL6 test]# touch aa          //如果当前目录下存在aa文件，则把aa文件的存取和修改时间改为当前时间，如果不存在aa文件，则新建aa文件
[root@RHEL6 /]# touch -d 20080808 aa   //将aa文件的存取和修改时间改为2008年8月8日
```

4. 使用diff命令

diff命令用于比较两个文件内容的不同。该命令的语法为

```
diff  [参数]  源文件  目标文件
```

diff命令的常用参数选项如下。

- -a：将所有的文件当作文本文件处理。
- -b：忽略空格造成的不同。
- -B：忽略空行造成的不同。
- -q：只报告什么地方不同，不报告具体的不同信息。
- -i：忽略大小写的变化。

例如：

```
[root@RHEL6 test]# diff  aa.txt  bb.txt  //比较aa.txt文件和bb.txt文件的不同
```

5. ln命令

ln命令用于建立两个文件之间的链接关系。该命令的语法为

```
ln  [参数]  源文件或目录  链接名
```

ln命令的常用参数选项如下。

-s：建立符号链接（软链接），不加该参数时建立的链接为硬链接。

两个文件之间的链接关系有两种：一种称为硬链接，这时两个文件名指向的是硬盘上的同一块存储空间，对两个文件中的任何一个文件的内容进行修改都会影响到另一文件。它可以由ln命令不加任何参数建立。

利用ll命令查看/aa.txt文件情况：

```
[root@RHEL6 /]# ll aa
-rw-r--r--  1 root root 0  1月 31 15:06 aa
[root@RHEL6 /]# cat aa
this is aa
```

由上面命令的执行结果可以看出aa文件的链接数为1，文件内容为“this is aa”。

使用ln命令建立aa文件的硬链接bb：

```
[root@RHEL6 /]# ln aa bb
```

上述命令产生了bb新文件，它和aa文件建立起了硬链接关系。

```
[root@RHEL6 /]# ll aa bb
```

```
-rw-r--r--  2 root root 11  1月 31 15:44 aa
-rw-r--r--  2 root root 11  1月 31 15:44 bb
[root@RHEL6 /]# cat bb
this is aa
```

可以看出，aa 和 bb 的大小相同，内容相同。再看详细信息的第 2 列，原来 aa 文件的链接数为 1，说明这块硬盘空间只有 aa 文件指向，而建立起 aa 和 bb 的硬链接关系后，这块硬盘空间就有 aa 和 bb 两个文件同时指向它，所以 aa 和 bb 的链接数都变为 2。

此时，如果修改 aa 或 bb 任意一个文件的内容，另外一个文件的内容也将随之变化。如果删除其中一个文件（不管是哪一个），就是删除了该文件和硬盘空间的指向关系，该硬盘空间不会释放，另外一个文件的内容也不会发生改变，但是该文件的链接数会减少一个。

只能对文件建立硬链接，不能对目录建立硬链接。

另外一种链接方式称为符号链接（软链接），是指一个文件指向另外一个文件的文件名。软链接类似于 Windows 系统中的快捷方式。软链接由 ln –s 命令建立。

首先查看一下 aa 文件的信息：

```
[root@RHEL6 /]# ll aa
-rw-r--r--  1 root root 11  1月 31 15:44 aa
```

创建 aa 文件的符号链接 cc，创建完成后查看 aa 和 cc 文件的链接数的变化：

```
[root@RHEL6 /]# ln -s aa cc
[root@RHEL6 /]# ll aa cc
-rw-r--r--  1 root root 11  1月 31 15:44 aa
lrwxrwxrwx  1 root root  2  1月 31 16:02 cc -> aa
```

可以看出 cc 文件是指向 aa 文件的一个符号链接。而指向存储 aa 文件内容的那块硬盘空间的文件仍然只有 aa 一个，cc 文件只不过是指向了 aa 文件名而已。所以 aa 文件的链接数仍为 1。

在利用 cat 命令查看 cc 文件的内容时，cat 命令在寻找 cc 的内容时，发现 cc 是一个符号链接文件，就根据 cc 记录的文件名找到 aa 文件，然后将 aa 文件的内容显示出来。

此时如果删除了 cc 文件，对 aa 文件无任何影响，但如果删除了 aa 文件，那么 cc 文件就因无法找到 aa 文件而毫无用处了。

可以对文件或目录建立软链接。

6. 使用 gzip 和 gunzip 命令

gzip 命令用于对文件进行压缩，生成的压缩文件以“.gz”结尾，而 gunzip 命令是对以“.gz”结尾的文件进行解压缩。该命令的语法为

```
gzip  -v    文件名
gunzip  -v  文件名
```

-v 参数选项表示显示被压缩文件的压缩比或解压时的信息。

例如：

```
[root@RHEL6 /]# gzip -v httpd.conf
httpd.conf:    65.0% -- replaced with httpd.conf.gz
[root@RHEL6 /]# gunzip -v httpd.conf.gz
httpd.conf.gz:    65.0% -- replaced with httpd.conf
```

7. 使用 tar 命令

tar 是用于文件打包的命令行工具，tar 命令可以把一系列的文件归档到一个大文件中，也可以把档案文件解开以恢复数据。总的来说，tar 命令主要用于打包和解包。tar 命令是 Linux 系统中常用的备份工具之一。该命令的语法为

```
tar [参数] 档案文件 文件列表
```

tar 命令的常用参数选项如下。

- -c：生成档案文件。
- -v：列出归档解档的详细过程。
- -f：指定档案文件名称。
- -r：将文件追加到档案文件末尾。
- -z：以 gzip 格式压缩或解压缩文件。
- -j：以 bzip2 格式压缩或解压缩文件。
- -d：比较档案与当前目录中的文件。
- -x：解开档案文件。

例如：

```
[root@RHEL6 /]# tar -cvf yy.tar aa tt      //将当前目录下的aa和tt文件归档为yy.tar
[root@RHEL6 /]# tar -xvf yy.tar            //从 yy.tar 档案文件中恢复数据
[root@RHEL6 /]# tar -czvf yy.tar.gz  aa tt//将当前目录下的 aa 和 tt 文件归档并压缩
为 yy.tar.gz
[root@RHEL6 /]# tar -xzvf yy.tar.gz        //将 yy.tar.gz 文件解压缩并恢复数据
```

8. 使用 rpm 命令

rpm 命令主要用于对 RPM 软件包进行管理。RPM 包是 Linux 的各种发行版本中应用最为广泛的软件包格式之一。学会使用 rpm 命令对 RPM 软件包进行管理至关重要。该命令的语法为

```
rpm [参数] 软件包名
```

rpm 命令的常用参数选项如下。

- -qa：查询系统中安装的所有软件包。
- -q：查询指定的软件包在系统中是否安装。
- -qi：查询系统中已安装软件包的描述信息。
- -ql：查询系统中已安装软件包里所包含的文件列表。
- -qf：查询系统中指定文件所属的软件包。
- -qp：查询 RPM 包文件中的信息，通常用于在未安装软件包之前了解软件包中的信息。
- -i：用于安装指定的 RPM 软件包。

- -v：显示较详细的信息。
- -h：以"#"显示进度。
- -e：删除已安装的 RPM 软件包。
- -U：升级指定的 RPM 软件包。软件包的版本必须比当前系统中安装的软件包的版本高才能正确升级。如果当前系统中并未安装指定的软件包，则直接安装。
- -F：更新软件包。

例如：

```
[root@RHEL6 /]#rpm -qa|more              //显示系统安装的所有软件包列表
[root@RHEL6 /]#rpm -q httpd              //查询系统是否安装了 httpd 软件包
[root@RHEL6 /]#rpm -qi httpd             //查询系统已安装的 httpd 软件包的描述信息
[root@RHEL6 /]#rpm -ql httpd             //查询系统已安装的 httpd 软件包里所包含的文
件列表
[root@RHEL6 /]#rpm -qf /etc/passwd //查询 passwd 文件所属的软件包
[root@RHEL6 RPMS]# rpm -ivh httpd-2.0.52-9.ent.i386.rpm  //安装软件包，并以
"#"显示安装进度和安装的详细信息
[root@RHEL6 RPMS]# rpm -Uvh rpm -e httpd-2.2.15-26.el6.x86_64.rpm  //升级软件包
[root@RHEL6 RPMS]#rpm -e rpm -e httpd-2.2.15-26.el6.x86_64  //卸载 httpd 软件包
```

注意

卸载软件包时不加扩展名.rpm，如果使用命令：rpm –e rpm –e httpd-2.2.15-26.el6.x86_64 –nodeps，则表示不检查依赖性。

9. 使用 whereis 命令

whereis 命令用来寻找命令的可执行文件所在的位置。该命令的语法为

```
whereis  [参数]  命令名称
```

whereis 命令的常用参数选项如下。

- -b：只查找二进制文件。
- -m：只查找命令的联机帮助手册部分。
- -s：只查找源代码文件。

例如：

```
//查找命令 rpm 的位置
[root@RHEL6 ~]# whereis rpm
rpm: /bin/rpm /etc/rpm /usr/lib/rpm /usr/include/rpm /usr/share/man/man8/rpm.8.gz
```

10. 使用 whatis 命令

whatis 命令用于获取命令简介。它从某个程序的使用手册中抽出一行简单的介绍性文件，帮助用户迅速了解这个程序的具体功能。该命令的语法为

```
whatis  命令名称
```

例如：

```
[root@RHEL6 ~]# whatis ls
ls            (1)  - list directory contents
```

11. 使用 find 命令

find 命令用于文件查找。它的功能非常强大。该命令的语法为

```
find [路径] [匹配表达式]
```

find 命令的匹配表达式主要有以下几种类型。

- -name filename：查找指定名称的文件。
- -user username：查找属于指定用户的文件。
- -group grpname：查找属于指定组的文件。
- -print：显示查找结果。
- -size n：查找大小为 n 块的文件，一块为 512B。符号“+*n*”表示查找大小大于 *n* 块的文件；符号“-*n*”表示查找大小小于 *n* 块的文件；符号“*n*c”表示查找大小为 *n* 个字符的文件。
- -inum *n*：查找索引节点号为 *n* 的文件。
- -type：查找指定类型的文件。文件类型有：b（块设备文件）、c（字符设备文件）、d（目录）、p（管道文件）、l（符号链接文件）、f（普通文件）。
- -atime *n*：查找 *n* 天前被访问过的文件。“+*n*”表示超过 *n* 天前被访问的文件；“-*n*”表示未超过 *n* 天前被访问的文件。
- -mtime *n*：类似于 atime，但检查的是文件内容被修改的时间。
- -ctime *n*：类似于 atime，但检查的是文件索引节点被改变的时间。
- -perm mode：查找与给定权限匹配的文件，必须以八进制的形式给出访问权限。
- -newer file：查找比指定文件新的文件，即最后修改时间离现在较近。
- -exec command {} \;：对匹配指定条件的文件执行 command 命令。
- -ok command {} \;：与 exec 相同，但执行 command 命令时请求用户确认。

例如：

```
[root@RHEL6 ~]# find . -type f -exec ls -l {} \;
//在当前目录下查找普通文件，并以长格形式显示
[root@RHEL6 ~]# find /logs -type f -mtime 5 -exec rm {} \;
//在/logs 目录中查找修改时间为 5 天以前的普通文件，并删除。保证/logs 目录存在。
[root@RHEL6 ~]# find /etc -name "*.conf"
//在/etc/目录下查找文件名以“.conf”结尾的文件
[root@RHEL6 ~]# find . -type f -perm 755 -exec ls {} \;
//在当前目录下查找权限为 755 的普通文件并显示
```

注意

由于 find 命令在执行过程中将消耗大量资源，建议以后台方式运行。

12. 使用 grep 命令

grep 命令用于查找文件中包含有指定字符串的行。该命令的语法为

```
grep [参数] 要查找的字符串 文件名
```

grep 命令的常用参数选项如下。

- -v：列出不匹配的行。
- -c：对匹配的行计数。
- -l：只显示包含匹配模式的文件名。
- -h：抑制包含匹配模式的文件名的显示。
- -n：每个匹配行只按照相对的行号显示。
- -i：对匹配模式不区分大小写。

在 grep 命令中，字符“^”表示行的开始，字符“$”表示行的结尾。如果要查找的字符串中带有空格，可以用单引号或双引号括起来。

例如：

```
[root@RHEL6 ~]# grep -2 user1 /etc/passwd
//在文件passwd中查找包含字符串“user1”的行，如果找到，显示该行及该行前后各2行的内容
[root@RHEL6 ~]# grep "^user1$" /etc/passwd
//在passwd文件中搜索只包含“user1”5个字符的行
```

grep 和 find 命令的差别在于 grep 是在文件中搜索满足条件的行，而 find 是在指定目录下根据文件的相关信息查找满足指定条件的文件。

2.3 任务3 熟练使用系统信息类命令

系统信息类命令是对系统的各种信息进行显示和设置的命令。

1. 使用 dmesg 命令

dmesg 命令用实例名和物理名称来标识连到系统上的设备。dmesg 命令也显示系统诊断信息、操作系统版本号、物理内存大小以及其他信息，例如：

```
[root@RHEL6 ~]#dmesg|more
```

系统启动时，屏幕上会显示系统 CPU、内存、网卡等硬件信息。但通常显示得比较快，如果用户没有来得及看清，可以在系统启动后用 dmesg 命令查看。

2. 使用 free 命令

free 命令主要用来查看系统内存、虚拟内存的大小及占用情况，例如：

```
[root@RHEL6 dir1]# free
                     total     used        free      shared    buffers      cached
Mem:                 126212    124960      1252      0    16408       34028
-/+ buffers/cache:        74524       51688
Swap:                257032     25796      231236
```

3. 使用 date 命令

date 命令可以用来查看系统当前的日期和时间，例如：

```
[root@RHEL6 dir1]# date
2016年 01月 22日 星期五 15:13:26 CST
```

date 命令还可以用来设置当前的日期和时间，例如：

```
[root@RHEL6 dir1]# date -d 08/08/2016
2016年 08月 08日 星期一 00:00:00 CST
```

注意

只有 root 用户才可以改变系统的日期和时间。

4. 使用 cal 命令

cal 命令用于显示指定月份或年份的日历，可以带两个参数，其中年、月份用数字表示；只有一个参数时表示年份，年份的范围为 1～9999；不带任何参数的 cal 命令显示当前月份的日历。例如：

```
[root@RHEL6 dir1]# cal 7 2016
           七月 2016
日  一  二  三  四  五  六
                    1   2
 3   4   5   6   7   8   9
10  11  12  13  14  15  16
17  18  19  20  21  22  23
24  25  26  27  28  29  30
31
```

5. 使用 clock 命令

clock 命令用于从计算机的硬件获得日期和时间。例如：

```
[root@RHEL6 dir1]# clock
```

2016 年 01 月 22 日 星期五 15 时 16 分 01 秒 −0.253886 seconds

2.4 任务 4 熟练使用进程管理类命令

进程管理类命令是对进程进行各种显示和设置的命令。

1. 使用 ps 命令

ps 命令主要用于查看系统的进程。该命令的语法为

```
ps [参数]
```

ps 命令的常用参数选项如下。

- -a：显示当前控制终端的进程（包含其他用户的）。
- -u：显示进程的用户名和启动时间等信息。
- -w：宽行输出，不截取输出中的命令行。
- -l：按长格形式显示输出。
- -x：显示没有控制终端的进程。
- -e：显示所有的进程。
- -t n：显示第 *n* 个终端的进程。

例如：

```
[root@RHEL6 dir1]# ps -au
USER  PID  %CPU  %MEM VSZ  RSS  TTY   STAT START  TIME  COMMAND
root  2459  0.0   0.2  1956  348  tty2  Ss+  09:00  0:00  /sbin/mingetty tty2
root  2460  0.0   0.2  2260  348  tty3  Ss+  09:00  0:00  /sbin/mingetty tty3
root  2461  0.0   0.2  3420  348  tty4  Ss+  09:00  0:00  /sbin/mingetty tty4
root  2462  0.0   0.2  3428  348  tty5  Ss+  09:00  0:00  /sbin/mingetty tty5
root  2463  0.0   0.2  2028  348  tty6  Ss+  09:00  0:00  /sbin/mingetty tty6
root  2895  0.0   0.9  6472 1180  tty1   Ss   09:09  0:00  bash
```

ps 通常和重定向、管道等命令一起使用，用于查找出所需的进程。

2. 使用 kill 命令

前台进程在运行时，可以用 Ctrl+C 键来终止它，但后台进程无法使用这种方法终止，此时可以使用 kill 命令向进程发送强制终止信号，以达到目的，例如：

```
[root@RHEL6 dir1]# kill -l
 1) SIGHUP       2) SIGINT       3) SIGQUIT      4) SIGILL
 5) SIGTRAP      6) SIGABRT      7) SIGBUS       8) SIGFPE
 9) SIGKILL     10) SIGUSR1     11) SIGSEGV     12) SIGUSR2
13) SIGPIPE     14) SIGALRM     15) SIGTERM     17) SIGCHLD
18) SIGCONT     19) SIGSTOP     20) SIGTSTP     21) SIGTTIN
22) SIGTTOU     23) SIGURG      24) SIGXCPU     25) SIGXFSZ
26) SIGVTALRM   27) SIGPROF     28) SIGWINCH    29) SIGIO
30) SIGPWR      31) SIGSYS      34) SIGRTMIN    35) SIGRTMIN+1
（略）
```

上述命令用于显示 kill 命令所能够发送的信号种类。每个信号都有一个数值对应，例如 SIGKILL 信号的值为 9。

kill 命令的格式为

```
kill  [参数]  进程 1  进程 2 ……
```

参数选项-s 一般跟信号的类型。

例如：

```
[root@RHEL6 dir1]# ps
  PID  TTY      TIME   CMD
 1448  pts/1    00:00:00  bash
 2394  pts/1    00:00:00  ps
[root@RHEL6 dir1]# kill -s SIGKILL 2394  或者//kill  -9 2394
//上述命令用于结束 ps 进程
```

3. 使用 killall 命令

和 kill 命令相似，killall 命令可以根据进程名发送信号，例如：

```
[root@RHEL6 dir1]# killall -9 httpd
```

4. 使用 nice 命令

Linux 系统有两个和进程有关的优先级。用“ps –l”命令可以看到两个域：PRI 和 NI。PRI 是进程实际的优先级，它是由操作系统动态计算的，这个优先级的计算和 NI 值有关。NI 值可以被用户更改，NI 值越高，优先级越低。一般用户只能加大 NI 值，只有超级用户才可以减小 NI 值。NI 值被改变后，会影响 PRI。优先级高的进程被优先运行，缺省时进程的 NI 值为 0。nice 命令的用法如下：

```
nice -n  程序名  //以指定的优先级运行程序
```

其中，*n* 表示 NI 值，正值代表 NI 值增加，负值代表 NI 值减小。

例如：

```
[root@RHEL6 dir1]# nice --2 ps -l
```

5. 使用 renice 命令

renice 命令是根据进程的进程号来改变进程的优先级的。renice 的用法如下：

```
renice  n   进程号
```

其中，*n* 为修改后的 NI 值。

例如：

```
[root@RHEL6 dir1]# ps -l
F S   UID   PID  PPID  C  PRI  NI ADDR SZ WCHAN  TTY          TIME CMD
0 S     0  3324  3322  0  80   0 - 27115 wait  pts/0    00:00:00 bash
4 R     0  4663  3324  0  80   0 - 27032 -     pts/0    00:00:00 ps
[root@RHEL6 dir1]# renice -6 3324
```

6. 使用 top 命令

和 ps 命令不同，top 命令可以实时监控进程的状况。top 屏幕自动每 5 秒钟刷新一次，也可以用“top –d 20”，使得 top 屏幕每 20 秒刷新一次。top 屏幕的部分内容如下：

```
top - 19:47:03 up 10:50,  3 users,  load average: 0.10, 0.07, 0.02
Tasks:  90 total,   1 running,  89 sleeping,   0 stopped,   0 zombie
Cpu(s): 1.0% us, 3.1% sy, 0.0% ni, 95.8% id, 0.0% wa, 0.0% hi, 1.0% si
Mem:   126212k total,  124520k used,    1692k free,   10116k buffers
Swap:  257032k total,   25796k used,  231236k free,   34312k cached

 PID USER  PR  NI  VIRT  RES  SHR  S %CPU %MEM   TIME+  COMMAND
2946 root  14  -1 39812  12m 3504  S  1.3   9.8  14:25.46  X
3067 root  25  10 39744  14m 9172  S  1.0  11.8  10:58.34  rhn-applet-gui
2449 root  16   0  6156  3328 1460 S  0.3   3.6   0:20.26  hald
3086 root  15   0 23412  7576 6252 S  0.3   6.0   0:18.88  mixer_applet2
1446 root  16   0  8728  2508 2064 S  0.3   2.0   0:10.04  sshd
2455 root  16   0  2908   948  756 R  0.3   0.8   0:00.06  top
1    root  16   0  2004   560  480 S  0.0   0.4   0:02.01  init
```

top 命令前 5 行的含义如下。

第 1 行：正常运行时间行。显示系统当前时间、系统已经正常运行的时间、系统当前用户数等。

第 2 行：进程统计数。显示当前的进程总数、睡眠的进程数、正在运行的进程数、暂停的进程数、僵死的进程数。

第 3 行：CPU 统计行。包括用户进程、系统进程、修改过 NI 值的进程、空闲进程各自使用 CPU 的百分比。

第 4 行：内存统计行。包括内存总量、已用内存、空闲内存、共享内存、缓冲区的内存总量。

第 5 行：交换分区和缓冲分区统计行。包括交换分区总量、已使用的交换分区、空闲交换分区、高速缓冲区总量。

在 top 屏幕下，用 q 键可以退出，用 h 键可以显示 top 下的帮助信息。

7. 使用 bg、jobs、fg 命令

bg 命令用于把进程放到后台运行，例如：

```
[root@RHEL6 dir1]# bg find
```

jobs 命令用于查看在后台运行的进程，例如：

```
[root@RHEL6 dir1]# find / -name aaa &
[1] 2469
[root@RHEL6 dir1]# jobs
[1]+ Running                find / -name aaa &
```

fg 命令用于把从后台运行的进程调到前台，例如：

```
[root@RHEL6 dir1]# fg find
```

2.5 任务 5 熟练使用其他常用命令

除了上面介绍的命令外，还有一些命令也经常用到。

1. 使用 clear 命令

clear 命令用于清除字符终端屏幕内容。

2. 使用 uname 命令

uname 命令用于显示系统信息。例如：

```
root@RHEL6 dir1]# uname -a
Linux Server 3.6.9-5.EL #1 Wed Jan 5 19:22:18 EST 2005 i686 i686 i386 GNU/Linux
```

3. 使用 man 命令

man 命令用于列出命令的帮助手册。例如：

```
[root@RHEL6 dir1]# man ls
```

典型的 man 手册包含以下几部分。

- NAME：命令的名字。
- SYNOPSIS：名字的概要，简单说明命令的使用方法。
- DESCRIPTION：详细描述命令的使用，如各种参数选项的作用。

- SEE ALSO：列出可能要查看的其他相关的手册页条目。
- AUTHOR、COPYRIGHT：作者和版权等信息。

4. 使用 shutdown 命令

shutdown 命令用于在指定时间关闭系统。该命令的语法为

```
shutdown  [参数]  时间  [警告信息]
```

shutdown 命令常用的参数选项如下。

- -r：系统关闭后重新启动。
- -h：关闭系统。

时间可以是以下几种形式。

- now：表示立即。
- hh:mm：指定绝对时间，hh 表示小时，mm 表示分钟。
- +m：表示 m 分钟以后。

例如：

```
[root@RHEL6 dir1]# shutdown -h now   //关闭系统
```

5. 使用 halt 命令

halt 命令表示立即停止系统，但该命令不自动关闭电源，需要人工关闭电源。

6. 使用 reboot 命令

reboot 命令用于重新启动系统，相当于“shutdown -r now”。

7. 使用 poweroff 命令

poweroff 命令用于立即停止系统，并关闭电源，相当于“shutdown -h now”。

8. alias 命令

alias 命令用于创建命令的别名。该命令的语法为

```
alias  命令别名 = "命令行"
```

例如：

```
[root@RHEL6 dir1]# alias httpd="vim /etc/httpd/conf/httpd.conf"
//定义 httpd 为命令"vim /etc/httpd/conf/httpd.conf"的别名
```

alias 命令不带任何参数时将列出系统已定义的别名。

9. 使用 unalias 命令

unalias 命令用于取消别名的定义。例如：

```
[root@RHEL6 dir1]# unalias httpd
```

10. 使用 history 命令

history 命令用于显示用户最近执行的命令。可以保留的历史命令数和环境变量 HISTSIZE 有关。只要在编号前加“!”，就可以重新运行 history 中显示出的命令行。例如：

```
[root@RHEL6 dir1]# !1239
```

表示重新运行第 1239 个历史命令。

2.6 项目实录：使用 Linux 基本命令

1. 录像位置

随书光盘中：\随书项目实录\实训项目　熟练使用 Linux 基本命令.exe。

2. 项目实训目的

- 掌握 Linux 各类命令的使用方法。
- 熟悉 Linux 操作环境。

3. 项目背景

现在有一台已经安装好 Linux 操作系统的主机，并且已经配置好基本的 TCP/IP 参数，能够通过网络连接局域网中或远程的主机。一台 Linux 服务器，能够提供 FTP、Telnet 和 SSH 连接。

4. 项目实训内容

练习使用 Linux 常用命令，达到熟练应用的目的。

5. 做一做

根据项目实录录像进行项目的实训，检查学习效果。

2.7 练习题

一、填空题

1. 在 Linux 系统中命令______大小写。在命令行中，可以使用________键来自动补齐命令。

2. 如果要在一个命令行上输入和执行多条命令，可以使用________来分隔命令。

3. 断开一个长命令行，可以使用______，以将一个较长的命令分成多行表达，增强命令的可读性。执行后，Shell 自动显示提示符________，表示正在输入一个长命令。

4. 要使程序以后台方式执行，只需在要执行的命令后跟上一个________符号。

二、选择题

1.（　　）命令能用来查找在文件 TESTFILE 中包含 4 个字符的行。

A. grep '???? ' TESTFILE　　B. grep '.... ' TESTFILE

C. grep '^????$' TESTFILE　　D. grep '^....$ ' TESTFILE

2.（　　）命令用来显示/home 及其子目录下的文件名。

A. ls -a /home　　B. ls -R /home　　C. ls -l /home　　D. ls -d /home

3. 如果忘记了 ls 命令的用法，可以采用（　　）命令获得帮助。

A. ? ls　　B. help ls　　C. man ls　　D. get ls

4. 查看系统当中所有进程的命令是（　　）。

A. ps all　　B. ps aix　　C. ps auf　　D. ps aux

5. Linux 中有多个查看文件的命令，如果希望在查看文件内容过程中用光标可以上下移动来查看文件内容，则符合要求的那一个命令是（　　）。

A. cat　　B. more　　C. less　　D. head

6.（　　）命令可以了解您在当前目录下还有多大空间。

A. df　　B. du　/　　C. du　.　　D. df　.

7. 假如需要找出 /etc/my.conf 文件属于哪个包（package），可以执行（　　）命令。

   A. rpm -q /etc/my.conf　　B. rpm -requires /etc/my.conf

   C. rpm -qf /etc/my.conf　　D. rpm -q | grep /etc/my.conf

8. 在应用程序启动时，（　　）命令设置进程的优先级。

   A. priority　　B. nice　　C. top　　D. setpri

9. （　　）命令可以把 f1.txt 复制为 f2.txt。

   A. cp f1.txt | f2.txt　　B. cat f1.txt | f2.txt

   C. cat f1.txt > f2.txt　　D. copy f1.txt | f2.txt

10. 使用（　　）命令可以查看 Linux 的启动信息。

   A. mesg –d　　B. dmesg　　C. cat /etc/mesg　　D. cat /var/mesg

三、简答题

1. more 和 less 命令有何区别？
2. Linux 系统下对磁盘的命名原则是什么？
3. 在网上下载一个 Linux 下的应用软件，介绍其用途和基本使用方法。

2.8 实践习题

练习使用 Linux 常用命令，达到熟练应用的目的。

2.9 超级链接

点击 http://linux.sdp.edu.cn/kcweb，http://www.icourses.cn/coursestatic/course_2843.html 访问学习网站中学习情境的相关内容。

学习情境二　系统配置与管理

项目三
管理 Linux 服务器的用户和组

项目导入

Linux 是多用户多任务的网络操作系统，作为网络管理员，掌握用户和组的创建与管理至关重要。项目 3 将主要介绍利用命令行和图形工具对用户和组群进行创建与管理等内容。

职业能力目标和要求

- 了解用户和组群配置文件。
- 熟练掌握 Linux 下用户的创建与维护管理。
- 熟练掌握 Linux 下组群的创建与维护管理。
- 熟悉用户账户管理器的使用方法。

3.1　任务 1　理解用户账户和组群

Linux 操作系统是多用户多任务的操作系统，它允许多个用户同时登录到系统，使用系统资源。用户账户是用户的身份标识，用户通过用户账户可以登录到系统，并且访问已经被授权的资源。系统依据账户来区分属于每个用户的文件、进程、任务，并给每个用户提供特定的工作环境（例如用户的工作目录、Shell 版本以及图形化的环境配置等），使每个用户都能各自独立不受干扰地工作。

Linux 系统下的用户账户分为两种：普通用户账户和超级用户账户（root）。普通用户在系统中只能进行普通工作，只能访问他们拥有的或者有权限执行的文件。超级用户账户也叫管理员账户，它的任务是对普通用户和整个系统进行管理。超级用户账户对系统具有绝对的控制权，能够对系统进行一切操作，如操作不当很容易对系统造成损坏。

因此即使系统只有一个用户使用，也应该在超级用户账户之外再建立一个普通用户账户，在用户进行普通工作时以普通用户账户登录系统。

在 Linux 系统中为了方便管理员的管理和用户工作的方便，产生了组群的概念。组群是具有相同特性的用户的逻辑集合，使用组群有利于系统管理员按照用户的特性组织和管理用户，提高工作效率。有了组群，在做资源授权时可以把权限赋予某个组群，组群中的成员即可自动获得这种权限。一个用户账户可以同时是多个组群的成员，其中某个组群是该用户的主组群（私有组群），其他组群为该用户的附属组群（标准组群）。表 3-1 列出了与用户和组群相关的一些基本概念。

表 3-1 用户和组群的基本概念

概 念	描 述
用户名	用来标识用户的名称，可以是字母、数字组成的字符串，区分大小写
密码	用于验证用户身份的特殊验证码
用户标识（UID）	用来表示用户的数字标识符
用户主目录	用户的私人目录，也是用户登录系统后默认所在的目录
登录 Shell	用户登录后默认使用的 Shell 程序，默认为/bin/bash
组群	具有相同属性的用户属于同一个组群
组群标识（GID）	用来表示组群的数字标识符

root 用户的 UID 为 0，普通用户的 UID 可以在创建时由管理员指定，如果不指定，用户的 UID 默认从 500 开始顺序编号。在 Linux 系统中，创建用户账户的同时也会创建一个与用户同名的组群，该组群是用户的主组群。普通组群的 GID 默认也是从 500 开始编号。

3.2 任务 2 理解用户账户文件和组群文件

用户账户信息和组群信息分别存储在用户账户文件和组群文件中。

3.2.1 子任务 1 理解用户账户文件

1. /etc/passwd 文件

在 Linux 系统中，所创建的用户账户及其相关信息（密码除外）均放在/etc/passwd 配置文件中。用 vim 编辑器打开 passwd 文件，内容格式如下：

```
root:x:0:0:root:/root:/bin/bash
bin:x:1:1:bin:/bin:/sbin/nologin
daemon:x:2:2:daemon:/sbin:/sbin/nologin
user1:x:500:500:oneuser:/home/user1:/bin/bash
```

文件中的每一行代表一个用户账户的资料，可以看到第一个用户是 root。然后是一些标准账户，此类账户的 Shell 为/sbin/nologin 代表无本地登录权限。最后一行是由系统管理员创建的普通账户：user1。

passwd 文件的每一行用“:”分隔为 7 个域，每一行各域的内容如下：

```
用户名:加密口令:UID:GID:用户的描述信息:主目录:命令解释器（登录 Shell）
```

passwd 文件中各字段的含义如表 3-2 所示，其中少数字段的内容是可以为空的，但仍需使用“:”进行占位来表示该字段。

表 3-2 passwd 文件字段说明

字 段	说 明
用户名	用户账号名称，用户登录时所使用的用户名
加密口令	用户口令，出于安全性考虑，现在已经不使用该字段保存口令，而用字母“x”来填充该字段，真正的密码保存在 shadow 文件中
UID	用户号，唯一表示某用户的数字标识
GID	用户所属的私有组号，该数字对应 group 文件中的 GID
用户描述信息	可选的关于用户全名、用户电话等描述性信息
主目录	用户的宿主目录，用户成功登录后的默认目录
命令解释器	用户所使用的 Shell，默认为“/bin/bash”

2. /etc/shadow 文件

由于所有用户对/etc/passwd 文件均有读取权限，为了增强系统的安全性，用户经过加密之后的口令都存放在/etc/shadow 文件中。/etc/shadow 文件只对 root 用户可读，因而大大提高了系统的安全性。shadow 文件的内容形式如下：

```
root:$1$rRetvF5m$e3X1HGNncwP9DxRSNHMxr/:13757:0:99999:7:::
bin:*:13734:0:99999:7:::
user1:$1$xOojnJBE$P1t.wluVYU4rLMpFYD6LY.:13734:0:99999:7:::
```

shadow 文件保存投影加密之后的口令以及与口令相关的一系列信息，每个用户的信息在 shadow 文件中占用一行，并且用“:”分隔为 9 个域，各域的含义如表 3-3 所示。

表 3-3 shadow 文件字段说明

字 段	说 明
1	用户登录名
2	加密后的用户口令
3	从 1970 年 1 月 1 日起，到用户最近一次口令被修改的天数
4	从 1970 年 1 月 1 日起，到用户可以更改密码的天数，即最短口令存活期
5	从 1970 年 1 月 1 日起，到用户必须更改密码的天数，即最长口令存活期
6	口令过期前几天提醒用户更改口令
7	口令过期后几天账户被禁用
8	口令被禁用的具体日期（相对日期，从 1970 年 1 月 1 日至禁用时的天数）
9	保留域，用于功能扩展

3. /etc/login.defs 文件

建立用户账户时会根据/etc/login.defs 文件的配置设置用户账户的某些选项。该配置文件的有效设置内容及中文注释如下所示。

```
MAIL_DIR        /var/spool/mail  //用户邮箱目录

MAIL_FILE      .mail
PASS_MAX_DAYS   99999             //账户密码最长有效天数
PASS_MIN_DAYS   0                 //账户密码最短有效天数
PASS_MIN_LEN    5                 //账户密码的最小长度
PASS_WARN_AGE   7                 //账户密码过期前提前警告的天数
UID_MIN                 500       //用 useradd 命令创建账户时自动产生的最小 UID 值
UID_MAX               60000       //用 useradd 命令创建账户时自动产生的最大 UID 值
GID_MIN                 500       //用 groupadd 命令创建组群时自动产生的最小 GID 值
GID_MAX               60000       //用 groupadd 命令创建组群时自动产生的最大 GID 值
USERDEL_CMD     /usr/sbin/userdel_local   //如果定义的话，将在删除用户时执行，以删
除相应用户的计划作业和打印作业等
CREATE_HOME     yes               //创建用户账户时是否为用户创建主目录
```

3.2.2 子任务 2 理解组群文件

组群账户的信息存放在/etc/group 文件中，而关于组群管理的信息（组群口令、组群管理员等）则存放在/etc/gshadow 文件中。

1. /etc/group 文件

group 文件位于“/etc”目录，用于存放用户的组账户信息，对于该文件的内容任何用户都可以读取。每个组群账户在 group 文件中占用一行，并且用“:”分隔为 4 个域。每一行各域的内容如下：

```
组群名称:组群口令（一般为空）:GID:组群成员列表
group 文件的内容形式如下：
root:x:0:root
bin:x:1:root,bin,daemon
daemon:x:2:root,bin,daemon
bobby:x:500:
```

group 文件的组群成员列表中如果有多个用户账户属于同一个组群，则各成员之间以“,”分隔。在/etc/group 文件中，用户的主组群并不把该用户作为成员列出，只有用户的附属组群才会把该用户作为成员列出。例如用户 bobby 的主组群是 bobby，但/etc/group 文件中组群 bobby 的成员列表中并没有用户 bobby。

2. /etc/gshadow 文件

/etc/gshadow 文件用于存放组群的加密口令、组管理员等信息，该文件只有 root 用户可以读取。每个组群账户在 gshadow 文件中占用一行，并以“:”分隔为 4 个域。每一行中各域的内容如下：

```
组群名称:加密后的组群口令:组群的管理员:组群成员列表
```

gshadow 文件的内容形式如下：

```
root:::root
bin:::root,bin,daemon
daemon:::root,bin,daemon
bobby:!::
```

3.3 任务 3 管理用户账户

用户账户管理包括新建用户、设置用户账户口令和用户账户维护等内容。

3.3.1 子任务 1 用户切换

在某些情况下，已经登录的用户需要改变身份，即进行用户切换，以执行当前用户权限之外的操作。这时可以用下述方法实现。

（1）注销后重新进入系统。在 GNOME 桌面环境中单击左上角的“系统”按钮，执行“注销”命令，如图 3-1 所示。这时屏幕上会出现“确认”对话框，单击“注销”按钮后出现新的登录界面，输入新的用户账号及密码，即可重新进入系统。

图 3-1 GNOME 桌面环境

（2）运行 su 命令进行用户切换。Linux 操作系统提供了虚拟控制台功能，即在同一物理控制台实现多用户同时登录和同时使用该系统。使用者可以充分利用这种功能进行用户切换。su 命令可以使用户方便地进行切换，不需要用户进行注销操作就可以完成用户切换。要升级为超级用户（root），只需在提示符$下输入 su，按屏幕提示输入超级用户（root）的密码，即可切换成超级用户。依次单击左上角的“应用程序→附件→终端”，进入终端控制台，然后在终端控制台输入以下命令。

```
[root@RHEL6 ~]# whoami
root
[root@RHEL6 ~]# su user1          //root 用户转换为任何用户都不需要口令
[user1@RHEL6 root]$ whoami
User1
[user1@RHEL6 root]$ su root       //普通用户转换为任何用户都需要提供口令
Password:
[user1@RHEL6 root]$ exit          //使用 exit 命令可退回到上一次使用 su 命令时的用户
exit
[root@RHEL6 ~]# whoami
root
```

su 命令不指定用户名时将从当前用户转换为 root 用户，但需要输入 root 用户的口令。

3.3.2 子任务 2 新建用户

在系统新建用户可以使用 useradd 或者 adduser 命令。useradd 命令的格式是：

```
useradd  [选项]  <username>
```

useradd 命令有很多选项，如表 3-4 所示。

表 3-4 useradd 命令选项

选 项	说 明
-c comment	用户的注释性信息
-d home_dir	指定用户的主目录
-e expire_date	禁用账号的日期，格式为 YYYY-MM-DD
-f inactive_days	设置账户过期多少天后用户账户被禁用。如果为 0，账户过期后将立即被禁用；如果为-1，账户过期后，将不被禁用
-g initial_group	用户所属主组群的组群名称或者 GID
-G group-list	用户所属的附属组群列表，多个组群之间用逗号分隔
-m	若用户主目录不存在则创建它
-M	不要创建用户主目录
-n	不要为用户创建用户私人组群
-p passwd	加密的口令
-r	创建 UID 小于 500 的不带主目录的系统账号
-s shell	指定用户的登录 Shell，默认为/bin/bash
-u UID	指定用户的 UID，它必须是唯一的，且大于 499

【例 3-1】新建用户 user1，UID 为 510，指定其所属的私有组为 group1（group1 组的标识符为 500），用户的主目录为/home/user1，用户的 Shell 为/bin/bash，用户的密码为 123456，账户永不过期。

```
[root@RHEL6 ~]# useradd -u 510 -g 500 -d /home/user1 -s /bin/bash -p 123456 -f -1 user1
[root@RHEL6 ~]# tail -1 /etc/passwd
user1:x:510:500::/home/user1:/bin/bash
```

如果新建用户已经存在，那么在执行 useradd 命令时，系统会提示该用户已经存在：

```
[root@RHEL6 ~]# useradd user1
useradd: user user1 exists
```

3.3.3 子任务 3 设置用户账户口令

1. passwd 命令

指定和修改用户账户口令的命令是 passwd。超级用户可以为自己和其他用户设置口令，而普通用户只能为自己设置口令。passwd 命令的格式：

```
passwd [选项] [username]
```

passwd 命令的常用选项如表 3-5 所示。

表 3-5　passwd 命令选项

选　　项	说　　明
-l	锁定（停用）用户账户
-u	口令解锁
-d	将用户口令设置为空，这与未设置口令的账户不同。未设置口令的账户无法登录系统，而口令为空的账户可以
-f	强迫用户下次登录时必须修改口令
-n	指定口令的最短存活期
-x	指定口令的最长存活期
-w	口令要到期前提前警告的天数
-i	口令过期后多少天停用账户
-S	显示账户口令的简短状态信息

【例 3-2】假设当前用户为 root，则下面的两个命令分别为 root 用户修改自己的口令和 root 用户修改 user1 用户的口令。

```
//root 用户修改自己的口令，直接用 passwd 命令回车即可
[root@RHEL6 ~]# passwd
Changing password for user root.
New UNIX password:
Retype new UNIX password:
passwd: all authentication tokens updated successfully.

//root 用户修改 user1 用户的口令
 [root@RHEL6 ~]# passwd user1
Changing password for user user1.
New UNIX password:
Retype new UNIX password:
passwd: all authentication tokens updated successfully.
```

需要注意的是，普通用户修改口令时，passwd 命令会首先询问原来的口令，只有验证通过才可以修改。而 root 用户为用户指定口令时，不需要知道原来的口令。为了系统安全，用户应选择包含字母、数字和特殊符号组合的复杂口令，且口令长度应至少为 6 个字符。

2. chage 命令

要修改用户账户口令，也可以用 chage 命令实现。chage 命令的常用选项如表 3-6 所示。

表 3-6　chage 命令选项

选　　项	说　　明
-l	列出账户口令属性的各个数值
-m	指定口令最短存活期
-M	指定口令最长存活期

续表

选 项	说 明
-W	口令要到期前提前警告的天数
-I	口令过期后多少天停用账户
-E	用户账户到期作废的日期
-d	设置口令上一次修改的日期

【例 3-3】设置 user1 用户的最短口令存活期为 6 天，最长口令存活期为 60 天，口令到期前 5 天提醒用户修改口令。设置完成后查看各属性值。

```
[root@RHEL6 ~]# chage -m 6 -M 60 -W 5 user1
[root@RHEL6 ~]# chage -l user1
Minimum:       6
Maximum:       60
Warning:       5
Inactive:      -1
Last Change:               9月01, 2007
Password Expires:          10月31, 2007
Password Inactive:         Never
Account Expires:           Never
```

3.3.4 子任务 4 维护用户账户

1. 修改用户账户

管理员用 useradd 命令创建好账户之后，可以用 usermod 命令来修改 useradd 的设置。两者的用法几乎相同。例如要修改用户 user1 的主目录为/var/user1，把启动 Shell 修改为/bin/tcsh，可以用如下操作：

```
[root@RHEL6 ~]# usermod -d /var/user1 -s /bin/tcsh user1
[root@RHEL6 ~]# tail -l /etc/passwd
user1:x:510:500::/var/user1:/bin/tcsh
```

2. 禁用和恢复用户账户

有时需要临时禁用一个账户而不删除它。禁用用户账户可以用 passwd 或 usermod 命令实现，也可以直接修改/etc/passwd 或/etc/shadow 文件实现。

例如，暂时禁用和恢复 user1 账户，可以使用以下 3 种方法实现。

（1）使用 passwd 命令。

```
//使用passwd命令禁用user1账户，利用tail命令查看可以看到被锁定的账户密码栏前面会加上
[root@RHEL6 ~]# passwd -l user1
[root@RHEL6 ~]# tail -1 /etc/shadow
user1:!!$1$mEK/kTgb$ZJI3cdfeSD/rsjOXC5sX.0:13757:6:60:5:::

//利用passwd命令的-u选项解除账户锁定，重新启用user1账户
```

```
[root@RHEL6 ~]# passwd -u user1
Unlocking password for user user1.
passwd: Success.
```

（2）使用 usermod 命令。

```
//禁用 user1 账户
[root@RHEL6 ~]# usermod -L user1
//解除 user1 账户的锁定
[root@RHEL6 ~]# usermod -U user1
```

（3）直接修改用户账户配置文件。

可将/etc/passwd 文件或/etc/shadow 文件中关于 user1 账户的 passwd 域的第一个字符前面加上一个“*”，达到禁用账户的目的，在需要恢复的时候只要删除字符“*”即可。

如果只是禁止用户账户登录系统，可以将其启动 Shell 设置为/bin/false 或者/dev/null。

3. 删除用户账户

要删除一个账户，可以直接编辑删除/etc/passwd 和/etc/shadow 文件中要删除的用户所对应的行，或者用 userdel 命令删除。userdel 命令的格式为

```
userdel  [-r]  用户名
```

如果不加-r 选项，userdel 命令会在系统中所有与账户有关的文件中（例如/etc/passwd，/etc/shadow，/etc/group）将用户的信息全部删除。

如果加-r 选项，则在删除用户账户的同时，还将用户主目录以及其下的所有文件和目录全部删除掉。另外，如果用户使用 e-mail 的话，同时也将/var/spool/mail 目录下的用户文件删掉。

3.4 任务 4 管理组群

组群管理包括新建组群、维护组群账户和为组群添加用户等内容。

3.4.1 子任务 1 维护组群账户

创建组群和删除组群的命令与创建、维护账户的命令相似。创建组群可以使用命令 groupadd 或者 addgroup。

例如，创建一个新的组群，组群的名称为 testgroup，可用如下命令：

```
[root@RHEL6 ~]# groupadd  testgroup
```

要删除一个组可以用 groupdel 命令，例如删除刚创建的 testgroup 组，可用如下命令：

```
[root@RHEL6 ~]# groupdel testgroup
```

需要注意的是，如果要删除的组群是某个用户的主组群，则该组群不能被删除。

修改组群的命令是 groupmod，其命令格式为

```
groupmod  [选项]  组名
```

常见的命令选项如表 3-7 所示。

表 3-7 groupmod 命令选项

选　　项	说　　明
-g gid	把组群的 GID 改成 gid
-n group-name	把组群的名称改为 group-name
-o	强制接受更改的组的 GID 为重复的号码

3.4.2 子任务 2 为组群添加用户

在 Red Hat Linux 中使用不带任何参数的 useradd 命令创建用户时，会同时创建一个和用户账户同名的组群，称为主组群。当一个组群中必须包含多个用户时则需要使用附属组群。在附属组中增加、删除用户都用 gpasswd 命令。gpasswd 命令的格式为

```
gpasswd [选项] [用户] [组]
```

只有 root 用户和组管理员才能够使用这个命令，命令选项如表 3-8 所示。

表 3-8 gpasswd 命令选项

选　　项	说　　明
-a	把用户加入组
-d	把用户从组中删除
-r	取消组的密码
-A	给组指派管理员

例如，要把 user1 用户加入 testgroup 组，并指派 user1 为管理员，可以执行下列命令：

```
[root@RHEL6 ~]# gpasswd -a user1 testgroup
Adding user user1 to group testgroup
[root@RHEL6 ~]# gpasswd -A user1 testgroup
```

3.5 任务 5 使用用户管理器管理用户和组群

3.5.1 子任务 1 管理用户账号

在图形模式下管理用户账号。以 root 账号登录 GNOME 后，在 GNOME 桌面环境中单击左上角的主选按钮，单击“系统”→“管理”→“用户和组群”，出现“用户管理器”界面，如图 3-2 所示。

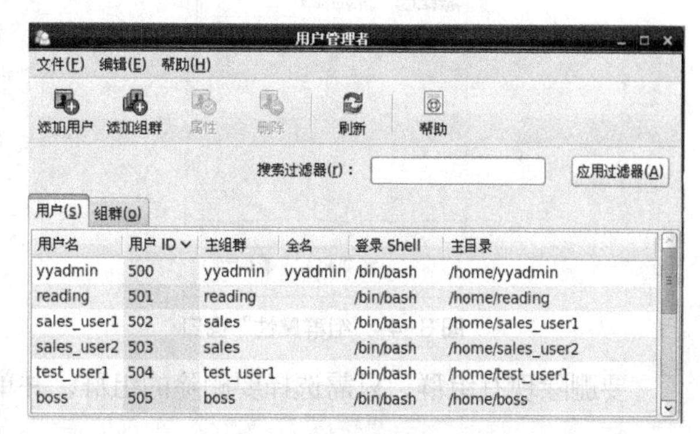

图 3-2 “用户管理器”界面

在用户管理器中可以创建用户账号，修改用户账号和口令，删除账号，加入指定的组群等操作。

（1）创建用户账号。在图 3-2 所示界面的用户管理器的工具栏中单击“添加用户”按钮，出现“创建新用户”界面。在界面中相应位置输入用户名、全称、口令、确认口令、主目录等，最后单击“确定”按钮，新用户即可建立。

（2）修改用户账号和口令。在用户管理器的用户列表中选定要修改用户账号和口令的账号，单击“属性”按钮，出现“用户属性”界面，选择“用户数据”选项卡，修改该用户的账号（用户名）和密码，单击“确定”按钮即可，如图 3–3 所示。

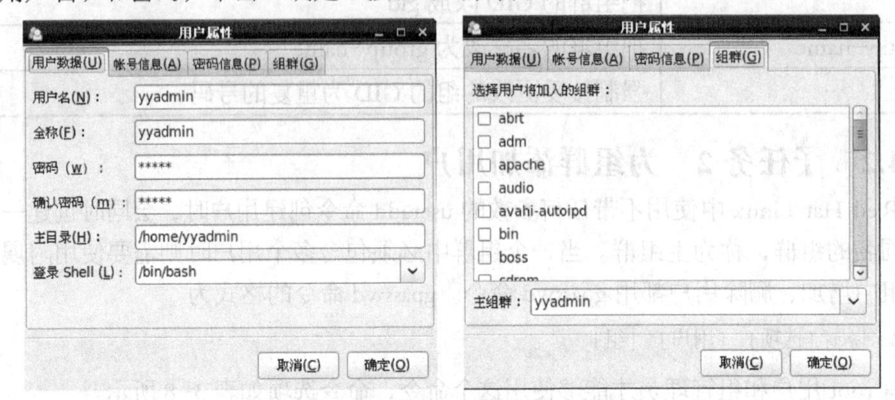

图 3–3 “用户属性”界面

（3）将用户账号加入组群。在“用户属性”界面中，单击“组群”选项卡，在组群列表中选定该账号要加入的组群，单击“确定”按钮。

（4）删除用户账号。在用户管理器中选定欲删除的用户名，单击“删除”按钮，即可删除用户账号。

（5）其他设置。在“用户属性”界面中，单击“账号信息”和“口令信息”，可查看和设置账号与口令信息。

3.5.2 子任务 2 在图形模式下管理组群

在“用户管理者”窗口中选择“组群”选型卡，选择要修改的组，然后单击工具栏上的“属性”按钮，打开“组群属性”窗口，如图 3–4 所示，从中可以修改该组的属性。

单击“用户管理者”窗口中工具栏上的“添加组群”按钮，可以打开“创建新组群”窗口，在该窗口中输入组群名和 GID，然后单击“确定”按钮即可创建新组群，如图 3–5 所示。组群的 GID 也可以采用系统的默认值。

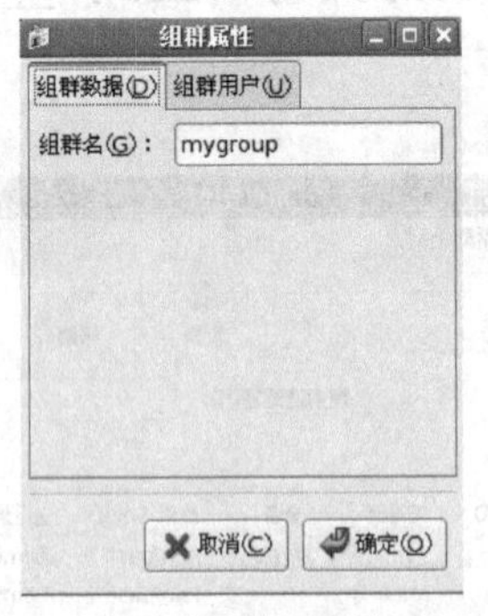

图 3–4 “组群属性”窗口

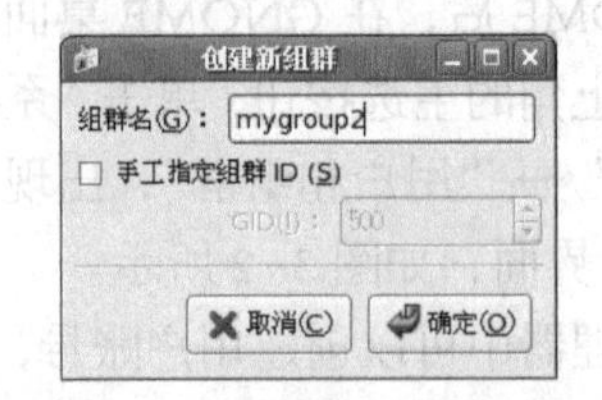

图 3–5 “创建新组群”窗口

要删除现有组群，只需选择要删除的组群，并单击工具栏上的“删除”按钮即可。

3.6 任务 6 使用常用的账户管理命令

账户管理命令可以在非图形化操作中对账户进行有效管理。

1. vipw

vipw 命令用于直接对用户账户文件/etc/passwd 进行编辑，使用的默认编辑器是 Vi。在对/etc/passwd 文件进行编辑时将自动锁定该文件，编辑结束后对该文件进行解锁，保证了文件的一致性。vipw 命令在功能上等同于"vi /etc/passwd"命令，但是比直接使用 vi 命令更安全。命令格式如下：

```
[root@RHEL6 ~]# vipw
```

2. vigr

vigr 命令用于直接对组群文件/etc/group 进行编辑。在用 vigr 命令对/etc/group 文件进行编辑时将自动锁定该文件，编辑结束后对该文件进行解锁，保证了文件的一致性。vigr 命令在功能上等同于"vi /etc/group"命令，但是比直接使用 vi 命令更安全。命令格式如下：

```
[root@RHEL6 ~]# vigr
```

3. pwck

pwck 命令用于验证用户账户文件认证信息的完整性。该命令检测/etc/passwd 文件和/etc/shadow 文件每行中字段的格式和值是否正确。命令格式如下：

```
[root@RHEL6 ~]#pwck
```

4. grpck

grpck 命令用于验证组群文件认证信息的完整性。该命令检测/etc/group 文件和/etc/gshadow 文件每行中字段的格式和值是否正确。命令格式如下：

```
[root@RHEL6 ~]#grpck
```

5. id

id 命令用于显示一个用户的 UID 和 GID 以及用户所属的组列表。在命令行输入 id 直接回车将显示当前用户的 ID 信息。id 命令格式如下：

```
id  [选项] 用户名
```

例如，显示 user1 用户的 UID、GID 信息的实例如下所示：

```
[root@RHEL6 ~]# id  user1
uid=500（user1） gid=500（user1） groups=500（user1）
```

6. finger、chfn、chsh

使用 finger 命令可以查看用户的相关信息，包括用户的主目录、启动 Shell、用户名、地址、电话等存放在/etc/passwd 文件中的记录信息。管理员和其他用户都可以用 finger 命令来了解用户。直接使用 finger 命令可以查看当前用户信息。finger 命令格式及实例如下：

```
finger  [选项] 用户名
[root@RHEL6 ~]# finger
Login    Name       Tty      Idle  Login Time   Office      Office Phone
root      root      tty1        4  Sep  1 14:22
root      root       pts/0         Sep  1 14:39 （192.168.1.101）
```

finger 命令常用的一些选型如表 3-9 所示。

表 3-9　finger 命令选项

选　项	说　明
-l	以长格形式显示用户信息，是默认选项
-m	关闭以用户姓名查询账户的功能，如不加此选项，用户可以用一个用户的姓名来查询该用户的信息
-s	以短格形式查看用户的信息
-p	不显示 plan（plan 信息是用户主目录下的.plan 等文件）

用户自己可以使用 chfn 和 chsh 命令来修改 finger 命令显示的内容。chfn 命令可以修改用户的办公地址、办公电话和住宅电话等。chsh 命令用来修改用户的启动 Shell。用户在用 chfn 和 chsh 修改个人账户信息时会被提示要输入密码。例如：

```
[user1@Server ~]$ chfn
Changing finger information for user1.
Password:
Name [oneuser]:oneuser
Office []: network
Office Phone []: 66773007
Home Phone []: 66778888
Finger information changed.
```

用户可以直接输入 chsh 命令或使用-s 选项来指定要更改的启动 Shell。例如，用户 user1 想把自己的启动 Shell 从 bash 改为 tcsh。可以使用以下两种方法：

```
[user1@Server ~]$ chsh
Changing shell for user1.
Password:
New shell [/bin/bash]: /bin/tcsh
Shell changed.
```

或：

```
[user1@Server ~]$ chsh -s /bin/tcsh
Changing shell for user1.
```

7. whoami

whoami 命令用于显示当前用户的名称。whoami 与命令“id -un”作用相同。

```
[user1@Server ~]$ whoami
User1
```

8. newgrp

newgrp 命令用于转换用户的当前组到指定的主组群，对于没有设置组群口令的组群账户，只有组群的成员才可以使用 newgrp 命令改变主组群身份到该组群。如果组群设置了口令，其他组群的用户只要拥有组群口令也可以将主组群身份改变到该组群。应用实例如下：

```
[root@RHEL6 ~]# id                          //显示当前用户的 gid
uid=0(root) gid=0(root) groups=0(root),1(bin),2(daemon),3(sys),4(adm),
```

```
6(disk),10(wheel)
    [root@RHEL6 ~]# newgrp group1          //改变用户的主组群
    [root@RHEL6 ~]# id
    uid=0(root) gid=500(group1) groups=0(root),1(bin),2(daemon),3(sys),4(adm),
6(disk),10(wheel)
    [root@RHEL6 ~]# newgrp                 //newgrp 命令不指定组群时转换为用户的私有组
    [root@RHEL6 ~]# id
    uid=0(root) gid=0(root) groups=0(root),1(bin),2(daemon),3(sys),4(adm),6(disk),
10(wheel)
```

使用 groups 命令可以列出指定用户的组群。例如：

```
    [root@RHEL6 ~]# whoami
    root
    [root@RHEL6 ~]# groups
    root bin daemon sys adm disk wheel
```


3.7　项目实录：管理用户和组

1. 录像位置

随书光盘中：\随书项目实录\实训项目　管理用户和组.exe。

2. 项目实训目的

- 熟悉 Linux 用户的访问权限。
- 掌握在 Linux 系统中增加、修改、删除用户或用户组的方法。
- 掌握用户账户管理及安全管理。

3. 项目背景

某公司有 60 个员工，分别在 5 个部门工作，每个人工作内容不同。需要在服务器上为每个人创建不同的账号，把相同部门的用户放在一个组中，每个用户都有自己的工作目录。并且需要根据工作性质对每个部门和每个用户在服务器上的可用空间进行限制。

4. 项目实训内容

练习设置用户的访问权限，练习账号的创建、修改、删除。

5. 做一做

根据项目实录录像进行项目的实训，检查学习效果。

3.8　练习题

一、填空题

1. Linux 操作系统是________的操作系统，它允许多个用户同时登录到系统，使用系统资源。

2. Linux 系统下的用户账户分为两种：________和________。

3. root 用户的 UID 为________，普通用户的 UID 可以在创建时由管理员指定，如果不指定，用户的 UID 默认从______开始顺序编号。

4. 在 Linux 系统中，创建用户账户的同时也会创建一个与用户同名的组群，该组群是用户的________。普通组群的 GID 默认也从________开始编号。

5. 一个用户账户可以同时是多个组群的成员，其中某个组群是该用户的________（私有组群），其他组群为该用户的________（标准组群）。

6. 在 Linux 系统中，所创建的用户账户及其相关信息（密码除外）均放在________配置文件中。

7. 由于所有用户对/etc/passwd 文件均有________权限，为了增强系统的安全性，用户经过加密之后的口令都存放在________文件中。

8. 组群账户的信息存放在________文件中，而关于组群管理的信息（组群口令、组群管理员等）则存放在________文件中。

二、选择题

1. 哪个目录存放用户密码信息？（　　）

A. /etc　　B. /var　　C. /dev　　D. /boot

2. 请选出创建用户 ID 是 200、组 ID 是 1000、用户主目录为/home/user01 的正确命令。（　　）

A. useradd -u:200 -g:1000 -h:/home/user01 user01

B. useradd -u=200 -g=1000 -d=/home/user01 user01

C. useradd -u 200 -g 1000 -d /home/user01 user01

D. useradd -u 200 -g 1000 -h /home/user01 user01

3. 用户登录系统后首先进入下列哪个目录?（　　）

A. /home　　B. /root 的主目录

C. /usr　　D. 用户自己的家目录

4. 在使用了 shadow 口令的系统中，/etc/passwd 和/etc/shadow 两个文件的权限正确的是（　　）。

A. -rw-r-----，-r--------　　B. -rw-r--r--，-r--r--r--

C. -rw-r--r--，-r--------　　D. -rw-r--rw-，-r-----r--

5. 下面哪个参数可以删除一个用户并同时删除用户的主目录？（　　）

A. rmuser -r　　B. deluser -r　　C. userdel -r　　D. usermgr -r

6. 系统管理员应该采用哪些安全措施?（　　）

A. 把 root 密码告诉每一位用户

B. 设置 telnet 服务来提供远程系统维护

C. 经常检测账户数量、内存信息和磁盘信息

D. 当员工辞职后，立即删除该用户账户

7. 在/etc/group 中有一行 students::600:z3,14,w5，表示有多少用户在 student 组里？（　　）

A. 3　　B. 4　　C. 5　　D. 不知道

8. 下列的哪些命令可以用来检测用户 lisa 的信息？（　　）

A. finger lisa　　B. grep lisa /etc/passwd

C. find lisa /etc/passwd　　D. who lisa

3.9 超级链接

点击 http://linux.sdp.edu.cn/kcweb，http://www.icourses.cn/coursestatic/course_2843.html 访问学习网站中学习情境的相关内容。

项目四
配置与管理文件系统

项目导入

作为 Linux 系统的网络管理员，学习 Linux 文件系统和磁盘管理是至关重要的。尤其对于初学者来说，文件的权限与属性是学习 Linux 的一个相当重要的关卡，如果没有这部份的概念，那么当你遇到“Permission deny”的错误提示时将会一筹莫展。

职业能力目标和要求

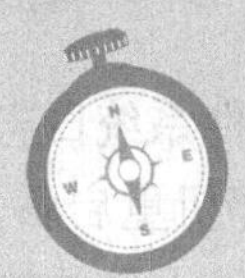

- Linux 文件系统结构。
- Linux 系统的文件权限管理，磁盘和文件系统管理工具。
- Linux 系统权限管理的应用。

4.1 任务 1 全面理解文件系统与目录

文件系统（File System）是磁盘上有特定格式的一片区域，操作系统利用文件系统保存和管理文件。

4.1.1 子任务 1 认识文件系统

不同的操作系统需要使用不同的文件系统，为了与其他操作系统兼容，通常操作系统都支持很多种类型的文件系统。例如 Windows 2003 操作系统，推荐使用的文件系统是 NTFS，但同时兼容 FAT 等其他文件系统。

Linux 系统使用 ext2/ext3 文件系统。在 Linux 系统中，存储数据的各种设备都属于块设备。对于磁盘设备，通常在 0 磁道第一个扇区上存放引导信息，称为主引导记录（MBR），该扇区不属于任何一个分区，每个分区包含许多数据块，可以认为是一系列块组的集合。在磁盘分区上建立 ext2/ext3 文件系统后，每个块组的结构如图 4-1 所示。

超级块	块组描述符	块位图	索引节点位图	索引节点表	数据块

图 4-1 ext 文件系统结构

ext 文件系统结构的核心组成部分是超级块、索引节点表和数据块。超级块和块组描述符中包含关于该块组的整体信息，例如索引节点的总数和使用情况、数据块的总数和使用情况以及文件系统状态等。每一个索引节点都有一个唯一编号，并且对应一个文件，它包含了针对某个具体文件的几乎全部信息，例如文件的存取权限、拥有者、建立时间以及对应的数据块地址等，但不包含文件名称。在目录文件中包含文件名称以及此文件的索引节点号。索引节点指向特定的数据块，数据块是真正存储文件内容的地方。

Red Hat Linux 是一种兼容性很强的操作系统，它能够支持多种文件系统，要想了解其支持的文件系统类型，在 Red Hat Enterprise Linux 6.4 中通过命令“ls /lib/modules/2.6.32-358.el6/kernel/fs”可以查看 Linux 系统所支持的文件系统类型。注意，上面命令中“2.6.32-358.el5”根据不同版本会略有不同。下面介绍几种常用的文件系统。

1. ext 文件系统

ext 文件系统在 1992 年 4 月完成。称为扩展文件系统，是第一个专门针对 Linux 操作系统的文件系统。ext 文件系统对 Linux 的发展发挥了重要作用，但是在性能和兼容性方面有很多缺陷，现在已很少使用。

2. ext2、ext3 文件系统

ext2 文件系统是为解决 ext 文件系统的缺陷而设计的可扩展的高性能文件系统，也被称为二级扩展文件系统。ext2 文件系统是在 1993 年发布的，设计者是 Rey Card。它在速度和 CPU 利用率上都有突出优势，是 GNU/Linux 系统中标准的文件系统，支持 256 个字节的长文件名，文件存取性能很好。

ext3 是 ext2 的升级版本，兼容 ext2。ext3 文件系统在 ext2 的基础上增加了文件系统日志记录功能，被称为日志式文件系统。该文件系统在系统因出现异常断电等事件而停机重启后，操作系统会根据文件系统的日志快速检测并恢复文件系统到正常的状态，可以加快系统的恢复时间，提高数据的安全性。

ext3 其实只是在 ext2 的基础上增加了一个日志功能，而 ext4 的变化可以说是翻天覆地的，比如向下兼容 ext3、最大 1EB 文件系统和 16TB 文件、无限数量子目录、Extents 连续数据块概念、多块分配、延迟分配、持久预分配、快速 FSCK、日志校验、无日志模式、在线碎片整理、inode 增强、默认启用 barrier 等。

从 Red Hat Linux 7.2 版本开始，默认使用的文件系统格式就是 ext3。日志文件系统是目前 Linux 文件系统发展的方向，除了 ext3 之外，还有 reiserfs 和 jfs 等常用的日志文件系统。从 2.6.28 版本开始，Linux Kernel 开始正式支持新的文件系统 ext4，在 ext3 的基础上增加了大量新功能和特性，并能提供更佳的性能和可靠性。

3. swap 文件系统

swap 文件系统是 Linux 的交换分区所采用的文件系统。在 Linux 中使用交换分区管理内存的虚拟交换空间。一般交换分区的大小设置为系统物理内存的 2 倍。在安装 Linux 操作系统时，必须建立交换分区，并且其文件系统类型必须为 swap。交换分区由操作系统自行管理。

4. vfat 文件系统

vfat 文件系统是 Linux 下对 DOS、Windows 操作系统下的 FAT16 和 FAT32 文件系统的统称。Red Hat Linux 支持 FAT16 和 FAT32 格式的分区，也可以创建和管理 FAT 分区。

5. NFS 文件系统

NFS 即网络文件系统，用于 UNIX 系统间通过网络进行文件共享，用户可以把网络中 NFS

服务器提供的共享目录挂载到本地目录下，可以像访问本地文件系统中的内容一样访问 NFS 文件系统中的内容。

6. ISO 9660 文件系统

ISO 9660 是光盘所使用的标准文件系统，Linux 系统对该文件系统有很好的支持，不仅能读取光盘中的内容而且还可以支持光盘刻录功能。

4.1.2 子任务 2 理解 Linux 文件系统目录结构

Linux 的文件系统是采用阶层式的树状目录结构，在该结构中的最上层是根目录“/”，然后在根目录下再建立其他的目录。虽然目录的名称可以定制，但是有某些特殊的目录名称包含重要的功能，因此不能随便将它们改名以免造成系统的错误。

在 Linux 安装时，系统会建立一些默认的目录，而每个目录都有其特殊的功能，表 4-1 是这些目录的简介。

表 4-1 Linux 中的默认目录功能

目　录	说　明
/	Linux 文件的最上层根目录
/bin	Binary 的缩写，存放用户的可运行程序，如 ls、cp 等，也包含其他 Shell，如 bash 和 cs 等
/boot	该目录存放操作系统启动时所需的文件及系统的内核文件
/dev	接口设备文件目录，例如 hda 表示第一个 IDE 硬盘
/etc	该目录存放有关系统设置与管理的文件
/etc/X11	该目录是 X-Window System 的设置目录
/home	普通用户的主目录，或 FTP 站点目录
/lib	仅包含运行/bin 和/sbin 目录中的二进制文件时，所需的共享函数库（library）。
/mnt	各项设备的文件系统安装（Mount）点
/media	光盘、软盘等设备的挂载点
/opt	第三方应用程序的安装目录
/proc	目前系统内核与程序运行的信息，和使用 ps 命令看到的内容相同
/root	超级用户的主目录
/sbin	System Binary 的缩写，该目录存入的是系统启动时所需运行的程序，如 lilo 和 swapon 等
/tmp	临时文件的存放位置
/usr	存入用户使用的系统命令和应用程序等信息
/var	Variable 的缩写，具有变动性质的相关程序目录，如 log、spool 和 named 等

4.1.3 子任务 3 理解绝对路径与相对路径

理解绝对路径与相对路径的概念。

- 绝对路径：由根目录（/）开始写起的文件名或目录名称，例如/home/dmtsai/basher。
- 相对路径：相对于目前路径的文件名写法。例如./home/dmtsai 或../../home/dmtsai/等。

开头不是“/”的就属于相对路径的写法。

相对路径是以你当前所在路径的相对位置来表示的。举例来说，你目前在/home 这个目录下，如果想要进入/var/log 这个目录时，可以怎么写呢？有两种方法。

- cd /var/log （绝对路径）
- cd ../var/log （相对路径）

因为你目前在/home 下，所以要回到上一层（../）之后，才能进入/var/log 目录。特别注意两个特殊的目录。

- . ：代表当前的目录，也可以使用./来表示。
- .. ：代表上一层目录，也可以用../来代表。

这个.和..目录的概念是很重要的，你常常看到的 cd ..或./command 之类的指令表达方式，就是代表上一层与目前所在目录的工作状态。

4.2 任务 2 管理 Linux 文件权限

4.2.1 子任务 1 理解文件和文件权限

文件是操作系统用来存储信息的基本结构，是一组信息的集合。文件通过文件名来唯一地标识。Linux 中的文件名称最长可允许 255 个字符，这些字符可用 A~Z、0~9、.、_、-等符号来表示。与其他操作系统相比，Linux 最大的不同点是没有“扩展名”的概念，也就是说文件的名称和该文件的种类并没有直接的关联，例如 sample.txt 可能是一个运行文件，而 sample.exe 也有可能是文本文件，甚至可以不使用扩展名。另一个特性是 Linux 文件名区分大小写。例如 sample.txt、Sample.txt、SAMPLE.txt、samplE.txt 在 Linx 系统中都代表不同的文件，但在 DOS 和 Windows 平台却是指同一个文件。在 Linux 系统中，如果文件名以“.”开始，表示该文件为隐藏文件，需要使用“ls -a”命令才能显示。

在 Linux 中的每一个文件或目录都包含有访问权限，这些访问权限决定了谁能访问和如何访问这些文件和目录。

通过设定权限可以从以下三种访问方式限制访问权限：只允许用户自己访问；允许一个预先指定的用户组中的用户访问；允许系统中的任何用户访问。同时，用户能够控制一个给定的文件或目录的访问程度。一个文件或目录可能有读、写及执行权限。当创建一个文件时，系统会自动赋予文件所有者读和写的权限，这样可以允许所有者显示文件内容和修改文件。文件所有者可以将这些权限改变为任何他想指定的权限。一个文件也许只有读权限，禁止任何修改。文件也可能只有执行权限，允许它像一个程序一样执行。

根据赋予权限的不同，三种不同的用户（所有者、用户组或其他用户）能够访问不同的目录或者文件。所有者是创建文件的用户，文件的所有者能够授予所在用户组的其他成员以及系统中除所属组之外的其他用户的文件访问权限。

每一个用户针对系统中的所有文件都有它自身的读、写和执行权限。第一套权限控制访问自己的文件权限，即所有者权限。第二套权限控制用户组访问其中一个用户的文件的权限。

第三套权限控制其他所有用户访问一个用户的文件的权限，这三套权限赋予用户不同类型（即所有者、用户组和其他用户）的读、写及执行权限，就构成了一个有 9 种类型的权限组。

我们可以用“ls -l”或者 ll 命令显示文件的详细信息，其中包括权限。如下所示：

```
[root@RHEL6 ~]# ll
total 84
drwxr-xr-x  2 root root  4096 Aug  9 15:03 Desktop
-rw-r--r--     1 root root  1421 Aug  9 14:15 anaconda-ks.cfg
-rw-r--r--     1 root root   830 Aug  9 14:09 firstboot.1186639760.25
-rw-r--r--     1 root root 45592 Aug  9 14:15 install.log
-rw-r--r--     1 root root  6107 Aug  9 14:15 install.log.syslog
drwxr-xr-x  2 root root  4096 Sep  1 13:54 webmin
```

上面列出了各种文件的详细信息，共分 7 列。所列信息的含义如图 4-2 所示。

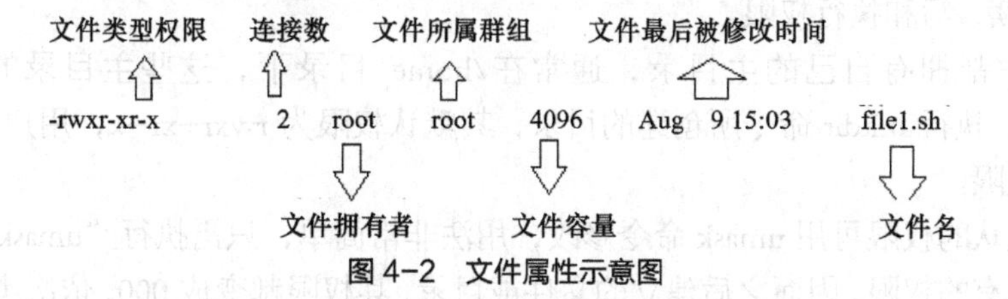

图 4-2　文件属性示意图

4.2.2　子任务 2　详解文件的各种属性信息

1. 第 1 栏为文件类型权限

每一行的第一个字符一般用来区分文件的类型，一般取值为 d，-，l，b，c，s，p。具体含义如下。

- d：表示是一个目录，在 ext 文件系统中目录也是一种特殊的文件。
- -：表示该文件是一个普通的文件。
- l：表示该文件是一个符号链接文件，实际上它指向另一个文件。
- b、c：分别表示该文件为区块设备或其他的外围设备，是特殊类型的文件。
- s、p：这些文件关系到系统的数据结构和管道，通常很少见到。

每一行的第 2～10 个字符表示文件的访问权限。这 9 个字符每 3 个为一组，左边三个字符表示所有者权限，中间 3 个字符表示与所有者同一组的用户的权限，右边 3 个字符是其他用户的权限。代表的意义如下。

- 字符 2、3、4 表示该文件所有者的权限，有时也简称为 u（User）的权限。
- 字符 5、6、7 表示该文件所有者所属组的组成员的权限。例如，此文件拥有者属于“user”组群，该组群中有 6 个成员，表示这 6 个成员都有此处指定的权限。简称为 g（Group）的权限。
- 字符 8、9、10 表示该文件所有者所属组群以外的权限，简称为 o（Other）的权限。

这 9 个字符根据权限种类的不同，也分为 3 种类型。

- r（Read，读取）：对文件而言，具有读取文件内容的权限；对目录来说，具有浏览目录的权限。
- w（Write，写入）：对文件而言，具有新增、修改文件内容的权限；对目录来说，具有删除、移动目录内文件的权限。

- x（execute，执行）：对文件而言，具有执行文件的权限；对目录来说该用户具有进入目录的权限。
- -：表示不具有该项权限。

下面举例说明。

- brwxr--r--：该文件是块设备文件，文件所有者具有读、写与执行的权限，其他用户则具有读取的权限。
- -rw-rw-r-x：该文件是普通文件，文件所有者与同组用户对文件具有读写的权限，而其他用户仅具有读取和执行的权限。
- drwx--x--x：该文件是目录文件，目录所有者具有读写与进入目录的权限，其他用户能进入该目录，却无法读取任何数据。
- lrwxrwxrwx：该文件是符号链接文件，文件所有者、同组用户和其他用户对该文件都具有读、写和执行权限。

每个用户都拥有自己的主目录，通常在/home 目录下，这些主目录的默认权限为rwx------：执行 mkdir 命令所创建的目录，其默认权限为 rwxr-xr-x，用户可以根据需要修改目录的权限。

此外，默认的权限可用 umask 命令修改，用法非常简单，只需执行“umask 777”命令，便代表屏蔽所有的权限，因而之后建立的文件或目录，其权限都变成 000，依次类推。通常 root 账号搭配 umask 命令的数值为 022、027 和 077，普通用户则是采用 002，这样所产生的默认权限依次为 755、750、700、775。有关权限的数字表示法，后面将会详细说明。

用户登录系统时，用户环境就会自动执行 urmask 命令来决定文件、目录的默认权限。

2. 第 2 栏表示有多少文件名连结到此节点（i-node）

每个文件都会将其权限与属性记录到文件系统的 i-node 中，不过，我们使用的目录树却是使用文件来记录，因此每个文件名就会连结到一个 i-node。这个属性记录的就是有多少不同的文件名连结到相同的一个 i-node。

3. 第 3 栏表示这个文件（或目录）的拥有者账号

4. 第 4 栏表示这个文件的所属群组

在 Linux 系统下，你的账号会附属于一个或多个的群组中。举例来说明：classl、class2、class3 均属于 projecta 这个群组，假设某个文件所属的群组为 projecta，且该文件的权限为（-rwxrwx---），则 classl、class2、class3 三人对于该文件都具有可读、可写、可执行的权限（看群组权限）。但如果是不属于 projecta 的其他账号，对于此文件就不具有任何权限了。

5. 第 5 栏为这个文件的容量大小，默认单位为 bytes

6. 第 6 栏为这个文件的创建日期或者是最近的修改日期

这一栏的内容分别为日期（月/日）及时间。如果这个文件被修改的时间距离现在太久了，那么时间部分会仅显示年份而已。如果想要显示完整的时间格式，可以利用 ls 的选项，即 ls -l --full-time 就能够显示出完整的时间格式了。

7. 第 7 栏为这个文件的文件名

比较特殊的是：如果文件名之前多一个“.”，则代表这个文件为隐藏文件。请读者使用 ls 及 ls -a 这两个指令去体验一下什么是隐藏文件。

4.2.3 子任务 3 使用数字表示法修改权限

在文件建立时系统会自动设置权限，如果这些默认权限无法满足需要，此时可以使用 chmod 命令来修改权限。通常在权限修改时可以用两种方式来表示权限类型：数字表示法和文字表示法。

chmod 命令的格式是：

```
chmod  选项  文件
```

所谓数字表示法是指将读取（r）、写入（w）和执行（x）分别以 4、2、1 来表示，没有授予的部分就表示为 0，然后再把所授予的权限相加而成。表 4-2 是几个示范的例子。

表 4-2 以数字表示法修改权限的例子

原始权限	转换为数字	数字表示法
rwxrwxr-x	（421）（421）（401）	775
rwxr-xr-x	（421）（401）（401）	755
rw-rw-r--	（420）（420）（400）	664
rw-r--r--	（420）（400）（400）	644

例如，为文件/etc/file 设置权限：赋予拥有者和组群成员读取和写入的权限，而其他人只有读取权限。则应该将权限设为“rw-rw-r--”，而该权限的数字表示法为 664，因此可以输入下面的命令来设置权限：

```
[root@RHEL6 ~]# chmod 664 /etc/file
[root@RHEL6 ~]# ll
total 0
-rw-rw-r--  1 root root 0 Sep  1 16:09 file
```

再如，要将.bashrc 这个文件所有的权限都设定启用，那么就使用如下命令：

```
[root@RHEL6 ~]# ls   -al   .bashrc
-rw-r--r--  1 root root 395 Jul 4 11:45.bashrc
[root@RHEL6 ~]# chmod 777   .bashrc
[root@RHEL6 ~]# ls   -al   .bashrc
-rwxrwxrwx 1 root root 395 Jul 4 11:45.bashrc
```

如果要将权限变成-rwxr-xr--呢？权限的数字就成为[4+2+1][4+0+1][4+0+0]=754，所以需要使用 chmod 754 filename 命令。另外，在实际的系统运行中最常发生的一个问题就是，常常我们以 vim 编辑一个 shell 的文本批处理文件后，它的权限通常是-rw-rw-r--，也就是 664。如果要将该文件变成可执行文件，并且不要让其他人修改此文件，那么就需要-rwxr-xr-x 这样的权限，此时就要执行 chmod 755 test.sh 指令。

如果有些文件不希望被其他人看到，可以将文件的权限设定为-rwxr-----，执行 chmod 740 filename 指令。

4.2.4 子任务 4 使用文字表示法修改权限

1. 文字表示法

使用权限的文字表示法时，系统用 4 种字母来表示不同的用户。

- u：user，表示所有者。
- g：group，表示属组。
- o：others，表示其他用户。
- a：all，表示以上三种用户。

操作权限使用下面三种字符的组合表示法。

- r：read，可读。
- w：write，写入。
- x：execute，执行。

操作符号包括以下几种。

- +：添加某种权限。
- -：减去某种权限。
- =：赋予给定权限并取消原来的权限。

以文字表示法修改文件权限时，上例中的权限设置命令应该为

```
[root@RHEL6 ~]# chmod u=rw,g=rw,o=r /etc/file
```

修改目录权限和修改文件权限相同，都是使用 chmod 命令，但不同的是，要使用通配符“*”来表示目录中的所有文件。

例如，要同时将/etc 目录中的所有文件权限设置为所有人都可读取及写入，应该使用下面的命令：

```
[root@RHEL6 ~]# chmod a=rw /etc/*
```

或者

```
[root@RHEL6 ~]# chmod 666 /etc/*
```

如果目录中包含其他子目录，则必须使用-R（Recursive）参数来同时设置所有文件及子目录的权限。

2. 利用 chmod 命令也可以修改文件的特殊权限

例如，要设置/etc/file 文件的 SUID 权限的方法如下（先了解，后面会详细介绍）：

```
[root@RHEL6 ~]# chmod u+s /etc/file
[root@RHEL6 ~]# ll
总计 0
-rwSr--r--  1 root root 0 11-27 11:42 file
```

特殊权限也可以采用数字表示法。SUID、SGID 和 sticky 权限分别为 4、2 和 1。使用 chmod 命令设置文件权限时，可以在普通权限的数字前面加上一位数字来表示特殊权限。例如：

```
[root@RHEL6 ~]# chmod 6664 /etc/file
[root@RHEL6 ~]# ll
总计 22
-rwSrwSr--  1 root root 22 11-27 11:42 file
```

3. 使用文字表示法的有趣实例

【实例 4-1】假如我们要『设定』一个文件的权限成为-rwxr-xr-x 时，所表述的含义如下。

- user (u)：具有可读、可写、可执行的权限。
- group 与 others (g/o)：具有可读与执行的权限。

执行结果如下：

```
[root@RHEL6 ~]# chmod u=rwx,go=rx  .bashrc
# 注意喔！那个 u=rwx,go=rx 是连在一起的，中间并没有任何空格符！
[root@RHEL6 ~]# ls  -al  .bashrc
-rwxr-xr-x 1 root root 395 Jul 4 11:45.bashrc
```

【实例 4-2】假如是-rwxr-xr--这样的权限又该如何设置呢？可以使用“chmod u=rwx，g= rx，o=r filename”来设定。此外，如果不知道原先的文件属性，而只想要增加.bashrc 这个文件的每个人均有写入的权限，那么就可以使用如下命令：

```
[root@RHEL6 ~]# ls    -al    .bashrc
-rwxr-xr-x 1 root root 395 Jul 4 11:45.bashrc
[root@RHEL6 ~]# chmod a+w.bashrc
[root@RHEL6 ~]# ls    -al    .bashrc
-rwxrwxrwx 1 root root 395 Jul 4 11:45.bashrc
```

【实例 4-3】而如果是要将权限去掉而不更动其他已存在的权限呢？例如要去掉全部人的可执行权限，则可以使用如下命令：

```
[root@RHEL6 ~]# chmod a-x    .bashrc
[root@RHEL6 ~]# ls    -al    .bashrc
-rw-rw-rw- 1 root root 395 Jul 4 11:45.bashrc
```

特别提示

+与–的状态下，只要是没有指定到的项目，则该权限不会被变动，例如上面的例子中，由于仅是去掉 x 权限，则其他两个保持当时的值不变。举例来说，你想要让用户拥有执行的权限，但你又不知道该文件原来的权限是什么，此时，利用 chmod a+x filename，就可以让该程序拥有执行的权限。

4.2.5 子任务 5 理解权限与指令间的关系

我们知道权限对于使用者账号来说是非常重要的，因为其可以限制使用者能不能读取/建立/删除/修改文件或目录。

（1）让用户能进入某目录成为可工作目录的基本权限如下。

- 可使用的指令：例如 cd 等变换工作目录的指令。
- 目录所需权限：用户对这个目录至少需要具有 x 的权限。
- 额外需求：如果用户想要在这个目录内利用 ls 查阅文件名，则用户对此目录还需要 r 的权限。

（2）用户在某个目录内读取一个文件的基本权限如下。

- 可使用的指令：例如 cat、more、less 等。
- 目录所需权限：用户对这个目录至少需要具有 x 权限。

- 文件所需权限：使用者对文件至少需要具有 r 的权限。

（3）让使用者可以修改一个文件的基本权限如下。

- 可使用的指令：例如 nano 或后面要介绍的 vim 编辑器等。
- 目录所需权限：用户在该文件所在的目录至少要有 x 权限。
- 文件所需权限：使用者对该文件至少要有 r、w 权限。

（4）让一个使用者可以建立一个文件的基本权限如下。

- 目录所需权限：用户在该目录要具有 w、x 的权限，重点在 w 权限。

（5）让用户进入某目录并执行该目录下的某个指令的基本权限如下。

- 目录所需权限：用户在该目录至少要有 x 的权限。
- 文件所需权限：使用者在该文件至少需要有 x 的权限。

让一个使用者 bobby 能够进行 cp /dirl/filel /dir2 的指令时，请说明 dirl、filel、dir2 的最小所需权限是什么？

参考解答：执行 cp 时，bobby 要能够读取源文件并且写入目标文件，所以应参考上述第 2 点与第 4 点的说明。因此各文件/目录的最小权限应该如下。

- dirl：至少需要有 x 权限。
- filel：至少需要有 r 权限。
- dir2：至少需要有 w、x 权限。

4.3 任务 3 修改文件与目录的默认权限与隐藏权限

由前面的内容我们知道一个文件有若干个属性，包括读写执行（r，w，x）等基本权限，及是否为目录(d)与文件(-)或者是连结档等的属性。要修改属性的方法在前面提过了(chgrp，chown，chmod)。除了基本 r、w、x 权限外，在 Linux 的 Ext2/Ext3 文件系统下，我们还可以设定系统隐藏属性。系统隐藏属性可使用 chattr 来设定，而以 lsattr 来查看。

另外，最重要的属性是设定文件不可修改的特性。让文件的拥有者都不能进行修改！这个属性相当重要，尤其是在安全机制方面（security）。

4.3.1 子任务 1 理解文件预设权限：umask

现在我们已经知道了如何建立或者是改变一个目录或文件的属性了，不过，你知道当你建立一个新的文件或目录时，他的默认权限会是什么吗？这个默认权限与 umask 有密切关系。umask 就是指定目前用户在建立文件或目录时候的权限默认值。那么如何得知或设定 umask 呢？请看下面的命令及运行结果：

```
[root@RHEL6 ~]# umask
0022          <==与一般权限有关的是后面三个数字！
[root@RHEL6 ~]# umask -S
u=rwx,g=rx,o=rx
```

查阅默认权限的方式有两种，一种可以直接输入 umask，就可以看到数字形态的权限设定显示，另一种则是加入-S（Symbolic）这个选项，就会以符号类型的方式来显示出权限了。

不过令人奇怪的是，怎么 umask 会有四组数字呢？不是只有三组吗？没错，第一组是特殊权限用的，我们稍后就会讲到，先看后面的三组即可。

在默认权限的属性上，目录与文件是不一样的。我们知道 x 权限对于目录是非常重要的。但是一般文件的建立则不应该有执行的权限。因为一般文件通常是用于数据的记录，当然不需要执行的权限了。因此，预设的情况如下。

- 若使用者建立文件，则预设没有可执行（x）权限，即只有 rw 这两个项目，也就是最大为 666，预设权限如下：-rw-rw-rw-。
- 若用户建立目录，则由于 x 与是否可以进入此目录有关，因此默认为所有权限均开放，即为 777，预设权限如下：drwxrwxrwx。

要注意的是，umask 的分值指的是该默认值需要减掉的权限。因为 r、w、x 分别是 4、2、1 分，所以当要去掉能写入的权限时，umask 的分值就输入 2，而当要去掉能读的权限时，umask 的分值就输入 4，那么要去掉读与写的权限时，umask 的分值就输入 6，而要去掉执行与写入的权限时，umask 的分值就输入 3，这样能理解了吗？

思考

5 分是什么？就是读与执行的权限。

如果以上面的例子来说明的话，因为 umask 为 022，所以 user 并没有被拿掉任何权限，不过 group 与 others 的权限被拿掉了 2（也就是 w 这个权限），那么当使用者：

- 建立文件时，(-rw-rw-rw-) –（-----w--w-）=-rw-r--r--
- 建立目录时，(drwxrwxrwx) –（d----w--w-）=drwxr-xr-x

是这样吗？让我们来测试一下吧！

```
[root@RHEL6 ~]# umask
0022
[rot@www ~]# touch test1
[root@RHEL6 ~]# mkdir test2
[root@RHEL6 ~]# ll
-rw-r--r-- 1 root root    0 Sep 27 00:25 test1
drwxr-xr-x 2 root root 4096 Sep 27 00:25 test2
```

4.3.2 子任务 2 利用 umask

如果你跟你的同学在同一部主机里面工作时，因为你们两个正在进行同一个专题，老师帮你们两个的账号建立好了相同群组的状态，并且将/home/class/目录作为你们两个人的专题目录。想象一下，有没有可能你所制作的文件你的同学无法编辑？如果真这样，那就伤脑筋了。

这个问题可能会经常发生。举上面的案例来看，你看一下 testl 的权限是几分？644 呢！那就是说，如果 umask 的值为 022，那新建的数据只有用户自己具有 w 的权限，同群组的人只有 r 这个可读的权限，肯定无法修改。这样怎么共同制作专题啊？

因此，当我们需要新建文件给同群组的使用者共同编辑时，umask 的群组就不能去掉 2 这个 w 的权限。这时 umask 的值应该是 002，才使新建的文件的权限是-rw-rw-r--。那么如何设定 umask 呢？简单得很，直接在 umask 后面输入 002 就可以了。命令运行情况如下：

```
[root@RHEL6 ~]# umask 002
[root@RHEL6 ~]# touch test3
[root@RHEL6 ~]# mkdir test4
[root@RHEL6 ~]# ll
-rw-rw-r-- 1 root root    0 Sep 27 00:36 test3
drwxrwxr-x 2 root root  4096 Sep 27 00:36 test4
```

umask 对于新建文件与目录的默认权限有很大关系。这个概念可以用在任何服务器上面，尤其是未来在你架设文件服务器（file server），比如 samba server 或者是 FTP server 时，显得更为重要。这牵涉到你的使用者是否能够将文件进一步利用的问题，绝不要等闲视之。

思考

假设你的 umask 为 003，在此情况下建立的文件与目录的权限是怎样的？

答案：umask 为 003，所以去掉的权限为--------wx，因此：

- 文件的权限为(-rw-rw-rw-) - (-----w--w-) =-rw-rw-r--
- 目录的权限为(drwxrwxrwx) - (d----w--w-) =drwxrwxr--

关于 umask 与权限的计算方式中，有的教材喜欢使用二进制的方式来进行 AND 与 NOT 的计算，不过，还是感觉上面这种计算方式比较容易些。

警示

有的书籍或者是 BBS 上面，喜欢使用文件默认属性 666 与目录默认属性 777 来与 umask 进行相减来计算文件属性，这是不对的。以上面例题来看，如果使用默认属性相加减，则文件属性变成：666-003=663，即-rw-rw--wx，这可就完全不对了。想想看，原本文件就已经去除了 x 的默认属性了，怎么可能突然间冒出来了呢？所以，这个地方一定要特别小心。

在预设的情况中，root 的 umask 会去掉比较多的属性，root 的 umask 默认是 022，这是基于安全考虑的。至于一般身份使用者，通常他们的 umask 为 002，即保留同群组的写入权力。其实，关于预设 umask 的设定可以参考/etc/bashrc 这个文件的内容。

4.3.3 子任务 3 设置文件隐藏属性

1. chattr

功能说明：改变文件属性。

语法：chattr [-RV][-v<版本编号>][+/-/=<属性>][文件或目录...]

这项指令可改变存放在 ext2 文件系统上的文件或目录属性，这些属性共有以下 8 种模式。

- a：系统只允许在这个文件之后追加数据，不允许任何进程覆盖或截断这个文件。如果目录具有这个属性，系统将只允许在这个目录下建立和修改文件，而不允许删除任何文件。
- b：不更新文件或目录的最后存取时间。
- c：将文件或目录压缩后存放。

- d：将文件或目录排除在倾倒操作之外。
- i：不得任意改动文件或目录。
- s：保密性删除文件或目录。
- S：即时更新文件或目录。
- u：预防意外删除。

参数：

-R：递归处理，将指定目录下的所有文件及子目录一并处理。

-v<版本编号>：设置文件或目录版本。

-V：显示指令执行过程。

+<属性>：开启文件或目录的该项属性。

-<属性>：关闭文件或目录的该项属性。

=<属性>：指定文件或目录的该项属性。

请看下面的范例。

范例：请尝试到/tmp 底下建立文件，并加入 i 的参数，尝试删除看看。

```
[root@RHEL6 ~]# cd   /tmp
[root@RHEL6 tmp]# touch attrtest      <==建立一个空文件
[root@RHEL6 tmp]# chattr  +i attrtest <==给予 i 的属性
[root@RHEL6 tmp]# rm attrtest          <==尝试删除看看
rm:remove write-protected regular empty file `attrtest'?y
rm:cannot remove `attrtest':Operation not permitted <==操作不许可
# 看到了吗? 连 root 也没有办法将这个文件删除呢! 赶紧解除设定!
```

范例：请将该文件的 i 属性取消！

```
[root@RHEL6 tmp]# chattr -i attrtest
```

这个指令很重要，尤其是在系统的数据安全方面。其中，最重要的当属+i 与+a 这两个属性了。由于这些属性是隐藏的，所以需要用 lsattr 才能看到该属性。

此外，如果是 log file 这种登录文档，就更需要+a 这个可以增加但是不能修改与删除旧有数据的参数了。

2. lsattr（显示文件隐藏属性）

语法：

```
lsattr [-adR]文件或目录
```

选项与参数：

-a：将隐藏文件的属性也显示出来。

-d：如果接的是目录，仅列出目录本身的属性而非目录内的文件名。

-R：连同子目录的数据也一并列出来。

例如：

```
[root@RHEL6 tmp]# chattr  +aij attrtest
[root@RHEL6 tmp]# lsattr attrtest
----ia---j---  attrtest
```

使用 chattr 设定后，可以利用 lsattr 来查阅隐藏的属性。不过，这两个指令在使用上必须要特别小心，否则会造成很大的困扰。例如，某天你心情好，突然将/etc/shadow这个重要的密码记录文件设定成为具有i属性。过了若干天之后，你突然要新增使用者，却一直无法新增。那就是设定i属性的原因。

4.3.4 子任务4 设置文件特殊权限：SUID、SGID、SBIT

我们前面一直提到关于文件的重要权限，那就是rwx这三个读、写、执行的权限。但是，/tmp和/usr/bin/passwd的权限却有点怪。怎么回事呢？让我们先看一下它们有何不同。

```
[root@RHEL6 ~]# ls  -ld  /tmp;ls   -l  /usr/bin/passwd
drwxrwxrwt. 30 root root 4096 1月  22 15:33 /tmp
-rwsr-xr-x. 1 root root 30768 2月  17 2012 /usr/bin/passwd
```

不是应该只有rwx吗？还有其他的特殊权限（s跟t）吗？答案是肯定的。

1. Set UID

当s这个标志出现在文件拥有者的x权限上时，例如刚刚提到的/usr/bin/passwd这个文件的权限状态：-rwsr-xr-x，此时就被称为Set UID，简称为SUID的特殊权限。那么SUID的权限对于一个文件的特殊功能是什么呢？

s或S（SUID，Set UID）：可执行的文件搭配这个权限，便能得到特权，任意存取该文件的所有者能使用的全部系统资源。请注意具备SUID权限的文件，黑客经常利用这种权限，以SUID配上root账号拥有者，无声无息地在系统中开扇后门，供日后进出使用。

SUID有这样的限制与功能。

- SUID权限仅对二进制程序（binary program）有效。
- 执行者对于该程序需要具有x的可执行权限。
- 本权限仅在执行该程序的过程中有效（run-time）。
- 执行者将具有该程序拥有者（owner）的权限。

为了更好地理解SUID概念，让我们举个例子来说明。我们的Linux系统中，所有账号的密码都记录在/etc/shadow这个文件里面，这个文件的权限为-r-------- 1 root root，意思是这个文件仅有root可读且仅有root可以强制写入。既然这个文件仅有root可以修改，那么用户bobby这个一般账号使用者能否自行修改自己的密码呢？你可以使用你自己的账号输入passwd这个指令来看看。你会发现能够修改自己的密码。为什么呢？

明明/etc/shadow不能让bobby这个一般账户去存取的，为什么bobby还能够修改这个文件内的密码呢？这就是SUID的功能了。通过上述的功能说明，我们可以知道以下几点。

- bobby对于/usr/bin/passwd程序来说是具有x权限的，表示bobby能执行passwd命令。
- passwd的拥有者是root这个账号。
- bobby执行passwd的过程中，会暂时获得root的权限。
- /etc/shadow就可以被bobby所执行的passwd所修改。

但如果bobby使用cat去读取/etc/shadow时，能够读取吗？

因为cat不具有SUID的权限，所以bobby执行cat /etc/shadow时，是不能读取/etc/shadow的。

2. Set GID

当 s 标志出现在文件拥有者权限的 x 项时称为 SUID，而当 s 标志出现在属组权限的 x 项时则称为 Set GID，即 SGID。

s 或 S（SGID，Set GID）：设置在文件上面，其效果与 SUID 相同，只不过将文件所有者换成用户组，该文件就可以任意存取整个用户组所能使用的系统资源。

举例来说，让我们用下面的指令来观察具有 SGID 权限的文件。

```
[root@RHEL6 ~]# ls   -l   /usr/bin/locate
-rwx--s--x 1 root slocate 23856 Mar 15 2007 /usr/bin/locate
```

与 SUID 不同的是，SGID 可以针对文件或目录来设定。如果是对文件来说，SGID 有如下的功能。

- SGID 对二进制程序有用。
- 程序执行者对于该程序来说，需具备 x 的权限。
- 执行者在执行的过程中将会获得该程序群组的支持。

举例来说，上面的/usr/bin/locate 这个程序可以去搜寻/var/lib/mlocate/mlocate.db 这个文件的内容，mlocate.db 的权限如下：

```
[root@RHEL6 ~]# ll    /usr/bin/locate      /var/lib/mlocate/mlocate.db
-rwx--s--x 1 root slocate 23856 Mar 15 2007 /usr/bin/locate
-rw-r----- 1 root slocate 3175776 Sep 28 04:02
/var/lib/mlocate/mlocate.db
```

与 SUID 非常类似，若使用 bobby 这个账号去执行 locate 时，bobby 将会取得 slocate 群组的支持，因此就能够读取 mlocate.db，非常有趣。

除了 binary program 之外，事实上 SGID 也能够用在目录上，这也是非常常见的一种用途。当一个目录设定了 SGID 的权限后，将具有如下的功能。

- 用户若对于此目录具有 r 与 x 的权限时，该用户能够进入此目录。
- 用户在此目录下的有效群组（effective group）将会变成该目录的群组。
- 用途：若用户在此目录下具有 w 的权限（可以新建文件），则该用户所建立的新文件的群组与此目录的群组相同。

SGID 对于项目开发来说非常重要，因为这涉及群组权限的问题。

3. Sticky Bit

Sticky Bit（SBIT）目前只针对目录有效，对于文件没有效果。

在 linux 系统中，/tmp 和/var/tmp 目录供所有用户暂时存取文件，每位用户都拥有完整的权限访问该目录，即所有用户都可以浏览、删除和移动该目录下的文件。

从管理的角度出发，如果要求只有用户自己和 root 才有权限删除和移动用户自己建立的文件，其他用户不能删除非用户自己建立的文件，怎么办呢？答案就是：使用 SBIT。

举例来说，当甲用户在 A 目录是具有群组或其他人的身份，并且拥有该目录 w 的权限，这表示甲用户对该目录内任何人建立的目录或文件均可进行删除/更名/搬移等动作。不过，如果将 A 目录加上了 SBIT 的权限项目时，则甲只能够针对自己建立的文件或目录进行删除/更名/移动等动作，而无法删除他人的文件。

举例来说，我们的/tmp 本身的权限是 drwxrwxrwt，在这样的权限内容下，任何人都可以在/tmp 内新增、修改文件，但仅有该文件/目录建立者与 root 能够删除自己的目录或文件。

① 以 root 登入系统，并且进入/tmp 当中；② touch test，并且更改 test 权限成为 777；③ 以一般使用者身份登入，并进入/tmp；④尝试删除 test 这个文件。

4. SUID/SGID/SBIT 权限设定

前面介绍过 SUID 与 SGID 的功能，那么如何配置文件权限使其具有 SUID 与 SGID 的权限呢？这就需要前面刚刚学过的数字更改权限的方法了。我们知道数字型态更改权限的方式为三个数字的组合，那么如果在这三个数字之前再加上一个数字的话，最前面的那个数字就代表这几个的权限了。其中 4 为 SUID，2 为 SGID，1 为 SBIT。

假设要将一个文件权限-rwxr-xr-x 改为-rwsr-xr-x，由于 s 在用户权力中，所以是 SUID，因此，在原先的 755 之前还要加上 4，也就是用 chmod 4755 filename 来设定。请参考下面的范例。

该范例只是练习而已，所以使用同一个文件来设定，你必须了解 SUID 不是用在目录上，而 SBIT 不是用在文件上。

```
[root@RHEL6 ~]# cd /tmp
[root@RHEL6 tmp]# touch test                          <==建立一个测试用文件
[root@RHEL6 tmp]# chmod 4755 test;ls -l test          <==加入具有 SUID 的权限
-rwsr-xr-x 1 root root 0 Sep 29 03:06 test
[root@RHEL6 tmp]# chmod 6755 test;ls -l test          <==加入具有 SUID/SGID 的权限
-rwsr-sr-x 1 root root 0 Sep 29 03:06 test
[root@RHEL6 tmp]# chmod 1755 test;ls -l test          <==加入 SBIT 的功能！
-rwxr-xr-t 1 root root 0 Sep 29 03:06 test
[root@RHEL6 tmp]# chmod 7666 test;ls -l test          <==具有空的 SUID/SGID 权限
-rwSrwSrwT 1 root root 0 Sep 29 03:06 test
```

上面最后一个例子要特别小心。怎么会出现大写的 S 与 T 呢？不都是小写的吗？因为 s 与 t 都是取代 x 这个权限的，我们下达的是 7666，也就是说，user、group 以及 others 都没有 x 这个可执行的标志（权限 666），所以，这个 S，T 代表的就是"空的"。为什么呢？SUID 是表示该文件在执行的时候具有文件拥有者的权限，但是文件拥有者都无法执行了，哪里来的权限给其他人使用？当然就是空的了。因此，这个 S 或 T 代表的就是 "空"权限。

除了数字法之外，我们可以透过符号法来处理。其中 SUID 为 u+s，而 SGID 为 g+s，SBIT 则是 o+t。请看下面的范例（设定权限为-rws--x--x）：

```
[root@RHEL6 tmp]# chmod u=rwxs,go=x test;ls  -l  test
-rws--x--x 1 root root 0 Aug 18 23:47 test
```

承上，加上 SGID 与 SBIT 在上述的文件权限中！

```
[root@RHEL6 tmp]# chmod g+s,o+t test;ls   -l   test
-rws--s--t 1 root root 0 Aug 18 23:47 test
```

4.4 企业实战与应用

1. 情境及需求

情境：做设系统中有两个账号，分别是 alex 与 arod，这两个人除了自己群组之外还共同支持一个名为 project 的群组。如这两个用户需要共同拥有/srv/ahome/目录的开发权，且该目录不许其他人进入查阅，请问该目录的权限应如何设定？请先以传统权限说明，再以 SGID 的功能解析。

目标：了解为何项目开发时，目录最好需要设定 SGID 的权限。

前提：多个账号支持同一群组，且共同拥有目录的使用权。

需求：需要使用 root 的身份运行 chmod、chgrp 等命令帮用户设定好他们的开发环境。这也是管理员的重要任务之一。

2. 解决方案

（1）首先制作出这两个账号的相关数据，如下所示：

```
[root@RHEL6 ~]# groupadd project       <==增加新的群组
[root@RHEL6 ~]# useradd -G project alex  <==建立 alex 账号，且支持 project
[root@RHEL6 ~]# useradd -G project arod  <==建立 arod 账号，且支持 project
[root@RHEL6 ~]# id alex           <==查阅 alex 账号的属性
uid=501(alex)gid=502(alex)groups=502(alex),501(project)  <==确定有支持!
[root@RHEL6 ~]# id arod
uid=502(arod)gid=503(arod)groups=503(arod),501(project)
```

（2）再建立所需要开发的项目目录。

```
[root@RHEL6 ~]# mkdir    /srv/ahome
[root@RHEL6 ~]# ll   -d  /srv/ahome
drwxr-xr-x 2 root root 4096 Sep 29 22:36/srv/ahome
```

（3）从上面的输出结果可发现 alex 与 arod 都不能在该目录内建立文件，因此需要进行权限与属性的修改。由于其他人均不可进入此目录，因此该目录的群组应为 project，权限应为 770 才合理。

```
[root@RHEL6 ~]# chgrp project  /srv/ahome
[root@RHEL6 ~]# chmod 770  /srv/ahome
[root@RHEL6 ~]# ll -d /srv/ahome
drwxrwx---  2 root project 4096 Sep 29 22:36/srv/ahome
# 从上面的权限结果来看，由于 alex/arod 均支持 project，因此似乎没问题了！
```

（4）分别以两个使用者来测试，情况会如何呢？先用 alex 建立文件，然后用 arod 去处理。

```
[root@RHEL6 ~]# su   -   alex      <==先切换身份成为 alex 来处理
[alex@www ~]$ cd    /srv/ahome  <==切换到群组的工作目录去
[alex@www ahome]$ touch abcd  <==建立一个空的文件出来！
[alex@www ahome]$ exit    <==离开 alex 的身份
[root@RHEL6 ~]# su   -   arod
```

```
[arod@www ~]$ cd     /srv/ahome
[arod@www ahome]$ ll abcd
-rw-rw-r-- 1 alex alex 0 Sep 29 22:46 abcd
# 仔细看一下上面的文件，由于群组是 alex，arod 并不支持！
# 因此对于 abcd 这个文件来说，arod 应该只是其他人，只有 r 的权限而已啊！
[arod@www ahome]$ exit
```

由上面的结果我们可以知道，若单纯使用传统的 rwx，则对 alex 建立的 abcd 这个文件来说，arod 可以删除它，但是却不能编辑它。若要实现目标，就需要用到特殊权限。

（5）加入 SGID 的权限，并进行测试。

```
[root@RHEL6 ~]# chmod 2770    /srv/ahome
[root@RHEL6 ~]# ll    -d    /srv/ahome
drwxrws--- 2 root project 4096 Sep 29 22:46/srv/ahome
```

（6）测试：使用 alex 去建立一个文件，并且查阅文件权限看看：

```
[root@RHEL6 ~]# su  -  alex
[alex@www ~]$ cd   /srv/ahome
[alex@www ahome]$ touch 1234
[alex@www ahome]$ ll 1234
-rw-rw-r-- 1 alex project 0 Sep 29 22:53 1234
# 没错！这才是我们要的！现在 alex，arod 建立的新文件所属群组都是 project，
# 由于两人均属于此群组，加上 umask 都是 002，这样两人才可以互相修改对方的文件！
```

最终的结果显示，此目录的权限最好是 2770，所属文件拥有者属于 root 即可，至于群组必须要为两人共同支持的 project 才可以。

4.5 项目实录：配置与管理文件权限

1. 录像位置

随书光盘中：\随书项目实录\实训项目　管理文件权限.exe。

2. 项目实训目的

- 掌握利用 chmod 及 chgrp 等命令实现 Linux 文件权限管理。
- 掌握磁盘限额的实现方法（下个项目会详细讲解）。

3. 项目背景

某公司有 60 个员工，分别在 5 个部门工作，每个人工作内容不同。需要在服务器上为每个人创建不同的账号，把相同部门的用户放在一个组中，每个用户都有自己的工作目录。并且需要根据工作性质给每个部门和每个用户在服务器上的可用空间进行限制。

假设有用户 user1，请设置 user1 对/dev/sdb1 分区的磁盘限额，将 user1 对 blocks 的 soft 设置为 5000，hard 设置为 10000；inodes 的 soft 设置为 5000，hard 设置为 10000。

4. 项目实训内容

练习 chmod、chgrp 等命令的使用，练习在 Linux 下实现磁盘限额的方法。

5. 做一做

根据项目实录录像进行项目的实训，检查学习效果。

4.6 练习题

一、填空题

1. 文件系统（File System）是磁盘上有特定格式的一片区域，操作系统利用文件系统________和________文件。

2. ext文件系统在1992年4月完成。称为________，是第一个专门针对Linux操作系统的文件系统。Linux系统使用________文件系统。

3. ext文件系统结构的核心组成部分是________、________和________。

4. Linux的文件系统是采用阶层式的________结构，在该结构中的最上层是________。

5. 默认的权限可用________命令修改，用法非常简单，只需执行________命令，便代表屏蔽所有的权限，因而之后建立的文件或目录，其权限都变成________。

6. ________代表当前的目录，也可以使用./来表示。________代表上一层目录，也可以用../来代表。

7. 若文件名前多一个“.”，则代表该文件为________。可以使用________命令查看隐藏文件。

8. 你想要让用户拥有文件filename的执行权限，但你又不知道该文件原来的权限是什么。此时，应该执行________命令。

二、选择题

1. 存放Linux基本命令的目录是什么？（　　）

A. /bin　　B. /tmp　　C. /lib　　D. /root

2. 对于普通用户创建的新目录，哪个是缺省的访问权限？（　　）

A. rwxr-xr-x　　B. rw-rwxrw-　　C. rwxrw-rw-　　D. rwxrwxrw-

3. 如果当前目录是/home/sea/china，那么“china”的父目录是哪个目录？（　　）

A. /home/sea　　B. /home/　　C. /　　D. /sea

4. 系统中有用户user1和user2，同属于users组。在user1用户目录下有一文件file1，它拥有644的权限，如果user2想修改user1用户目录下的file1文件，应拥有（　　）权限。

A. 744　　B. 664　　C. 646　　D. 746

5. 用ls -al命令列出下面的文件列表，问哪一个文件是符号连接文件？（　　）

A. -rw-------- 2 hel-s users 56 Sep 09 11:05 hello

B. -rw-------- 2 hel-s users 56 Sep 09 11:05 goodbey

C. drwx------ 1 hel users 1024 Sep 10 08:10 zhang

D. lrwx------ 1 hel users 2024 Sep 12 08:12 cheng

6. 如果umask设置为022，缺省的创建的文件的权限为（　　）。

A. ----w--w-　　B. -rwxr-xr-x　　C. r-xr-x---　　D. rw-r—r--

4.7 超级链接

点击 http://linux.sdp.edu.cn/kcweb，http://www.icourses.cn/coursestatic/course_2843.html 访问学习网站中学习情境的相关内容。

项目五 配置与管理磁盘

项目导入

作为 Linux 系统的网络管理员，学习 Linux 文件系统和磁盘管理是至关重要的。如果您的 Linux 服务器有多个用户经常存取数据时，为了维护所有用户对硬盘容量的公平使用，磁盘配额（Quota）就是一项非常有用的工具。另外，磁盘阵列（RAID）及逻辑滚动条文件系统（LVM）这些工具都可以帮助你管理与维护用户可用的磁盘容量。

职业能力目标和要求

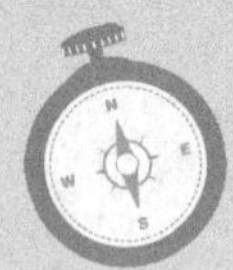

- Linux 文件系统结构和文件权限管理。
- Linux 下的磁盘和文件系统管理工具。
- Linux 下的软 RAID 和 LVM 逻辑卷管理器。
- 磁盘限额。

5.1 任务 1 熟练使用常用磁盘管理工具

在 Linux 系统安装时，其中有一个步骤是进行磁盘分区。在分区时可以采用 Disk Druid、RAID 和 LVM 等方式进行分区。除此之外，在 Linux 系统中还有 fdisk、cfdisk、parted 等分区工具。

注意

下面所有的命令，都以新增一块 SCSI 硬盘为前提，新增的硬盘为/dev/sdb。请在开始本任务前在虚拟机中增加该硬盘。

1. fdisk

fdisk 磁盘分区工具在 DOS、Windows 和 Linux 中都有相应的应用程序。在 Linux 系统中，fdisk 是基于菜单的命令。用 fdisk 对硬盘进行分区，可以在 fdisk 命令后面直接加上要分区的硬盘作为参数，例如，对新增加的第二块 SCSI 硬盘进行分区的操作如下所示：

```
[root@RHEL6 ~]# fdisk /dev/sdb
Command (m for help):
```

在 command 提示后面输入相应的命令来选择需要的操作，输入 m 命令是列出所有可用命令。表 5-1 所示是 fdisk 命令选项。

表 5-1 fdisk 命令选项

命 令	功 能	命 令	功 能
a	调整硬盘启动分区	q	不保存更改，退出 fdisk 命令
d	删除硬盘分区	t	更改分区类型
l	列出所有支持的分区类型	u	切换所显示的分区大小的单位
m	列出所有命令	w	把修改写入硬盘分区表，然后退出
n	创建新分区	x	列出高级选项
p	列出硬盘分区表		

下面以在/dev/sdb 硬盘上创建大小为 500MB，文件系统类型为 ext3 的/dev/sdb1 主分区为例，讲解 fdisk 命令的用法。

（1）利用如下所示命令，打开 fdisk 操作菜单。

```
[root@RHEL6 ~]# fdisk /dev/sdb
Command (m for help):
```

（2）输入 p，查看当前分区表。从命令执行结果可以看到，/dev/sdb 硬盘并无任何分区。

```
//利用 p 命令查看当前分区表
Command (m for help): p
Disk /dev/sdb: 1073 MB, 1073741824 bytes
255 heads, 63 sectors/track, 130 cylinders
Units = cylinders of 16065 * 512 = 8225280 bytes
  Device Boot      Start         End      Blocks   Id  System
Command (m for help):
```

以上显示了/dev/sdb 的参数和分区情况。/dev/sdb 大小为 1073MB，磁盘有 255 个磁头、130 个柱面，每个柱面有 63 个扇区。从第 4 行开始是分区情况，依次是分区名、是否为启动分区、起始柱面、终止柱面、分区的总块数、分区 ID、文件系统类型。例如下表所示的/dev/sda1 分区是启动分区（带有*号）。起始柱面是 1，结束柱面为 12，分区大小是 96 358 块（每块的大小是 1024 个字节，即总共有 100MB 左右的空间）。每柱面的扇区数等于磁头数乘以每柱扇区数，每两个扇区为 1 块，因此分区的块数等于分区占用的总柱面数乘以磁头数，再乘以每柱面的扇区数后除以 2。例如：/dev/sda2 的总块数=（终止柱面 44-起始柱面 13）×255×63/2=257 040。

```
[root@RHEL6 ~]# fdisk /dev/sda
Command (m for help): p
Disk /dev/sda: 6442 MB, 6442450944 bytes
255 heads, 63 sectors/track, 783 cylinders
Units = cylinders of 16065 * 512 = 8225280 bytes
Device    Boot      Start         End      Blocks   Id  System
/dev/sda1   *         1           12       96358+  83  Linux
```

```
/dev/sda2        13       44     257040   82  Linux swap
/dev/sda3        45       783    5936017+  83  Linux
```

（3）输入n，创建一个新分区。输入p，选择创建主分区（创建扩展分区输入e，创建逻辑分区输入l）；输入数字1，创建第一个主分区（主分区和扩展分区可选数字为1~4，逻辑分区的数字标识从5开始）；输入此分区的起始、结束扇区，以确定当前分区的大小。也可以使用+sizeM或者+sizeK的方式指定分区大小。以上操作如下所示：

```
Command （m for help）: n      //利用n命令创建新分区
Command action
  e  extended
   p  primary partition （1-4）
p                        //输入字符p，以创建主磁盘分区
Partition number （1-4）: 1
First cylinder （1-130, default 1）:
Using default value 1
Last cylinder or +size or +sizeM or +sizeK （1-130, default 130）: +500M
```

（4）输入l可以查看已知的分区类型及其id，其中列出ext的id为83。输入t，指定/dev/sdb1的文件系统类型为ext3，如下所示：

```
//设置/dev/sdb1分区类型为ext3
Command （m for help）: t
Selected partition 1
Hex code （type L to list codes）: 83
```

如果不知道ext类型的id是多少，可以在上面输入“L”查找。

（5）分区结束后，输入w，把分区信息写入硬盘分区表并退出。

（6）如果要删除磁盘分区，在fdisk菜单下输入d，并选择相应的磁盘分区即可。删除后输入w，保存退出。

```
//删除/dev/sdb1分区，并保存退出
Command （m for help）: d
Partition number （1-4）: 1
Command （m for help）: w
```

2. kfs

硬盘分区后，下一步的工作就是文件系统的建立。类似于Windows下的格式化硬盘。在硬盘分区上建立文件系统会冲掉分区上的数据，而且不可恢复，因此在建立文件系统之前要确认分区上的数据不再使用。建立文件系统的命令是mkfs，格式如下：

```
mkfs  [参数]  文件系统
```

mkfs命令常用的参数选项如下。

-t ：指定要创建的文件系统类型。

-c：建立文件系统前首先检查坏块。

-l file：从文件 file 中读磁盘坏块列表，file 文件一般是由磁盘坏块检查程序产生的。

-V：输出建立文件系统详细信息。

例如，在/dev/sdb1 上建立 ext3 类型的文件系统，建立时检查磁盘坏块并显示详细信息。如下所示：

```
[root@RHEL6 ~]# mkfs -t ext3 -V -c /dev/sdb1
```

在软盘上建立文件系统，一般采用以下步骤。

（1）对软盘格式化。

```
[root@RHEL6 ~]# fdformat -n /dev/fd0
```

（2）使用 badblocks 命令检查软盘上的坏块，把坏块信息存储在文件 badblock-fd0 中。

```
[root@RHEL6 ~]# badblocks /dev/fd0 1440>badblock-fd0
```

（3）用 mkfs 命令建立文件系统。

```
[root@RHEL6 ~]# mkfs -t ext3 -l badblock-fd0 /dev/fd0
```

3. fsck

fsck 命令主要用于检查文件系统的正确性，并对 Linux 磁盘进行修复。fsck 命令的格式如下：

```
fsck  [参数选项]  文件系统
```

fsck 命令常用的参数选项如下。

-t：给定文件系统类型，若在/etc/fstab 中已有定义或 kernel 本身已支持的不需添加此项。

-s：一个一个地执行 fsck 命令进行检查。

-A：对/etc/fstab 中所有列出来的分区进行检查。

-C：显示完整的检查进度。

-d：列出 fsck 的 debug 结果。

-P：在同时有-A 选项时，多个 fsck 的检查一起执行。

-a：如果检查中发现错误，则自动修复。

-r：如果检查有错误，询问是否修复。

例如，检查分区/dev/sdb1 上是否有错误，如果有错误自动修复。

```
[root@RHEL6 ~]# fsck -a /dev/sdb1
fsck 1.35 (28-Feb-2004)
/dev/sdb1: clean, 11/26104 files, 8966/104388 blocks
```

4. dd

dd 命令用于将指定的输入文件拷贝到指定的输出文件上，并且在复制过程中可以进行格式转换。dd 命令与 cp 命令的区别在于：dd 命令可以在没有创建文件系统的软盘上进行，拷贝到软盘的数据实际上是镜像文件。类似于 DOS 中的 diskcopy 命令的作用。dd 命令的格式为

```
dd  [<if=输入文件名/设备名>]  [<of=输出文件名/设备名>]  [bs=块字节大小]  [count=块数]
```

下面通过几个例子讲解 dd 命令的使用方法。

（1）把一张软盘中的内容复制到另一张软盘上，使用/data/fd0data 作为临时存储区。

- 首先，把源盘插入驱动器，输入下列命令：

```
[root@RHEL6 ~]# dd if=/dev/fd0 of=/data/fd0data
```

● 复制完成后，将源盘从驱动器中取出，插入目标盘，输入下列命令：

```
[root@RHEL6 ~]# dd if=/data/fd0data of=/dev/fd0
```

● 软盘复制完成后，使用下列命令删除临时文件：

```
[root@RHEL6 ~]# rm /data/fd0data
```

（2）把 net.i 文件写入软盘，并设定读/写缓冲区的数目（软盘中原来的数据将被覆盖）。命令如下：

```
[root@RHEL6 ~]# dd if=net.i of=/dev/fd0 bs=16384
```

（3）把文件 file1 复制为文件 file2：

```
[root@RHEL6 ~]# dd  if=file1  of=file2
```

（4）建立和使用交换文件：

当系统的交换分区不能满足系统的要求而磁盘上又没有可用空间时，可以使用交换文件提供虚拟内存。

```
[root@RHEL6 ~]# dd  if=/dev/zero  of=/swap  bs=1024  count=10240
```

上述命令的结果在硬盘的根目录下建立了一个块大小为 1024 字节、块数为 10240 的名为 swap 的交换文件。该文件的大小为 1024 × 10240=10MB。

建立/swap 交换文件后，使用 mkswap 命令说明该文件用于交换空间。

```
[root@RHEL6 ~]# mkswap  /swap  10240
```

利用 swapon 命令可以激活交换空间，也可以利用 swapoff 命令卸载被激活的交换空间。

```
[root@RHEL6 ~]# swapon  /swap
[root@RHEL6 ~]# swapoff  /swap
```

5. df

df 命令用来查看文件系统的磁盘空间占用情况。可以利用该命令来获取硬盘被占用了多少空间，以及目前还有多少空间等信息，还可以利用该命令获得文件系统的挂载位置。

df 命令格式如下：

```
df  [参数选项]
```

df 命令的常见参数选项如下。

-a：显示所有文件系统磁盘使用情况，包括 0 块的文件系统，如/proc 文件系统。

-k：以 k 字节为单位显示。

-i：显示 i 节点信息。

-t：显示各指定类型的文件系统的磁盘空间使用情况。

-x：列出不是某一指定类型文件系统的磁盘空间使用情况（与 t 选项相反）。

-T：显示文件系统类型。

例如，列出各文件系统的占用情况：

```
[root@RHEL6 ~]# df
Filesystem          1K-blocks     Used   Available  Use%  Mounted on
/dev/sda3             5842664   2550216   2995648  46%    /
```

```
/dev/sda1          93307    8564    79926  10%   /boot
none              63104       0    63104   0%   /dev/shm
```

列出各文件系统的 i 节点使用情况：

```
[root@RHEL6 ~]# df -ia
Filesystem          Inodes   IUsed   IFree   IUse%   Mounted on
/dev/sda3          743360  130021  613339   18%     /
none                    0       0       0    -      /proc
usbfs                   0       0       0    -      /proc/bus/usb
/dev/sda1           24096      34   24062    1%     /boot
none                15776       1   15775    1%     /dev/shm
nfsd                    0       0       0    -   /proc/fs/nfsd
```

列出文件系统类型：

```
[root@RHEL6 ~]# df -T
Filesystem    Type   1K-blocks      Used Available    Use%    Mounted on
/dev/sda3     ext3     5842664   2550216   2995648  46%       /
/dev/sda1     ext3       93307      8564     79926  10%      /boot
none         tmpfs       63104         0     63104   0%     /dev/shm
```

6. du

du 命令用于显示磁盘空间的使用情况。该命令逐级显示指定目录的每一级子目录占用文件系统数据块的情况。du 命令语法如下：

```
du  [参数选项]  [文件或目录名称]
```

du 命令的参数选项如下。

-s：对每个 name 参数只给出占用的数据块总数。

-a：递归显示指定目录中各文件及子目录中各文件占用的数据块数。

-b：以字节为单位列出磁盘空间使用情况（AS 4.0 中默认以 KB 为单位）。

-k：以 1024 字节为单位列出磁盘空间使用情况。

-c：在统计后加上一个总计（系统默认设置）。

-l：计算所有文件大小，对硬链接文件重复计算。

-x：跳过在不同文件系统上的目录，不予统计。

例如，以字节为单位列出所有文件和目录的磁盘空间占用情况。命令如下所示：

```
[root@RHEL6 ~]# du -ab
```

7. mount 与 umount

（1）mount

在磁盘上建立好文件系统之后，还需要把新建立的文件系统挂载到系统上才能使用。这个过程称为挂载，文件系统所挂载到的目录被称为挂载点（mount point）。Linux 系统中提供了/mnt 和/media 两个专门的挂载点。一般而言，挂载点应该是一个空目录，否则目录中原来的文件将被系统隐藏。通常将光盘和软盘挂载到/media/cdrom（或者/mnt/cdrom）和/media/floppy（或者/mnt/floppy）中，其对应的设备文件名分别为/dev/cdrom 和/dev/fd0。

文件系统的挂载可以在系统引导过程中自动挂载，也可以手动挂载，手动挂载文件系统的挂载命令是 mount。该命令的语法格式如下：

```
mount  选项   设备  挂载点
```

mount 命令的主要选项如下。

-t：指定要挂载的文件系统的类型。

-r：如果不想修改要挂载的文件系统，可以使用该选项以只读方式挂载。

-w：以可写的方式挂载文件系统。

-a：挂载/etc/fstab 文件中记录的设备。

把文件系统类型为 ext3 的磁盘分区/dev/sda2 挂载到/media/sda2 目录下，可以使用命令：

```
[root@RHEL6 ~]# mount -t ext3 /dev/sda2 /media/sda2
```

挂载光盘到/media/cdrom 目录（该目录提前已建立好）可以使用下列命令：

```
[root@RHEL6 ~]# mount -t iso9660 /dev/cdrom  /media/cdrom
```

或者使用下面的命令也可以完成光盘的挂载

```
[root@RHEL6 ~]# mount  /dev/cdrom /media/cdrom
```

挂载软盘可以使用下列命令：

```
[root@RHEL6 ~]# mount -t vfat /dev/fd0 /media/floppy
```

或者使用下面的命令也可以完成软盘的挂载

```
[root@RHEL6 ~]# mount  /dev/fd0 /media/floppy  /media/floppy
```

（2）umount

文件系统可以被挂载也可以被卸载。卸载文件系统的命令是 umount。umount 命令的格式为

```
umount 设备 挂载点
```

例如，卸载光盘和软盘可以使用命令：

```
[root@RHEL6 ~]# umount /dev/cdrom /media/cdrom
```

或者

```
[root@RHEL6 ~]# umount /dev/cdrom
```

或者

```
[root@RHEL6 ~]# umount /media/cdrom
```

//卸载软盘

```
[root@RHEL6 ~]# umount  /media/floppy
```

注意

光盘在没有卸载之前，无法从驱动器中弹出。正在使用的文件系统不能卸载。

8. 文件系统的自动挂载

如果要实现每次开机自动挂载文件系统，可以通过编辑/etc/fstab 文件来实现。在/etc/fstab 中列出了引导系统时需要挂载的文件系统以及文件系统的类型和挂载参数。系统在引导过程中会读取/etc/fstab 文件，并根据该文件的配置参数挂载相应的文件系统。以下是一个 fstab 文件的内容：

```
[root@RHEL6 ~]# cat /etc/fstab
# This file is edited by fstab-sync - see 'man fstab-sync' for details
LABEL=/          /              ext3    defaults                          1 1
LABEL=/boot      /boot          ext3    defaults                          1 2
none             /dev/pts       devpts  gid=5,mode=620                    0 0
none             /dev/shm       tmpfs   defaults                          0 0
none             /proc          proc    defaults                          0 0
none             /sys           sysfs   defaults                          0 0
LABEL=SWAP-sda2  swap           swap    defaults                          0 0
/dev/sdb2        /media/sdb2    ext3    rw,grpquota,usrquota              0 0
/dev/hdc         /media/cdrom   auto    pamconsole,exec,noauto,managed 0 0
/dev/fd0         /media/floppy  auto    pamconsole,exec,noauto,managed 0 0
```

/etc/fstab 文件的每一行代表一个文件系统，每一行又包含 6 列，这 6 列的内容如下所示：

fs_spec　fs_file　fs_vfstype　fs_mntops　fs_freq　fs_passno

具体含义如下。

fs_spec：将要挂载的设备文件。

fs_file：文件系统的挂载点。

fs_vfstype：文件系统类型。

fs_mntops：挂载选项，决定传递给 mount 命令时如何挂载，各选项之间用逗号隔开。

fs_freq：由 dump 程序决定文件系统是否需要备份，0 表示不备份，1 表示备份。

fs_passno：由 fsck 程序决定引导时是否检查磁盘以及检查次序，取值可以为 0、1、2。

例如，如果实现每次开机自动将文件系统类型为 vfat 的分区/dev/sdb3 自动挂载到/media/sdb3 目录下，需要在/etc/fstab 文件中添加下面一行内容，重新启动计算机后，/dev/sdb3 就能自动挂载了。

```
/dev/sdb3   /media/sdb3   vfat   defaults   0 0
```

5.2　任务 2　配置与管理磁盘配额

5.2.1　子任务 1　部署磁盘配额环境

Linux 是一个多用户的操作系统，为了防止某个用户或组群占用过多的磁盘空间，可以通过磁盘配额（Disk Quota）功能限制用户和组群对磁盘空间的使用。在 Linux 系统中可以通过索引节点数和磁盘块区数来限制用户和组群对磁盘空间的使用。

- 限制用户和组的索引节点数（inode）是指限制用户和组可以创建的文件数量。
- 限制用户和组的磁盘块区数（block）是指限制用户和组可以使用的磁盘容量。

注意

子任务 2 和子任务 3 都基于任务 1 中对磁盘/dev/sdb 的各种处理。为了使后续的实训能正常进行，特重申以下几个问题：① /dev/sdb 的第 2 个分区是独立分区；② 将/dev/sdb2 挂载到/disk2；③ 使用/etc/fstab 配置文件，完成自动挂载；④ 重启，使计算机自动挂载生效。

5.2.2　子任务 2　设置磁盘配额

设置系统的磁盘配额大体可以分为 4 个步骤。

（1）启动系统的磁盘配额（quota）功能。

（2）创建 quota 配额文件。

（3）设置用户和组群的磁盘配额。

（4）启动磁盘限额功能。

下面以在/dev/sdb2 分区上启用磁盘配额功能为例来讲解磁盘配额的具体配置。

1．启动系统的磁盘配额（quota）功能

（1）保证已经安装了 quota 软件包，在 Red Hat Enterprise Linux 6.4 中该软件已为默认安装。可以利用下面的命令检测 quota 软件包的安装情况：

```
[root@RHEL6 ~]# rpm -q quota
```

（2）编辑/etc/fstab 文件，启动文件系统的配额功能。为了启用用户的磁盘配额功能需要在/etc/fstab 文件中加入 usrquota 项，为了启用组的磁盘配额功能需要在/etc/fstab 文件中加入 grpquota 项，如下所示：

```
/dev/sdb2              /disk2           ext3   defaults,usrquota,grpquota 0 0
```

（3）重新启动系统，或者利用下面的命令重新挂载增加了磁盘配额功能的文件系统，使之生效。

```
[root@RHEL6 ~]# mount -o remount /disk2
```

2．创建 quota 配额文件

运行 quotacheck 命令生成磁盘配额文件 aquota.user（设置用户的磁盘配额）和 aquota.group（设置组的磁盘配额），命令如下所示：

```
[root@ Server ~]#quotacheck  -cvug  /dev/sdb2
quotacheck: Scanning /dev/sdb2 [/disk2] done
quotacheck: Checked 6 directories and 4 files
```

quotacheck 命令用于检查磁盘的使用空间和限制，生成磁盘配额文件。–c 选项用来生成配额文件，–v 选项用于显示详细的执行过程，–u 选项用于检查用户的磁盘配额，–g 选项用于检查组的磁盘配额。

注意

在已经启用了磁盘配额功能或者已挂载的文件系统中运行 quotacheck 命令可能会遇到问题，可以使用–f、–m 等选项强制执行。

3．设置用户和组群的磁盘配额

对用户和组群的磁盘配额限制分为两种。

- 软限制（soft limit）：用户和组在文件系统上可以使用的磁盘空间和文件数。当超过软限制之后，在一定期限内用户仍可以继续存储文件，但系统会对用户提出警告，建议用户清理文件，释放空间。超过警告期限后用户就不能再存储文件了。Red Hat Enterprise Linux 6.4 中默认的警告期限是 7 天。soft limit 的取值如果为 0，表示不受限制。

- 硬限制（hard limit）：用户和组可以使用的最大磁盘空间或最多的文件数，超过之后用户和组将无法再在相应的文件系统上存储文件。hard limit 的取值如果为 0，也表示不受限制。

注意

软限制的数值应该小于硬限制的数值。另外磁盘配额功能对于 root 用户无效。

设置用户和组的磁盘配额可以使用命令 edquota。

- 设置用户的磁盘配额功能的命令是：edquota –u 用户名。
- 设置组的磁盘配额功能的命令是：edquota –g 组名。

例如，设置用户 user1 的磁盘配额功能，可以使用命令：

```
[root@ Server ~]# edquota -u user1
```

edquota 会自动调用 Vi 编辑器来设置磁盘配额项，如图 5-1 所示。

```
Disk quotas for user user1 (uid 542):
  Filesystem                blocks       soft       hard     inodes     soft     hard
  /dev/sdb2                     70          0          0          2        0        0
```

图 5-1　用户磁盘限额功能的配置界面

图 5-1 表示用户 user1 在/dev/sdb2 分区上已经使用了 70 个数据块，拥有 2 个文件。把该图中的 blocks 和 inodes 的 soft limit 和 hard limit 改成想要设置的值，然后保存退出。

如果需要对多个用户进行设置，可以重复上面的操作。如果每个用户的设置都相同，可以使用下面的命令把参考用户的设置复制给待设置用户。

```
edquota -p 参考用户 待设置用户
```

例如，要给用户 user2 设置和 user1 一样的磁盘配额，可以使用命令：

```
[root@ Server ~]# edquota -p user1 user2
```

对组的设置和用户的设置相似，例如设置组 group1 的磁盘配额，可以使用命令：

```
[root@ Server ~]# edquota -g group1
```

要给组 group2 设置和 group1 一样的磁盘配额，可以使用命令：

```
[root@ Server ~]# edquota -gp group1 group2
```

4. 启动与关闭磁盘配额功能

在设置好用户及组群的磁盘配额后，磁盘配额功能还不能产生作用，此时必须使用“quotaon”命令来启动磁盘配额功能；如果要关闭该功能则使用“quotaoff”命令。下面是启动及关闭 quota 配额功能的范例：

```
[root@RHEL6 ~]# quotaon -avug
/dev/sdb2 [/disk2]: group quotas turned on
/dev/sdb2 [/disk2]: user quotas turned on
```

```
[root@RHEL6 ~]# quotaoff -avug
/dev/sdb2 [/disk2]: group quotas turned off
/dev/sdb2 [/disk2]: user quotas turned off
```

5.2.3 子任务3 检查磁盘配额的使用情况

磁盘配额设置生效之后，如果要查看某个用户的磁盘配额及其使用情况可以使用quota命令。查看指定用户的磁盘配额使用命令“quota -u 用户名”，查看指定组的磁盘配额使用命令“quota -g 组名称。”对于普通用户而言可以直接利用“quota”命令查看自己的磁盘配额使用情况。利用quota命令的-a选项可以列出系统中所有用户的磁盘配额信息。

另外，系统管理员可以利用repquota命令生成完整的磁盘空间使用报告。例如，如下所示的命令“repquota /dev/sdb2”可以生成磁盘分区/dev/sdb2上的磁盘使用报告。

```
[root@RHEL6 ~]# repquota /dev/sdb2
*** Report for user quotas on device /dev/sdb2
Block grace time: 7days; Inode grace time: 7days
                   Block limits                  File limits
User          used    soft    hard  grace    used  soft  hard  grace
----------------------------------------------------------------------
root            --    6353      0      0           11     0     0
jw                --     1    2000   4000           1  2000  3000
```

其中，用户名“--”分别用于判断该用户是否超出磁盘空间限制及索引节点数目限制。当磁盘空间及索引节点数的软限制超出时，相应的“-”就会变为“+”。最后的grace列通常是空的，如果某个软限制超出，则这一列会显示警告时间的剩余时间。要查看所有启用了磁盘配额的文件系统的磁盘使用情况，可以使用命令“repquota -a”。

5.3 任务3 磁盘配额配置企业案例

5.3.1 子任务1 环境需求

- 目的与账号：5个员工的账号分别是myquotal、myquota2、myquota3、myquota4和myquota5，5个用户的密码都是password，且这5个用户所属的初始群组都是myquotagrp。其他的账号属性则使用默认值。
- 账号的磁盘容量限制值：5个用户都能够取得300MB的磁盘使用量（hard），文件数量则不予限制。此外，只要容量使用超过250MB，就予以警告（soft）。
- 群组的限额：由于我的系统里面还有其他用户存在，因此限制myquotagrp这个群组最多仅能使用1GB的容量。也就是说，如果myquotal、myquota2和myquota3都用了280MB的容量了，那么其他两人最多只能使用（1000MB - 280MB × 3=160MB）的磁盘容量。这就是使用者与群组同时设定时会产生的效果。
- 宽限时间的限制：最后，希望每个使用者在超过soft限制值之后，都还能够有14天的宽限时间。

5.3.2 子任务 2 解决方案

1. 使用 script 建立 quota 实训所需的环境

制作账号环境时，由于有 5 个账号，因此使用 script 创建环境。（详细内容查看后面编程内容。）

```
[root@RHEL6 ~]# vim addaccount.sh
#!/bin/bash
# 使用 script 来建立实验 quota 所需的环境
groupadd myquotagrp
for username in myquota1 myquota2 myquota3 myquota4 myquota5
do
      useradd   -g  myquotagrp $username
      echo   "password"|passwd  --stdin $username
done

[root@RHEL6 ~]# sh addaccount.sh
```

2. 启动系统的磁盘配额

（1）文件系统支持。

要使用 Quota 必须要有文件系统的支持。假设你已经使用了预设支持 Quota 的核心，那么接下来就是要启动文件系统的支持。不过，由于 Quota 仅针对整个文件系统来进行规划，所以我们得先检查一下/home 是否是个独立的 filesystem 呢？这需要使用“df”命令。

```
[root@RHEL6 ~]# df   -h   /home
Filesystem Size Used Avail Use% Mounted on
/dev/hda3 4.8G 740M 3.8G 17%/home  <==主机的/home 确定是独立的
[root@RHEL6 ~]# mount|grep home
/dev/hda3 on/home type ext3(rw)
```

从上面的数据来看，这部主机的/home 确实是独立的 filesystem，因此可以直接限制/dev/hda3。如果你的系统的/home 并非独立的文件系统，那么可能就得要针对根目录（/）来规范。不过，不建议在根目录设定 Quota。此外，由于 VFAT 文件系统并不支持 Linux Quota 功能，所以我们要使用 mount 查询一下/home 的文件系统是什么。如果是 ext2/ext3，则支持 Quota。

（2）如果只是想要在本次开机中实验 Quota，那么可以使用如下的方式来手动加入 quota 的支持。

```
[root@RHEL6 ~]# mount   -o   remount,usrquota,grpquota   /home
[root@RHEL6 ~]# mount|grep home
/dev/hda3 on/home type ext3(rw,usrquota,grpquota)
# 重点就在于 usrquota,grpquota !注意写法!
```

（3）自动挂载。

不过手动挂载的数据在下次重新挂载时就会消失，因此最好写入配置文件中。

```
[root@RHEL6 ~]# vim   /etc/fstab
```

```
LABEL=/home /home ext3 defaults,usrquota,grpquota 12
# 其他项目并没有列出来！重点在于第四字段！于 default 后面加上两个参数
[root@RHEL6 ~]# umount    /home
[root@RHEL6 ~]# mount    -a
[root@RHEL6 ~]# mount|grep home
/dev/hda3 on/home type ext3(rw,usrquota,grpquota)
```

还是要再次强调，修改完/etc/fstab 后，务必要测试一下。若有错误务必赶紧处理。因为这个文件如果修改错误，会造成无法完全开机的情况。切记切记！最好使用 vim 来修改。因为 vim 会有语法的检验，不会让你写错字。接下来让我们建立起 quota 的记录文件。

3. 建立 quota 记录文件

其实 Quota 是透过分析整个文件系统中，每个使用者（群组）拥有的文件总数与总容量，再将这些数据记录在该文件系统的最顶层目录，然后在该记录文件中再使用每个账号（或群组）的限制值去规范磁盘使用量的。所以，创建 Quota 记录文件非常重要。使用 quotacheck 命令扫描文件系统并建立 Quota 的记录文件。

当我们运行 quotacheck 时，系统会担心破坏原有的记录文件，所以会产生一些错误信息警告。如果你确定没有任何人在使用 quota 时，可以强制重新进行 quotacheck 的动作（-mf）。强制执行的情况可以使用如下的选项功能：

```
# 如果因为特殊需求需要强制扫描已挂载的文件系统时
[root@RHEL6 ~]# quotacheck    -avup    -mf
quotacheck:Scanning   /dev/hda3   [/home] done
quotacheck:Checked 130 directories and 109 files
# 资料更简洁很多！因为有记录文件存在嘛！所以警告信息不会出现！
```

这样记录文件就建立起来了。不要手动去编辑那两个文件。因为那两个文件是 quota 自己的数据文件，并不是纯文本文件。并且该文件会一直变动，这是因为当你对/home 这个文件系统进行操作时，你操作的结果会影响磁盘，所以会同步记载到那两个文件中。所以要建立 aquota.user、aquota.group，记得使用 quotacheck 指令，不要手动编辑。

4. Quota 启动、关闭与限制值设定

制作好 Quota 配置文件之后，接下来就要启动 quota 了。启动的方式很简单，使用 quotaon 即可，至于关闭，则是使用 quotaoff。

（1）quotaon：启动 quota 的服务。

```
quotaon  [-avug]
quotaon  [-vug]  [/mount_point]
```

选项与参数：

```
-u：针对使用者启动 quota (aquota.usaer)
-g：针对群组启动 quota (aquota.group)
-v：显示启动过程的相关信息；
-a：根据/etc/mtab 内的 filesystem 设定启动有关的 quota，若不加-a 的话则后面就需要加
上特定的那个 filesystem 喔！

# 由于我们要启动 user/group 的 quota，所以使用下面的语法即可
```

```
[root@RHEL6 ~]# quotaon   -auvg
/dev/hda3[/home]:group quotas turned on
/dev/hda3[/home]:user quotas turned on

# 特殊用法，假如你启动/var 的 quota 支持，那么仅启动 user quota
[root@RHEL6 ~]# quotaon   -uv   /var
```

quotaon -auvg 指令几乎只在第一次启动 quota 时才需要。因为下次重新启动系统时，系统的/etc/rc.d/rc.sysinit 这个初始化脚本就会自动下达这个指令。因此你只要在这次实例中进行一次即可，未来都不需要自行启动 quota。

（2）quotaoff：关闭 quota 的服务。

在进行完本次实训前不要关闭该服务！

（3）edquota：编辑账号/群组的限值与宽限时间。

① 我们先来看看当进入 myquotal 的限额设定时会出现什么画面。

```
[root@RHEL6 ~]# edquota   -u    myquotal
Disk quotas for user myquota1 (uid 710):
 Filesystem  blocks  soft  hard  inodes  soft  hard
 /dev/hda3     80     0     0     10     0     0
```

② 当 soft/hard 为 0 时，表示没有限制的意思。依据我们的需求，需要设定的是 blocks 的 soft/hard，至于 inode 则不要去更改。

```
Disk quotas for user myquotal(uid 710):
 Filesystem blocks soft hard   inodes soft hard
 /dev/hda3     80 250000 300000    10    0   0
```

在 edquota 的画面中，每一行只要保持 7 个字段就可以了，并不需要排列整齐。

③ 其他 5 个用户的设定可以使用 quota 复制。

```
#将 myquotal 的限制值复制给其他四个账号
[root@RHEL6 ~]# edquota -p myquotal -u myquota2
[root@RHEL6 ~]# edquota -p myquotal -u myquota3
[root@RHEL6 ~]# edquota -p myquotal -u myquota4
[root@RHEL6 ~]# edquota -p myquotal -u myquota5
```

④ 更改群组的 quota 限额。

```
[root @www ~]# edquota -g myquotagrp
Disk quotas for group myquotagrp(gid 713)
 Filesystem    blocks   soft  hard inodes soft hard
 /dev/hed3          400 900000 1000000    50    0   0
```

⑤ 最后，将宽限时间改成 14 天。

```
#宽限时间原本为 7 天，将他改成 14 天吧！
```

```
[root@RHEL6 ~]# edquota -t
Grace period before enforcing soft limits for users:
Time units may be:days,hours,minutes,or seconds
 Filesystem     Block grace period  Inode grace period
 /dev/hda3           14days             7days
#原本是 7days，我们将他给改为 14days 了！
```

5. repquota：针对文件系统的限额做报表

请参考 5.2.3 小节内容。

6. 测试与管理

直接修改/etc/fstab。Linux 是一个多用户的操作系统，为了防止某个用户或组群占用过多的磁盘空间，可以通过磁盘配额（Disk Quota）功能限制用户和组群对磁盘空间的使用。在 Linux 系统中可以通过索引节点数和磁盘块区数来限制用户和组群对磁盘空间的使用。

5.4 任务 4 在 Linux 中配置软 RAID

RAID（Redundant Array of Inexpensive Disks，独立磁盘冗余阵列）用于将多个廉价的小型磁盘驱动器合并成一个磁盘阵列，以提高存储性能和容错功能。RAID 可分为软 RAID 和硬 RAID，软 RAID 是通过软件实现多块硬盘冗余的。而硬 RAID 一般是通过 RAID 卡来实现 RAID 的。前者配置简单，管理也比较灵活，对于中小企业来说不失为一种最佳选择。硬 RAID 在性能方面具有一定优势，但往往花费比较贵。

RAID 作为高性能的存储系统，已经得到了越来越广泛的应用。RAID 的级别从 RAID 概念的提出到现在，已经发展了六个级别，其级别分别是 0、1、2、3、4、5。但是最常用的是 0、1、3、5 四个级别。

RAID0：将多个磁盘合并成一个大的磁盘，不具有冗余，并行 I/O，速度最快。RAID 0 也称为带区集。它是将多个磁盘并列起来，成为一个大硬盘。在存放数据时，其将数据按磁盘的个数来进行分段，然后同时将这些数据写进这些盘中。

在所有的级别中，RAID0 的速度是最快的。但是 RAID0 没有冗余功能，如果一个磁盘（物理）损坏，则所有的数据都无法使用。

RAID1：把磁盘阵列中的硬盘分成相同的两组，互为镜像，当任一磁盘介质出现故障时，可以利用其镜像上的数据恢复，从而提高系统的容错能力。对数据的操作仍采用分块后并行传输方式。所有 RAID1 不仅提高了读写速度，也加强了系统的可靠性。但其缺点是硬盘的利用率低，只有 50%。

RAID3：RAID3 存放数据的原理和 RAID0、RAID1 不同。RAID3 是以一个硬盘来存放数据的奇偶校验位，数据则分段存储于其余硬盘中。它像 RAID0 一样以并行的方式来存放数据，但速度没有 RAID0 快。如果数据盘（物理）损坏，只要将坏的硬盘换掉，RAID 控制系统会根据校验盘的数据校验位在新盘中重建坏盘上的数据。不过，如果校验盘（物理）损坏的话，则全部数据都无法使用。利用单独的校验盘来保护数据虽然没有镜像的安全性高，但是硬盘利用率得到了很大的提高，为 $n-1$。

RAID5：向阵列中的磁盘写数据，奇偶校验数据存放在阵列中的各个盘上，允许单个磁盘出错。RAID5 也是以数据的校验位来保证数据的安全，但它不是以单独硬盘来存放数据的校验位，而是将数据段的校验位交互存放于各个硬盘上。这样任何一个硬盘损坏，都可以根据其他硬盘上的校验位来重建损坏的数据。硬盘的利用率为 $n-1$。

Red Hat Enterprise Linux 6.4 提供了对软 RAID 技术的支持。在 Linux 系统中建立软 RAID 可以使用 mdadm 工具建立和管理 RAID 设备。

5.4.1 子任务 1 创建与挂载 RAID 设备

下面以 4 块硬盘/dev/sdb、/dev/sdc、/dev/sdd、/dev/sde 为例来讲解 RAID5 的创建方法。（利用 VMware 虚拟机，事先安装四块 SCSI 硬盘。）

1. 创建四个磁盘分区

使用 fdisk 命令创建 4 个磁盘分区/dev/sdb1、/dev/sdc1、/dev/sdd1、/dev/sde1，并设置分区类型 id 为 fd（Linux raid autodetect），分区结果如下所示：

```
[root@RHEL6 ~]# fdisk -l
Disk /dev/sdb: 536 MB, 536870912 bytes
64 heads, 32 sectors/track, 512 cylinders
Units = cylinders of 2048 * 512 = 1048576 bytes
Device Boot      Start         End      Blocks   Id  System
/dev/sdb1            1         512      524272   fd  Linux raid autodetect

Disk /dev/sdc: 536 MB, 536870912 bytes
64 heads, 32 sectors/track, 512 cylinders
Units = cylinders of 2048 * 512 = 1048576 bytes
Device Boot      Start         End      Blocks   Id  System
/dev/sdc1            1         512      524272   fd  Linux raid autodetect

Disk /dev/sdd: 536 MB, 536870912 bytes
64 heads, 32 sectors/track, 512 cylinders
Units = cylinders of 2048 * 512 = 1048576 bytes
Device Boot      Start         End      Blocks   Id  System
/dev/sdd1            1         512      524272   fd  Linux raid autodetect

Disk /dev/sde: 536 MB, 536870912 bytes
64 heads, 32 sectors/track, 512 cylinders
Units = cylinders of 2048 * 512 = 1048576 bytes
Device Boot      Start         End      Blocks   Id  System
/dev/sde1            1         512      524272   fd  Linux raid autodetect
```

2. 使用 mdadm 命令创建 RAID5

RAID 设备名称为/dev/md*X*。其中 *X* 为设备编号，该编号从 0 开始。

```
[root@RHEL6~]#mdadm --create /dev/md0 --level=5 --raid-devices=3 --spare-devices=1 /dev/sd[b-e]1
mdadm: array /dev/md0 started.
```

上述命令中指定 RAID 设备名为/dev/md0，级别为 5，使用 3 个设备建立 RAID，空余一个留做备用。上面的语法中，最后面是装置文件名，这些装置文件名可以是整颗磁盘，例如/dev/sdb，也可以是磁盘上的分区，例如/dev/sdbl 之类。不过，这些装置文件名的总数必须要等于--raid-devices 与--spare-devices 的个数总和。此例中，/dev/sd[b-e]1 是一种简写，表示/dev/sdb1、/dev/sdc1、/dev/sdd1、/dev/sde1，其中/dev/sde1 为备用。

3. 为新建立的/dev/md0 建立类型为 ext3 的文件系统

```
[root@RHEL6 ~]mkfs -t ext3 -c /dev/md0
```

4. 查看建立的 RAID5 的具体情况

```
[root@RHEL6 ~]mdadm --detail /dev/md0
/dev/md0:
        Version : 00.90.01
  Creation Time : Mon Oct  1 16:23:43 2007
     Raid Level : raid5
     Array Size : 1048320 (1023.75 MiB 1073.48 MB)
    Device Size : 524160 (511.88 MiB 536.74 MB)
   Raid Devices : 3
Total Devices : 4
Preferred Minor : 0
    Persistence : Superblock is persistent
    Update Time : Mon Oct  1 16:25:26 2007
          State : clean
 Active Devices : 3
Working Devices : 4
 Failed Devices : 0
  Spare Devices : 1
         Layout : left-symmetric
     Chunk Size : 64K
    Number   Major   Minor   RaidDevice State
       0       8       17        0      active sync   /dev/sdb1
       1       8       33        1      active sync   /dev/sdc1
       2       8       49        2      active sync   /dev/sdd1
       3       8       65       -1      spare   /dev/sde1
           UUID : 89b765ed:48c01ab9:e4cffb5b:ce142051
         Events : 0.10
```

5. 将 RAID 设备挂载

将 RAID 设备/dev/md0 挂载到指定的目录/media/md0 中，并显示该设备中的内容。

```
[root@RHEL6 ~]# mount /dev/md0 /media/md0 ;  ls /media/md0
lost+found
```

5.4.2 子任务 2 RAID 设备的数据恢复

如果 RAID 设备中的某个硬盘损坏，系统会自动停止这块硬盘的工作，让后备的那块硬盘代替损坏的硬盘继续工作。例如，假设/dev/sdc1 损坏。更换损坏的 RAID 设备中成员的方法如下：

（1）将损坏的 RAID 成员标记为失效。

```
[root@RHEL6 ~]#mdadm  /dev/md0  --fail  /dev/sdc1
```

（2）移除失效的 RAID 成员。

```
[root@RHEL6 ~]#mdadm  /dev/md0  --remove  /dev/sdc1
```

（3）更换硬盘设备，添加一个新的 RAID 成员。

```
[root@RHEL6 ~]#mdadm  /dev/md0  --add  /dev/sde1
```

mdadm 命令参数中凡是以“--”引出的参数选项，与“-”加单词首字母的方式等价。例如“--remove”等价于“-r”，“--add”等价于“-a”。

当不再使用 RAID 设备时，可以使用命令“mdadm -S /dev/md*X*”的方式停止 RAID 设备。

5.5 任务 5 配置软 RAID 企业案例

5.5.1 子任务 1 环境需求

- 利用 4 个分区组成 RAID 5。
- 每个分区约为 1GB 大小，需确定每个分区容量一样较佳。
- 1 个分区设定为 spare disk，这个 spare disk 的大小与其他 RAID 所需分区一样大。
- 将此 RAID 5 装置挂载到/mnt/raid 目录下。

我们使用一个 20GB 的单独磁盘，该磁盘的分区代号使用到 5。

5.5.2 子任务 2 解决方案

1. 利用 fdisk 创建所需的磁盘设备

```
/dev/hda6          2053        2175        987966  83  Linux
/dev/hda7          2176        2298        987966  83  Linux
/dev/hda8          2299        2421        987966  83  Linux
/dev/hda9          2422        2544        987966  83  Linux
/dev/hda10         2545        2667        987966  83  Linux
#上面的 6～10 号，就是我们需要的 partition 啰!
```

2. 使用 mdadm 创建 RAID

```
[root@RHEL6 ~]# mdadm --create --auto=yes  /dev/md0 --level=5\
> --raid-devices=4 --spare-devices=1  /dev/hda{6,7,8,9,10}
#详细的参数说明请回到前面看看啰！这里我通过{}将重复的项目简化！
```

3. 查看建立的 RAID5 的具体情况

```
[root@RHEL6 ~]# mdadm --detail  /dev/md0
```

4. 格式化与挂载使用 RAID

```
[root@RHEL6 ~]# mkfs  -t  ext3    /dev/md0
#有趣吧！是/dev/md0 做为装置被格式化呢！

[root@RHEL6 ~]# mkdir    /mnt/raid
[root@RHEL6 ~]# mount    /dev/md0      /mnt/raid
[root@RHEL6 ~]# df
```

5.6 任务 6 LVM 逻辑卷管理器

LVM（Logical Volume Manager，逻辑卷管理器）最早应用在 IBM AIX 系统上。它的主要作用是动态分配磁盘分区及调整磁盘分区大小，并且可以让多个分区或者物理硬盘作为一个逻辑卷（相当于一个逻辑硬盘）来使用。这种机制可以让磁盘分区容量划分变得很灵活。

例如，有一个硬盘/dev/hda，划分了 3 个主分区：/dev/hda1、/dev/hda2、/dev/hda3，分别对应的挂载点是/boot、/和/home，除此之外还有一部分磁盘空间没有划分。伴随着系统用户的增多，如果/home 分区空间不够了，怎么办？传统的方法是在未划分的空间中分割一个分区，挂载到/home 下，并且把 hda3 的内容复制到这个新分区上。或者把这个新分区挂载到另外的挂载点上，然后在/home 下创建链接，链接到这个新挂载点。这两种方法都不大好，第一种方法浪费了/dev/hda3，并且如果后面的分区容量小于 hda3 怎么办？第二种方法需要每次都额外创建链接，比较麻烦。那么，利用 LVM 可以很好地解决这个问题，LVM 的好处在于，可以动态调整逻辑卷（相当于一个逻辑分区）的容量大小。也就是说/dev/hda3 如果是一个 LVM 逻辑分区，比如/dev/rootvg/lv3，那么 lv3 可以被动态放大。这样就解决了动态容量调整的问题。当然，前提是系统已设定好 LVM 支持，并且需要动态缩放的挂载点对应的设备是逻辑卷。

5.6.1 子任务 1 理解 LVM 的基本概念

- PV（Physical Volume，物理卷）：物理卷处于 LVM 的最底层，可以是整个物理磁盘，也可以是硬盘中的分区。
- VG（Volume Group，卷组）：可以看成单独的逻辑磁盘，建立在 PV 之上，是 PV 的组合。一个卷组中至少要包括一个 PV，在卷组建立之后可以动态地添加 PV 到卷组中。
- LV（Logical Volume，逻辑卷）：相当于物理分区的/dev/hda*X*。逻辑卷建立在卷组之上，卷组中的未分配空间可以用于建立新的逻辑卷，逻辑卷建立后可以动态地扩展或缩小空间。系统中的多个逻辑卷可以属于同一个卷组，也可以属于不同的多个卷组。
- PE（Physical Extent，物理区域）：物理区域是物理卷中可用于分配的最小存储单元，物理区域的大小可根据实际情况在建立物理卷时指定。物理区域大小一旦确定将不能更改，同一卷组中的所有物理卷的物理区域大小需要一致。当多个 PV 组成一个 VG 时，LVM 会在所有 PV 上做类似格式化的动作，将每个 PV 切成一块块的空间，这一块块的空间就称为 PE，通常是 4MB。
- LE（Logical Extent，逻辑区域）：逻辑区域是逻辑卷中可用于分配的最小存储单元，逻辑区域的大小取决于逻辑卷所在卷组中的物理区域大小。LE 的大小为 PE 的倍数（通常为 1:1）。

- VGDA（Volume Group Descriptor Area，卷组描述区域）：存在于每个物理卷中，用于描述该物理卷本身、物理卷所属卷组、卷组中的逻辑卷以及逻辑卷中物理区域的分配等所有的信息，卷组描述区域是在使用 pvcreate 命令建立物理卷时建立的。

LVM 进行逻辑卷的管理时，创建顺序是 pv→vg→lv。也就是说，首先创建一个物理卷（对应一个物理硬盘分区或者一个物理硬盘），然后把这些分区或者硬盘加入到一个卷组中（相当于一个逻辑上的大硬盘），再在这个大硬盘上划分分区 lv（逻辑上的分区，就是逻辑卷），最后，把 lv 逻辑卷格式化以后，就可以像使用一个传统分区那样，把它挂载到一个挂载点上，需要的时候，这个逻辑卷可以被动态缩放。例如可以用一个长方形的蛋糕来说明这种对应关系。物理硬盘相当于一个长方形蛋糕，把它切割成许多块，每个小块相当于一个 pv，然后我们把其中的某些 pv 重新放在一起，抹上奶油，那么这些 pv 的组合就是一个新的蛋糕，也就是 vg。最后，我们切割这个新蛋糕 vg，切出来的小蛋糕就叫作 lv。

注意

/boot 启动分区不可以是 LVM。因为 GRUB 和 LILO 引导程序并不能识别 LVM。

5.6.2 子任务 2 建立物理卷、卷组和逻辑卷

假设系统中新增加了一块硬盘/dev/sdb。我们以在/dev/sdb 上创建相关卷为例介绍物理卷、卷组和逻辑卷的建立。

物理卷可以建立在整个物理硬盘上，也可以建立在硬盘分区中，如在整个硬盘上建立物理卷则不要在该硬盘上建立任何分区，如使用硬盘分区建立物理卷则需事先对硬盘进行分区并设置该分区为 LVM 类型，其类型 ID 为 0x8e。

（1）建立 LVM 类型的分区

利用 fdisk 命令在/dev/sdb 上建立 LVM 类型的分区，如下所示。

```
[root@RHEL6 ~]# fdisk /dev/sdb
//使用 n 子命令创建分区
Command (m for help): n
Command action
   e   extended
   p   primary partition (1-4)
p    //创建主分区
Partition number (1-4): 1
First cylinder (1-130, default 1):
Using default value 1
Last cylinder or +size or +sizeM or +sizeK (1-30, default 30): +100M
//查看当前分区设置
Command (m for help): p
Disk /dev/sdb: 1073 MB, 1073741824 bytes
255 heads, 63 sectors/track, 130 cylinders
Units = cylinders of 16065 * 512 = 8225280 bytes
```

```
Device Boot      Start       End      Blocks   Id  System
/dev/sdb1          1         13      104391   83  Linux
/dev/sdb2         31         60      240975   83  Linux
//使用 t 命令修改分区类型
Command (m for help): t
Partition number (1-4): 1
Hex code (type L to list codes): 8e     //设置分区类型为 LVM 类型
Changed system type of partition 1 to 8e (Linux LVM)
//使用 w 命令保存对分区的修改，并退出 fdisk 命令
Command (m for help): w
```

利用同样的方法创建 LVM 类型的分区/dev/sdb3 和/dev/sdb4。

（2）建立物理卷

利用 pvcreate 命令可以在已经创建好的分区上建立物理卷。物理卷直接建立在物理硬盘或者硬盘分区上，所以物理卷的设备文件使用系统中现有的磁盘分区设备文件的名称。

```
//使用 pvcreate 命令创建物理卷
[root@RHEL6 ~]# pvcreate /dev/sdb1
Physical volume "/dev/sdb1" successfully created
//使用 pvdisplay 命令显示指定物理卷的属性
[root@RHEL6 ~]# pvdisplay /dev/sdb1
```

使用同样的方法建立/dev/sdb3 和/dev/sdb4。

（3）建立卷组

在创建好物理卷后，使用 vgcreate 命令建立卷组。卷组设备文件使用/dev 目录下与卷组同名的目录表示，该卷组中的所有逻辑设备文件都将建立在该目录下，卷组目录是在使用 vgcreate 命令建立卷组时创建的。卷组中可以包含多个物理卷，也可以只有一个物理卷。

```
//使用 vgcreate 命令创建卷组 vg0
[root@RHEL6 ~]# vgcreate  vg0  /dev/sdb1
  Volume group "vg0" successfully created
//使用 vgdisplay 命令查看 vg0 信息
[root@RHEL6 ~]# vgdisplay vg0
```

其中 vg0 为要建立的卷组名称。这里的 PE 值使用默认的 4MB，如果需要增大可以使用 -L 选项，但是一旦设定以后不可更改 PE 的值。使用同样的方法创建 vg1 和 vg2。

（4）建立逻辑卷

建立好卷组后，可以使用命令 lvcreate 在已有卷组上建立逻辑卷。逻辑卷设备文件位于其所在的卷组的卷组目录中，该文件是在使用 lvcreate 命令建立逻辑卷时创建的。

```
//使用 lvcreate 命令创建逻辑卷
[root@RHEL6 ~]# lvcreate -L 20M -n lv0 vg0
Logical volume "lv0" created

//使用 lvdisplay 命令显示创建的 lv0 的信息
[root@RHEL6 ~]# lvdisplay /dev/vg0/lv0
```

其中-L 选项用于设置逻辑卷大小，-n 参数用于指定逻辑卷的名称和卷组的名称。

5.6.3 子任务 3 管理 LVM 逻辑卷

1. 增加新的物理卷到卷组

当卷组中没有足够的空间分配给逻辑卷时，可以用给卷组增加物理卷的方法来增加卷组的空间。需要注意的是，下面的 /dev/sdb2 必须为 LVM 类型，而且必须为 PV。

```
[root@RHEL6 ~]# vgextend vg0 /dev/sdb2
Volume group "vg0" successfully extended
```

2. 逻辑卷容量的动态调整

当逻辑卷的空间不能满足要求时，可以利用 lvextend 命令把卷组中的空闲空间分配到该逻辑卷以扩展逻辑卷的容量。当逻辑卷的空闲空间太大时，可以使用 lvreduce 命令减少逻辑卷的容量。

```
//使用 lvextend 命令增加逻辑卷容量
[root@RHEL6 ~]# lvextend -L +10M /dev/vg0/lv0
Rounding up size to full physical extent 12.00 MB
Extending logical volume lv0 to 32.00 MB
Logical volume lv0 successfully resized
//使用 lvreduce 命令减少逻辑卷容量
[root@RHEL6 ~]# lvreduce -L -10M /dev/vg0/lv0
  Rounding up size to full physical extent 8.00 MB
  WARNING: Reducing active logical volume to 24.00 MB
  THIS MAY DESTROY YOUR DATA (filesystem etc.)
 Do you really want to reduce lv0? [y/n]: y
  Reducing logical volume lv0 to 24.00 MB
Logical volume lv0 successfully resized
```

3. 删除逻辑卷—卷组—物理卷（必须按照先后顺序来执行删除）

```
//使用 lvremove 命令删除逻辑卷
 [root@RHEL6 ~]# lvremove /dev/vg0/lv0
Do you really want to remove active logical volume "lv0"? [y/n]: y
  Logical volume "lv0" successfully removed

//使用 vgremove 命令删除卷组
[root@RHEL6 ~]# vgremove vg0
 Volume group "vg0" successfully removed

//使用 pvremove 命令删除物理卷
[root@RHEL6 ~]# pvremove /dev/sdb1
Labels on physical volume "/dev/sdb1" successfully wiped
```

4. 物理卷、卷组和逻辑卷的检查

（1）物理卷的检查

```
[root@RHEL6 ~]# pvscan
  PV /dev/sdb4   VG vg2   lvm2 [624.00 MB / 624.00 MB free]
```

```
  PV /dev/sdb3   VG vg1   lvm2 [100.00 MB / 88.00 MB free]
  PV /dev/sdb1   VG vg0   lvm2 [232.00 MB / 232.00 MB free]
  PV /dev/sdb2   VG vg0   lvm2 [184.00 MB / 184.00 MB free]
 Total: 4 [1.11 GB] / in use: 4 [1.11 GB] / in no VG: 0 [0   ]
```

（2）卷组的检查

```
[root@RHEL6 ~]# vgscan
  Reading all physical volumes.  This may take a while...
  Found volume group "vg2" using metadata type lvm2
  Found volume group "vg1" using metadata type lvm2
  Found volume group "vg0" using metadata type lvm2
```

（3）逻辑卷的检查

```
[root@RHEL6 ~]# lvscan
  ACTIVE            '/dev/vg1/lv3' [12.00 MB] inherit
  ACTIVE            '/dev/vg0/lv0' [24.00 MB] inherit
 （略）
```

5.7 项目实录

项目实录一：文件系统管理

1. 录像位置

随书光盘中：\随书项目实录\实训项目　管理文件系统.exe。

2. 项目实训目的

- 掌握 Linux 下文件系统的创建、挂载与卸载。
- 掌握文件系统的自动挂载。

3. 项目背景

某企业的 Linux 服务器中新增了一块硬盘/dev/sdb，请使用 fdisk 命令新建/dev/sdb1 主分区和/dev/sdb2 扩展分区，并在扩展分区中新建逻辑分区/dev/sdb5，使用 mkfs 命令分别创建 vfat 和 ext3 文件系统。然后用 fsck 命令检查这两个文件系统。最后，把这两个文件系统挂载到系统上。

4. 项目实训内容

练习 Linux 系统下文件系统的创建、挂载与卸载及自动挂载的实现。

5. 做一做

根据项目实录录像进行项目的实训，检查学习效果。

项目实录二：LVM 逻辑卷管理器

1. 录像位置

随书光盘中：\随书项目实录\实训项目　管理 lvm 逻辑卷.exe。

2. 项目实训目的

- 掌握创建 LVM 分区类型的方法。
- 掌握 LVM 逻辑卷管理的基本方法。

3. 项目背景

某企业在 Linux 服务器中新增了一块硬盘/dev/sdb，要求 Linux 系统的分区能自动调整磁盘容量。请使用 fdisk 命令新建/dev/sdb1、/dev/sdb2、/dev/sdb3 和/dev/sdb4 LVM 类型的分区，并在这 4 个分区上创建物理卷、卷组和逻辑卷。最后将逻辑卷挂载。

4. 项目实训内容

物理卷、卷组、逻辑卷的创建，卷组、逻辑卷的管理。

5. 做一做

根据项目实录录像进行项目的实训，检查学习效果。

项目实录三：动态磁盘管理

1. 录像位置

随书光盘中：\随书项目实录\实训项目　管理 1 动态磁盘.exe。

2. 项目实训目的

掌握 Linux 系统中利用 RAID 技术实现磁盘阵列的管理方法。

3. 项目背景

某企业为了保护重要数据，购买了 4 块同一厂家的 SCSI 硬盘。要求在这 4 块硬盘上创建 RAID5 卷，以实现磁盘容错。

4. 项目实训内容

利用 mdadm 命令创建并管理 RAID 卷。

5. 做一做

根据项目实录录像进行项目的实训，检查学习效果。

5.8　练习题

一、填空题

1. ________是光盘所使用的标准文件系统。

2. RAID（Redundant Array of Inexpensive Disks）的中文全称是________，用于将多个廉价的小型磁盘驱动器合并成一个________，以提高存储性能和________功能。RAID 可分为________和________，软 RAID 通过软件实现多块硬盘________。

3. LVM（Logical Volume Manager）的中文全称是________，最早应用在 IBM AIX 系统上。它的主要作用是________及调整磁盘分区大小，并且可以让多个分区或者物理硬盘作为________来使用。

4. 可以通过________和________来限制用户和组群对磁盘空间的使用。

二、选择题

1. 假定 kernel 支持 vfat 分区，下面哪一个操作是将/dev/hda1 这一个 Windows 分区加载到/win 目录？（　　）

A. mount　-t　windows　/win　/dev/hda1

B. mount　-fs=msdos　/dev/hda1　/win

C. mount　-s　win　/dev/hda1 /win

D. mount -t　vfat　/dev/hda1　/win

2. 请选择关于/etc/fstab 的正确描述。(　　)

A. 启动系统后，由系统自动产生

B. 用于管理文件系统信息

C. 用于设置命名规则，是否使用可以用 Tab 键来命名一个文件

D. 保存硬件信息

3. 在一个新分区上建立文件系统应该使用命令(　　)。

A. fdisk　　B. makefs　　C. mkfs　　D. format

4. Linux 文件系统的目录结构是一棵倒挂的树，文件都按其作用分门别类地放在相关的目录中。现有一个外部设备文件，我们应该将其放在(　　)目录中。

A. /bin　　B. /etc　　C. /dev　　D. lib

5.9 超级链接

点击 http://linux.sdp.edu.cn/kcweb，http://www.icourses.cn/coursestatic/course_2843.html 访问学习网站中学习情境的相关内容。

项目六 管理 Linux 服务器的网络配置

项目导入

作为 Linux 系统的网络管理员，学习 Linux 服务器的网络配置是至关重要的。这是后续网络服务配置的基础，必须要学好。

职业能力目标和要求

- 掌握常见网络配置文件。
- 掌握常用的网络配置命令。
- 掌握常用的网络调试工具。
- 理解守护进程和 xinetd。

6.1　任务 1　掌握常见的网络配置文件

Linux 主机要与网络中其他主机进行通信，首先要进行正确的网络配置。网络配置通常包括主机名、IP 地址、子网掩码、默认网关、DNS 服务器等。

在 Linux 中，TCP/IP 网络的配置信息是分别存储在不同的配置文件中的。相关的配置文件有/etc/sysconfig/network、网卡配置文件、/etc/hosts、/etc/resolv.conf 以及/etc/host.conf 等文件。下面分别介绍这些配置文件的作用和配置方法。

6.1.1　子任务 1　详解/etc/sysconfig/network

/etc/sysconfig/network 文件主要用于设置基本的网络配置，包括主机名称、网关等。文件中的内容如下所示：

```
[root@RHEL6 ~]# cat /etc/sysconfig/network
NETWORKING=yes
HOSTNAME=RHEL6
GATEWAY=192.168.1.254
```

其中各项含义如下。

- NETWORKING：用于设置 Linux 网络是否运行，取值为 yes 或者 no。
- NETWORKING_IPV6：用于设置是否启用 IPv6，取值为 yes 或者 no。
- HOSTNAME：用于设置主机名称。
- GATEWAY：用于设置网关的 IP 地址。

除此之外，在这个配置文件中常见的还有以下一些。

- GATEWAYDEV：用来设置连接网关的网络设备。
- DOMAINNAME：用于设置本机域名。
- NISDOMAIN：在有 NIS 系统的网络中，用来设置 NIS 域名。

对于/etc/sysconfig/network 配置文件进行修改之后，应该重启网络服务或者注销系统以使配置文件生效。

6.1.2 子任务 2 详解/etc/sysconfig/network-scripts/ifcfg-ethN

网卡设备名、IP 地址、子网掩码、网关等配置信息都保存在网卡配置文件中。一块网卡对应一个配置文件，配置文件位于目录“/etc/sysconfig/network-scripts”中，文件名以“ifcfg-”开始后跟网卡类型（通常使用的以太网卡用“eth”代表）加网卡的序号（从“0”开始）。系统中以太网卡的配置文件名为“ifcfg-ethN”，其中“N”为从“0”开始的数字，如第一块以太网卡的配置文件名为 ifcfg-eth0，第二块以太网卡的配置文件名为 ifcfg-eth1，其他的依次类推。

Linux 系统支持在一块物理网卡上绑定多个 IP 地址，需要建立多个网卡配置文件，其文件名形式为“ifcfg-ethN:M”，其中“N”和“M”均为从 0 开始的数字，代表相应的序号。如第 1 块以太网卡上的第 1 个虚拟网卡（设备名为 eth0:0）的配置文件名为“ifcfg-eth0:0”，第 1 块以太网卡上的第 2 个虚拟网卡（设备名为 eth0:1）的配置文件名为“ifcfg-eth0:1”。Linux 最多支持 255 个 IP 别名，对应的配置文件可通过复制 ifcfg-eth0 配置文件，并修改其配置内容来获得。

所有的网卡 IP 配置文件都有如下的类似格式，配置文件中每行进行一项内容设置，左边为项目名称，右边为项目设置值，中间以“=”分隔。

```
[root@RHEL6 ~]# cat /etc/sysconfig/network-scripts/ifcfg-eth0
DEVICE=eth0
BOOTPROTO=static
BROADCAST=192.168.1.255
HWADDR=00:0C:29:FA:AD:85
IPADDR=192.168.1.2
NETMASK=255.255.255.0
NETWORK=192.168.1.0
GATEWAY=192.168.1.254
ONBOOT=yes TYPE=Ethernet
```

上述配置文件中各项的具体含义如下。

- DEVICE：表示当前网卡设备的设备名称。
- BOOTPROTO： 获取 IP 设置的方式，取值为 static、bootp 或 dhcp。
- BROADCAST：广播地址。

- HWADDR：该网络设备的 MAC 地址。
- IPADDR：该网络设备的 IP 地址。
- NETMASK：该网络设备的子网掩码。
- NETWORK：该网络设备所处网络的网络地址。
- GATEWAY：网卡的网关地址。
- ONBOOT：设置系统启动时是否启动该设备，取值为 yes 或 no。
- TYPE：该网络设备的类型。

例如，为上述 eth0 网卡再绑定一个 IP 地址 192.168.1.3。则绑定方法为

```
[root@RHEL6 ~]# cd /etc/sysconfig/network-scripts/; cp ifcfg-eth0 ifcfg-eth0:1;
vi ifcfg-eth0:1
DEVICE=eth0:1                                //此处应修改设备名称为 eth0:1
BOOTPROTO=static
BROADCAST=192.168.1.255
HWADDR=00:0C:29:FA:AD:85
IPADDR=192.168.1.3                           //此处设置为指定的 IP 地址
NETMASK=255.255.255.0
GATEWAY=192.168.1.254
ONBOOT=yes
TYPE=Ethernet
```

6.1.3 子任务 3 详解/etc/hosts

/etc/hosts 文件是早期实现静态域名解析的一种方法，该文件中存储 IP 地址和主机名的静态映射关系。用于本地名称解析，是 DNS 的前身。利用该文件进行名称解析时，系统会直接读取该文件中的 IP 地址和主机名的对应记录。文件中以“#”开始的行是注释行，其余各行，每行一条记录，IP 地址在左，主机名在右，主机名部分可以设置主机名和主机全域名。该文件的默认内容如下所示：

```
[root@RHEL6 etc]# cat /etc/hosts
127.0.0.1  localhost localhost.localdomain localhost4 localhost4.localdomain4
```

例如，要实现主机名称 Server1 和 IP 地址 192.168.1.2 的映射关系，则只需在该文件中添加如下一行即可。

```
192.168.1.2            Server1
```

6.1.4 子任务 4 详解/etc/resolv.conf

/etc/resolv.conf 文件是 DNS 客户端用于指定系统所用的 DNS 服务器的 IP 地址。在该文件中除了可以指定 DNS 服务器外，还可以设置当前主机所在的域以及 DNS 搜寻路径等。

```
[root@RHEL6 etc]# cat /etc/resolv.conf
nameserver 192.168.0.5
nameserver 192.168.0.9
nameserver 192.168.0.1
search jw.com
domain jw.com
```

- nameserver：设置 DNS 服务器的 IP 地址。可以设置多个名称服务器，客户端在进行域名解析时会按顺序使用。
- search：设置 DNS 搜寻路径，即在进行不完全域名解析时，默认的附加域名后缀。
- domain：设置计算机的本地域名。

6.1.5 子任务 5 详解/etc/host.conf

/etc/host.conf 文件用来指定如何进行域名解析，该文件的内容通常包含以下几行。

- order：设置主机名解析的可用方法及顺序。可用方法包括 hosts（利用/etc/hosts 文件进行解析）、bind（利用 DNS 服务器解析）、NIS（利用网络信息服务器解析）。
- multi：设置是否从/etc/hosts 文件中返回主机的多个 IP 地址，取值为 on 或者 off。
- nospoof：取值为 on 或者 off。当设置为 on 时系统会启用对主机名的欺骗保护以提高 rlogin、rsh 等程序的安全性。

下面是一个/etc/host.conf 文件的实例：

```
[root@RHEL6 etc]# cat /etc/host.conf
order hosts,bind
```

上述文件内容设置主机名称解析的顺序为先利用/etc/hosts 进行静态名称解析，再利用 DNS 服务器进行动态域名解析。

6.1.6 子任务 6 详解/etc/services

/etc/services 文件用于保存各种网络服务名称与该网络服务所使用的协议及默认端口号的映射关系。该文件内容较多，以下是该文件的部分内容：

```
ssh             22/tcp                          # SSH Remote Login Protocol
ssh             22/udp                          # SSH Remote Login Protocol
telnet          23/tcp
telnet          23/udp
```

6.2 任务 2 熟练使用常用的网络配置命令

6.2.1 子任务 1 配置主机名

确保主机名在网络中是唯一的，否则通信会受到影响，建议设置主机名时要有规则地进行设置（比如按照主机功能进行划分）。

（1）打开 Linux 的虚拟终端，使用 vim 编辑/etc/hosts 文件，修改主机名 localhost 为 RHEL6。修改后效果如图 6-1 所示。

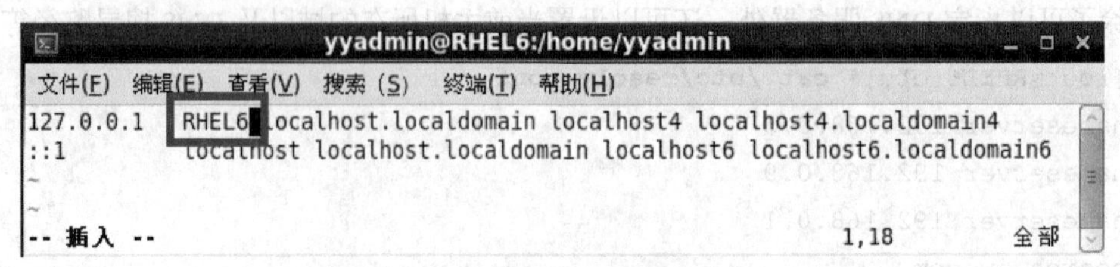

图 6-1 修改主机名后的效果

（2）通过编辑/etc/sysconfig/network 文件中的 HOST NAME 字段修改主机名。

```
NETWORKING=yes
NETWORKING_ipv6=no
HOSTNAME=rhel6.localdomain
GATEWAY=192.168.0.254
```

我们修改主机名为 RHEL6。

注意

如果 hosts 里没有设置本地解析就可以不管，修改主机名后需要重启系统生效。

我们设置完主机名生效后，可以使用 hostname 查看当前主机名称。

```
[root@rhel6 ~]# hostname
RHEL6
```

（3）可以使用两个简单的命令临时设置主机名。

① 最常用的是使用 hostname 来设置，格式：

```
hostname 主机名
```

② 使用 sysctl 命令修改内核参数，格式：

```
sysctl kernel.hostname=主机名
```

这样两个设置是临时的，重启系统后设置失效。

6.2.2 子任务 2 使用 ifconfig 配置 IP 地址及辅助 IP 地址

大多数 Linux 发行版都会内置一些命令来配置网络，而 ifconfig 是最常用的命令之一。它通常用来设置 IP 地址和子网掩码以及查看网卡相关配置。

1. 配置 IP 地址

格式：

```
ifconfig 网卡名 ip 地址 netmask 子网掩码
```

我们使用 ifconfig 命令来设置 IP 地址，修改 IP 地址为 192.168.0.168。

```
[root@rhel6 ~]#ifconfig eth0 192.168.0.168  netmask  255.255.255.0
```

直接使用 ifconfig 命令可以查看网卡配置信息，如 IP 地址、MAC 地址、收发数据包情况等，以此可以查看修改是否成功，如图 6-2 所示。

执行命令后，ifconfig 命令会显示所有激活网卡的信息，其中 eth0 为物理网卡，lo 为回环测试接口。每块网卡的详细情况通过标志位表示。

2. 配置虚拟网卡 IP 地址

在实际工作中，可能会出现一块网卡需要拥有多个 IP 地址的情况，可以通过设置虚拟网卡来实现。

命令格式：

```
ifconfig 网卡名：虚拟网卡 ID IP 地址 netmask 子网掩码
```

为第 1 块网卡 eth0 设置一个虚拟网卡，IP 地址为 192.168.0.208，子网掩码为 255.255.255.0，如果不设置 netmask，则使用默认的子网掩码。

```
[root@rhel6 ~]#ifconfig eth0:1 192.168.0.208 netmask  255.255.255.0
```

```
root@RHEL6:~/桌面
文件(F) 编辑(E) 查看(V) 搜索(S) 终端(T) 帮助(H)
弹出环回接口：                                          [确定]
[root@RHEL6 桌面]# ifconfig
eth0      Link encap:Ethernet  HWaddr 00:0C:29:44:07:17
          inet addr:192.168.1.123  Bcast:192.168.1.255  Mask:255.255.255.0
          inet6 addr: fe80::20c:29ff:fe44:717/64 Scope:Link
          UP BROADCAST RUNNING MULTICAST  MTU:1500  Metric:1
          RX packets:110 errors:0 dropped:0 overruns:0 frame:0
          TX packets:6 errors:0 dropped:0 overruns:0 carrier:0
          collisions:0 txqueuelen:1000
          RX bytes:21966 (21.4 KiB)  TX bytes:468 (468.0 b)

lo        Link encap:Local Loopback
          inet addr:127.0.0.1  Mask:255.0.0.0
          inet6 addr: ::1/128 Scope:Host
          UP LOOPBACK RUNNING  MTU:16436  Metric:1
          RX packets:34 errors:0 dropped:0 overruns:0 frame:0
          TX packets:34 errors:0 dropped:0 overruns:0 carrier:0
          collisions:0 txqueuelen:0
          RX bytes:2018 (1.9 KiB)  TX bytes:2018 (1.9 KiB)

[root@RHEL6 桌面]#
```

图 6-2　使用 ifconfig 命令可以查看网卡配置信息

6.2.3　子任务 3　禁用和启用网卡

（1）对于网卡的禁用和启用，依然可以使用 ifconfig 命令。

命令格式：

```
ifconfig 网卡名称 down                #禁用网卡
ifconfig 网卡名称 up                  #启用网卡
```

使用 ifconfig eth0 down 命令后，在 Linux 主机上还可以 ping 通 eth0 的 IP 地址，但是在其他主机上就 ping 不通 eth0 地址了。

使用 ifconfig eth0 up 命令后启用 eth0 网卡。

（2）使用 ifdown eth0 和 ifup 命令也可以实现禁用和启用网卡的效果。

命令格式：

```
ifdown 网卡名称                       #禁用网卡
ifup   网卡名称                       #启用网卡
```

如果使用 ifdown eth0 禁用 eth0 网卡，在 Linux 主机上也不能 ping 通 eth0 的 IP 地址。

6.2.4　子任务 4　更改网卡 MAC 地址

MAC 地址也叫物理地址或者硬件地址。它是全球唯一的地址，由网络设备制造商生产时写在网卡内部。MAC 地址的长度为 48 位（6 个字节），通常表示为 12 个 16 进制数，每两个十六进制数之间用冒号隔开，比如 00:0C:29:EC:FD:83 就是一个 MAC 地址。其中前 6 位十六进制数 00:0C:29 代表网络硬件制造商的编号，它由 IEEE（电气电子工程师学会）分配，而后 3 位 16 进制数 EC:FD:83 代表该制造商所制造的某个网络产品（如网卡）的系列号。

更改网卡 MAC 地址时，需要先禁用该网卡，然后使用 ifconfig 命令进行修改。

命令格式：

```
ifconfig 网卡名 hw ether MAC 地址
```

将 eth0 网卡的 MAC 地址修改为 00:11:22:33:44:55。

```
[root@rhel5 ~]# ifdown eth0
[root@rhel5 ~]# ifconfig eth0 hw ether 00:11:22:33:44:55
```

通过 ifconfig 命令可以看到 eth0 的 MAC 地址已经被修改成 00:11:22:33:44:55 了。

（1）如果我们不先禁用网卡会发现提示错误，修改不生效。（2）ifconfig 命令修改 IP 地址和 MAC 地址都是临时生效的，重新启动系统后设置失效。我们可以通过修改网卡配置文件使其永久生效。具体可以参看后面的网卡配置文件。

6.2.5　子任务 5　使用 route 命令

route 命令可以说是 ifconfig 命令的黄金搭档，也像 ifconfig 命令一样几乎所有的 Linux 发行版都可以使用该命令。route 通常用来进行路由设置。比如添加或者删除路由条目以及查看路由信息，当然也可以设置默认网关。

（1）route 命令设置网关

route 命令格式：

```
route add default gw ip 地址                    #添加默认网关
route del default gw ip 地址                    #删除默认网关
```

我们把 Linux 主机的默认网关设置为 192.168.1.254，设置好后可以使用 route 命令查看网关及路由情况，如图 6-3 所示。

```
root@RHEL6:~/桌面
文件(F)  编辑(E)  查看(V)  搜索 (S)  终端(T)  帮助(H)
[root@RHEL6 桌面]# route add default gw 192.168.1.254
[root@RHEL6 桌面]# route
Kernel IP routing table
Destination     Gateway         Genmask         Flags Metric Ref    Use Iface
192.168.1.0     *               255.255.255.0   U     0      0        0 eth0
default         192.168.1.254   0.0.0.0         UG    0      0        0 eth0
[root@RHEL6 桌面]#
```

图 6-3　设置网关

在图 1-40 中，Flags 用来描述该条路由条目的相关信息，如是否活跃，是否为网关等，U 表示该条路由条目为活跃，G 表示该条路由条目要涉及网关。

route 命令设置网关也是临时生效的，重启系统后失效。

（2）查看本机路由表信息

```
[root@RHEL6 ~]# route
Kernel IP routing table
Destination    Gateway         Genmask          Flags  Metric  Ref    Use  Iface
192.168.1.0    *               255.255.255.0    U      0       0        0  eth0
169.254.0.0    *               255.255.0.0      U      0       0        0  eth0
default        192.168.1.254   0.0.0.0          UG     0       0        0  eth0
```

上面输出路由表中，各项信息的含义如下。

- Destination：目标网络 IP 地址，可以是一个网络地址也可以是一个主机地址。
- Gateway：网关地址，即该路由条目中下一跳的路由器 IP 地址。

- Genmask：路由项的子网掩码，与 Destination 信息进行“与”运算得出目标地址。
- Flags：路由标志。其中 U 表示路由项是活动的，H 表示目标是单个主机，G 表示使用网关，R 表示对动态路由进行复位，D 表示路由项是动态安装的，M 表示动态修改路由，! 表示拒绝路由。
- Metric：路由开销值，用以衡量路径的代价。
- Ref：依赖于本路由的其他路由条目。
- Use：该路由项被使用的次数。
- Iface：该路由项发送数据包使用的网络接口。

（3）添加/删除路由条目

在路由表中添加路由条目，其命令语法格式为

```
route add -net/host 网络/主机地址  netmask 子网掩码 [dev 网络设备名] [gw 网关]
```

在路由表中删除路由条目，其命令语法格式为

```
route del -net/host 网络/主机地址  netmask
```

下面是几个配置实例。

① 添加到达目标网络 192.168.1.0/24 的网络路由，经由 eth1 网络接口，并由路由器 192.168.2.254 转发。（命令一行写不下，可以使用转义符。）

```
[root@RHEL6 ~]# route add -net 192.168.1.0 netmask 255.255.255.0\
           >gw 192.168.2.254 dev eth1
```

② 添加到达 192.168.1.10 的主机路由，经由 eth1 网络接口，并由路由器 192.168.2.254 转发。

```
[root@RHEL6 ~]# route add -host 192.168.1.10 gw 192.168.2.254 dev eth1
```

③ 删除到达目标网络 192.168.1.0/24 的路由条目。

```
[root@RHEL6 ~]# route del -net 192.168.1.0 netmask 255.255.255.0
```

④ 删除到达主机 192.168.1.10 的路由条目。

```
[root@RHEL6 ~]# route del -host 192.168.1.10
```

注意

如果添加/删除的是主机路由，不需要子网掩码 netmask。

6.2.6 子任务 6 网卡配置文件

在更改网卡 MAC 地址时我们说过，ifconfig 设置 IP 地址和修改网卡的 MAC 地址以及后面的 route 设置路由和网关时，配置都是临时生效的。也就是说，在我们重启系统后配置都会失效。怎么解决这个问题来让我们的配置永久生效呢？这里我们就要直接编辑网卡的配置文件，通过参数来配置网卡，让配置永久生效。网卡配置文件位于/etc/sysconfig/network-scripts/目录下。

每块网卡都有一个单独的配置文件，可以通过文件名来找到每块网卡对应的配置文件。例如：ifcfg-eth0 就是 eth0 这块网卡的配置文件。我们来编辑/etc/sysconfig/network-scripts/ifcfg-eth0 文件进行配置查看效果。如图 6-4 所示。

```
[root@RHEL6 ~]# vim /etc/sysconfig/network-scripts/ifcfg-eth0
```

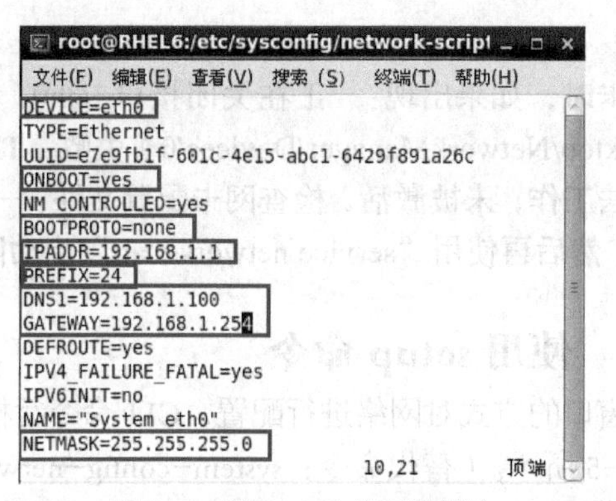

图 6-4 网卡 eht0 的配置效果

```
[root@rhel5 ~]# vim ifcfg-eth0
```

每个网卡配置文件都存储了网卡的状态，每一行代表一个参数值。系统启动时通过读取该文件所记录的情况来配置网卡。常见的参数解释如表 6-1 所示。

表 6-1 网卡配置文件常参数

参 数	注 解	默认值	是否可省略
DEVICE	指定网卡名称	无	不能
BOOTPROTO	指定启动方式 static:表示使用静态 IP 地址 boot/dhcp:表示通过 BOOTP 或 DHCP 自动获得 IP 地址	static	可以
HWADDR	指定网卡的 MAC 地址	无	可以
BROADCAST	指定广播地址	通过 IP 地址和子网掩码自动计算得到	可以
IPADDR	指定 IP 地址	无	可以 当 BOOTPROTO=static 时不能省略
NETMASK	指定子网掩码	无	可以 当 BOOTPROTO=static 时不能省略
NETWORK	指定网络地址	通过 IP 地址和子网掩码自动计算得到	可以
ONBOOT	指定在启动 network 服务时，是否启用该网卡	yes	可以
GATEWAY	指定网关	无	可以

修改过网卡配置文件后，需要重新启动 network 服务或重新启用设置过的网卡，使配置生效。

重启网卡时，如果出现："正在关闭接口 eth0： 错误：断开设备'eth0'（/org/freedesktop/NetworkManager/Devices/0）失败：This device isnot active。"说明网卡没法工作，未被激活，检查网卡配置文件，一定保证"ONBOOT"的值是"yes"。然后再使用"service network start"启动网卡即可。

6.2.7　子任务 7　使用 setup 命令

RHEL6 支持以文本窗口的方式对网络进行配置，CLI 命令行模式下使用 setup 命令就可以进入文本窗口，如图 6-5 所示。（替代命令：system-config-network。）

```
[root@RHEL6 ~]# setup
```

用"Tab" / "Alt" + "Tab"在元素间进行切换，选择"网络配置"选项，按回车键确认进入配置界面。可以对主机上的网卡 eth0 进行配置，界面简明易了，不再详述。

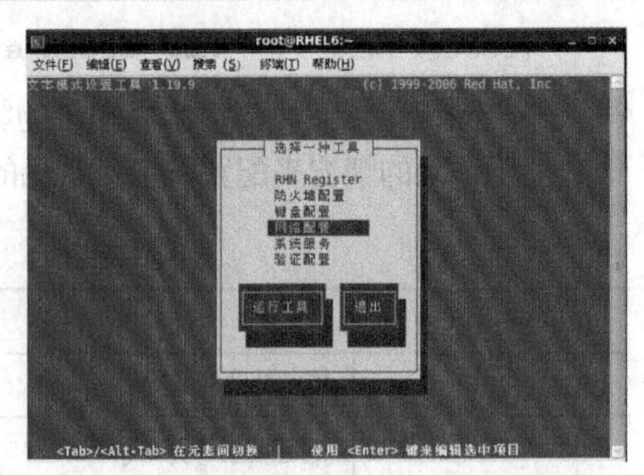

图 6-5　在文本窗口模式下对网络进行配置

6.2.8　子任务 8　图形界面配置工具

在 Red Hat Enterprise Linux 6 中图形化的网络配置，是在桌面环境下的主菜单中选择"系统"→"首选项"→"网络连接"命令，打开 "网络配置"对话框，选中"System eth0"，然后点"编辑"，可以给 eth0 配置静态 IP 地址、子网掩码、网关、DNS 等，如图 6-6 所示。

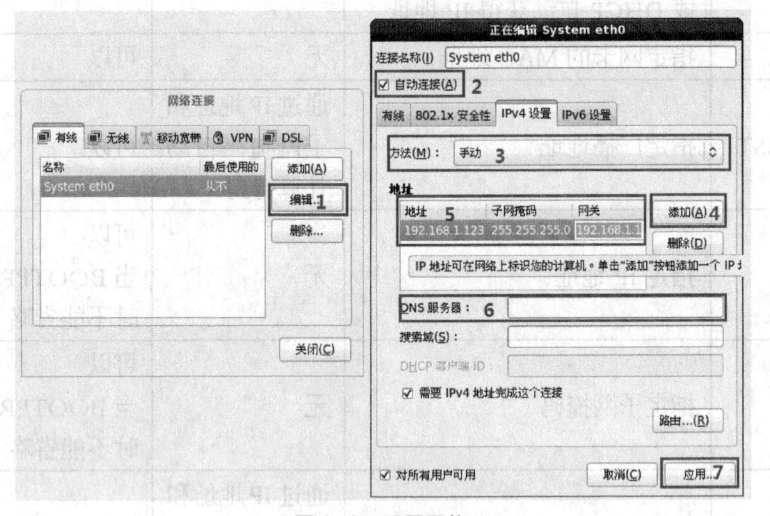

图 6-6　配置网络

6.2.9　子任务 9　修改 resolv.conf 设置 DNS

Linux 中设置 DNS 客户端时可以直接编辑/etc/resolv.conf，然后使用 nameserver 参数来指定 DNS 服务器的 IP 地址。

```
[root@RHEL6 ~]#vim /etc/resolv.conf
search  RHEL6-1
nameserver  192.168.0.1
```

192.168.0.1 是首选 DNS 服务器地址，如果下面还有 nameserver 字段则为备用 DNS 地址，也可以指定更多的 DNS 服务器地址在下面，当指定的 DNS 服务器超过 3 台时，只有前 3 台 DNS 服务器地址是有效的。客户端在向服务器发送查询请求时，会按照文件中的顺序依次发送，当第 1 台 DNS 服务器没有响应时，就会去尝试向下一台 DNS 服务器查询，直到发送到最后一台 DNS 服务器为止。所以建议将速度最快、稳定性最高的 DNS 服务器设置在最前面，以确保查询不会超时。

6.2.10　子任务 10　使用 service

/etc/service 是一个脚本文件，利用 service 命令可以检查指定网络服务的状态，启动、停止或者重新启动指定的网络服务。/etc/service 通过检查/etc/init.d 目录中的一系列脚本文件来识别服务名称，否则会显示该服务未被认可。service 命令的语法格式如下：

```
service 服务名 start/stop/status/restart/reload
```

例如，要重新启动 network 服务，则命令及运行结果如下所示：

```
[root@RHEL6 ~]# service network restart
```

注意

利用 service 命令中的“服务名”只能是独立守护进程不能是被动守护进程。

6.3　任务 3　熟练使用常用的网络测试工具

6.3.1　子任务 1　使用 ping 命令检测网络状况

ping 命令可以测试网络连通性，在网络维护时使用非常广泛，在网络出现问题后，我们通常第一步使用 ping 测试网络的连通性，ping 命令使用 ICMP 协议，发送请求数据包到其他主机，然后接受对方的响应数据包，获取网络状况信息。我们可以根据返回的不同信息，判断可以出现的问题。ping 命令格式：

```
ping 可选项 IP 地址或主机名
```

ping 命令支持大量可选项，表 6-2 所示为 ping 命令的功能选项说明。

表 6-2　ping 命令的各项功能选项说明

选项	说　明	选项	说　明
-c	<完成次数> 设置完成要求回应的次数	-R	记录路由过程
-s	<数据包大小> 设置数据包的大小	-q	不显示指令执行过程，开头和结尾的相关信息除外
-i	<间隔秒数> 指定收发信息的间隔时间	-r	忽略普通的路由表，直接将数据包送到远端主机上
-f	极限检测	-t	<存活数值> 设置存活数值 TTL 的大小
-I	<网络界面> 使用指定的网络界面送出数据包	-v	详细显示指令的执行过程

续表

选项	说　明	选项	说　明
-n	只输出数值	-l	<前置载入> 设置在送出要求信息之前，先行发出的数据包
-p	<范本样式> 设置填满数据包的范本样式		

使用 ping 命令简单测试一下网络的连通性，如图 6-7 所示。

向 IP 地址为 192.168.0.3 的主机发送请求后，192.168.0.3 主机以 64 字节的数据包回应，说明两节点间的网络可以正常连接。每条返回信息会表示响应的数据包的情况。

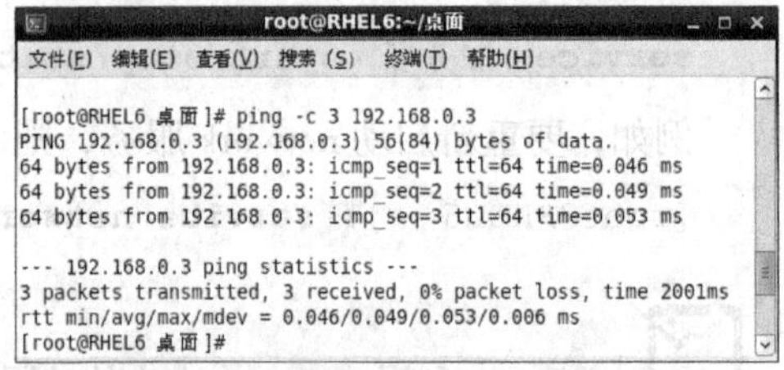

图 6-7　使用 ping 命令测试网络连通性

- icmp_seq：数据包的序号，从 1 开始递增。
- ttl：Time To Live，生存周期。
- time：数据包的响应时间，即发送请求数据包到接收响应数据包的整个时间，该时间越短说明网络的延时越小，速度越快。

在 ping 命令终止后，会在下方出现统计信息，显示发送及接收的数据包、丢包率及响应时间，其中丢包率越低，说明网络状况越良好、越稳定。

注意

Linux 与 Windows 不同，默认不使用任何参数，ping 命令会不断发送请求数据包，并从对方主机获得响应信息，如果测试完毕可以使用 Ctrl+C 组合键终止，或者使用参数-c 设置指定发送数据包的个数。

6.3.2　子任务 2　使用 netstat 命令

netstat（network statistics）主要用于检测主机的网络配置和状况，可以查看显示网络连接（进站和出站）、系统路由表、网络接口状态。netstat 支持 UNIX、Linux 及 Windows 系统，功能非常强大。netstat 命令格式：

```
netstat [可选项]
```

netstat 常用的可选项如表 6-3 所示。

表 6-3　netstat 常用的可选项

选项	说　明	选项	说　明
-r 或--route	显示路由表	-i 或--interfaces	显示网络界面信息表单
-a 或--all	显示所有连接信息	-l 或--listening	显示监控中的服务器的 Socket
-t 或--tcp	显示 TCP 传输协议的连接状况	-n 或--numeric	使用数字方式显示地址和端口号
-u 或--udp	显示 UDP 传输协议的连接状况	-p 或--programs	显示正在使用 Socket 的程序识别码和程序名称
-c 或--continuous	持续列出网络状态，监控连接情况	-s 或--statistice	显示网络工作信息统计表

（1）查看端口信息

网络上的主机通信时必须具有唯一的 IP 地址以表示自己的身份，计算机通信时使用 TCP/IP 协议栈的端口，主机使用“IP 地址：端口”与其他主机建立连接并进行通信。计算机通信时使用的端口从 0～65 535，共有 65 536 个，数量非常多，对于一台计算机，可能同时使用很多协议，为了表示它们，相关组织为每个协议分配了端口号，比如 HTTP 的端口号为 80，SMTP 的端口号为 25，TELNET 的端口号为 23 等。网络协议就是网络中传递、管理信息的一些规范，计算机之间的相互通信需要共同遵守一定的规则，这些规则就称为网络协议。

使用 netstat 命令以数字方式查看所有 TCP 连接情况，命令及显示效果如图 6-8 所示。

```
root@RHEL6:~/桌面
文件(F) 编辑(E) 查看(V) 搜索 (S) 终端(T) 帮助(H)
[root@RHEL6 桌面]# netstat -atn
Active Internet connections (servers and established)
Proto Recv-Q Send-Q Local Address          Foreign Address        State
tcp        0      0 0.0.0.0:111            0.0.0.0:*              LISTEN
tcp        0      0 192.168.0.3:53         0.0.0.0:*              LISTEN
tcp        0      0 218.29.30.31:53        0.0.0.0:*              LISTEN
tcp        0      0 127.0.0.1:53           0.0.0.0:*              LISTEN
tcp        0      0 0.0.0.0:22             0.0.0.0:*              LISTEN
tcp        0      0 127.0.0.1:631          0.0.0.0:*              LISTEN
tcp        0      0 0.0.0.0:25             0.0.0.0:*              LISTEN
tcp        0      0 127.0.0.1:953          0.0.0.0:*              LISTEN
tcp        0      0 0.0.0.0:45914          0.0.0.0:*              LISTEN
tcp        0      0 :::45839               :::*                   LISTEN
tcp        0      0 :::111                 :::*                   LISTEN
```

图 6-8 netstat 命令测试

选项中-a 表示显示所有连接。

- Proto：协议类型，因为使用-t 选项，这里就只显示 TCP 了，要显示 UDP 可以使用-u 选项，不设置则显示所有协议。
- Local Address：本地地址，默认显示主机名和服务名称，使用选项-n 后显示主机的 IP 地址及端口号。
- Foreign Address：远程地址，与本机连接的主机，默认显示主机名和服务名称，使用选项-n 后显示主机的 IP 地址及端口号。
- State：连接状态，常见的有以下几种。

① LISTEN 表示监听状态，等待接收入站的请求。

② ESTABLISHED 表示本机已经与其他主机建立好连接。

③ TIME_WAIT 等待足够的时间以确保远程 TCP 接收到连接中断请求的确认。

（2）查看路由表

netstat 使用-r 参数，可以显示当前主机的路由表信息。

（3）查看网络接口状态

灵活运用 netstat 命令，还可以监控主机网络接口的统计信息，显示数据包发送和接收情况。如图 6-9 所示。

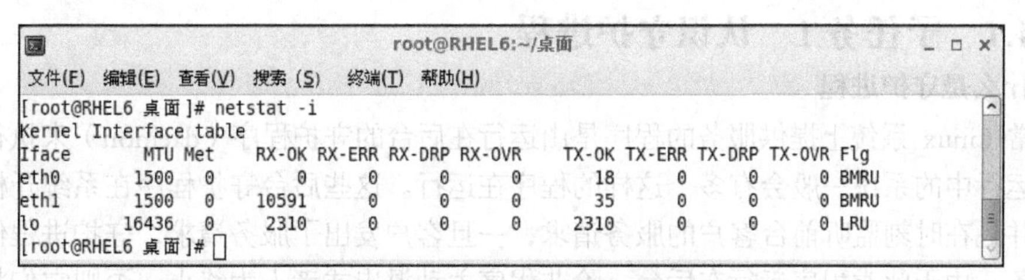

图 6-9 监控主机网络接口的统计信息

- MTU 字段：表示最大传输单元，即网络接口传输数据包的最大值。
- Met 字段：表示度量值，数值越小优先级越高。
- RX-OK/TX-OK：分别表示接收、发送的数据包数量。
- RX-ERR/TX-ERR：表示接收、发送的错误数据包数量。
- RX-DRP/TX-DRP：表示丢弃的数量。
- RX-OVR/TX-OVR：表示丢失的数据包数量。
- 通过这些数据可以查看主机各接口连接网络的情况。

6.3.3 子任务 3 使用 traceroute 命令

该命令用于实现路由跟踪。例如：

```
[root@RHEL6 ~]#traceroute www.sina.com.cn
traceroute to jupiter.sina.com.cn (218.57.9.53), 30 hops max, 38 byte packets
1 60.208.208.1 4.297 ms 1.366 ms 1.286 ms
2 124.128.40.149 1.602 ms 1.415 ms 1.996 ms
3 60.215.131.105 1.496 ms 1.470 ms 1.627 ms
4 60.215.131.154 1.657 ms 1.861 ms 3.198 ms
5 218.57.8.234 1.736 ms 218.57.8.222 4.349 ms 1.751 ms
6 60.215.128.9*** 1.523 ms 1.550 ms 1.516 ms
```

该命令输出中的每一行代表一个段，利用该命令可以跟踪从当前主机到达目标主机所经过的路径，如果目标主机无法到达，也很容易分析出问题所在。

6.3.4 子任务 4 使用 arp 命令

可以使用 arp 命令配置并查看 Linux 系统的 arp 缓存。包括查看 arp 缓存、删除某个缓存条目、添加新的 IP 地址和 MAC 地址的映射关系。

例如：

```
//查看 arp 缓存
[root@RHEL6 ~]# arp
//添加 IP 地址 192.168.1.1 和 MAC 地址 00:14:22:AC:15:94 的映射关系
[root@RHEL6 ~]# arp -s 192.168.1.1 00:14:22:AC:15:94
//删除 IP 地址和 MAC 地址对应的缓存记录
[root@RHEL6 ~]# arp -d 192.168.1.1
```

6.4 任务 4 理解守护进程和 xinetd

本节重点介绍守护进程、xinetd 配置和守护进程管理工具。

6.4.1 子任务 1 认识守护进程

1. 什么是守护进程

通常 Linux 系统上提供服务的程序是由运行在后台的守护程序（daemon）来执行的。一个实际运行中的系统一般会有多个这样的程序在运行。这些后台守护程序在系统开机后就运行了，并且在时刻监听前台客户的服务请求，一旦客户发出了服务请求，守护进程便为它们提供服务。由于此类程序运行在后台，除非程序主动退出或者人为终止，否则它们将一直运行下去直至系统关闭。所以，将此类提供服务功能的程序称为守护进程。

2. 查看系统当前运行的守护进程

查看系统的守护进程可以使用 pstree 命令。pstree 命令以树形结构显示系统中运行的进程。利用此命令用户可以清楚地看到各个进程之间的父子关系。由于内容较多，以下是部分内容：

```
[root@RHEL6 ~]# pstree
init-+-acpid
     |-atd
     |-crond
     |-khubd
     |-metacity
     |-nmbd
（略）
```

3. 守护进程工作原理

网络程序之间的连接是通过端口之间的连接而实现的。在 C/S 模型中，服务器监听（Listen）在一个特定的端口上等待客户的连接。连接成功之后客户机与服务器通过端口进行数据通信。守护进程的工作就是打开一个端口，并且等待（Listen）进入的连接。如果客户提请了一个连接，守护进程就创建（fork）子进程来响应此连接，而父进程继续监听更多的服务请求。正因为如此，每个守护进程都可以处理多个客户服务请求。

4. 守护进程的分类

按照服务类型分为以下几类。

- 系统守护进程：如 syslogd、login、crond、at 等。
- 网络守护进程：如 sendmail、httpd、xinetd 等。

按照启动方式分为以下几类。

- 独立启动的守护进程：如 httpd、named、xinetd 等。
- 被动守护进程（由 xinetd 启动）：如 telnet、finger、ktalk 等。

5. xinetd

从守护进程的概念可以看出，对于系统所要提供的每一种服务，都必须运行一个监听某个端口连接发生的守护程序，这通常造成系统资源的浪费。为了解决这个问题，引入了“网络守护进程服务程序（超级服务器）”的概念。几乎所有的 UNIX 类系统都运行了一个“网络守护进程服务程序”，它为许多服务创建套接字（Socket），并且使用 Socket 系统调用同时监听所有这些端口。当远程系统请求一个服务时，网络守护进程服务程序监听到这个请求并且会产生该端口的服务器程序为客户提供服务。

Red Hat Enterprise Linux 6 使用的网络守护进程服务程序是 xinetd。xinetd 同时监听着它所管理的服务的所有端口，当有客户提出服务请求时，它会判断这是对哪个服务的请求，然后再开启此服务的守护进程，由该守护进程处理客户的请求。因此 xinetd 也被称为超级服务器。

6.4.2 子任务 2 配置 xinetd

几乎所有的服务程序都可以由 xinetd 来启动，而具体提供哪些服务由/etc/services 文件指出。以下是/etc/services 文件的部分内容：

```
[root@RHEL6 xinetd.d]# cat /etc/services
ssh             22/tcp                          # SSH Remote Login Protocol
```

```
ssh             22/udp              # SSH Remote Login Protocol
（略）
```

该文件说明了 xinetd 可提供服务的端口号和名字，在实际启动相应的守护进程时则需要另外的配置文件/etc/xinetd.conf 和/etc/xinetd.d/*。

1. 配置/etc/xinetd.conf

/etc/xinetd.conf 文件本身并没有记录所有的服务配置，而是把每一个服务的配置写进一个相应的文件，把这些文件保存在/etc/xinetd.d 目录下，在/etc/xinetd.conf文件中利用includedir把这些文件包含进来。

```
[root@RHEL6 xinetd.d]# cat /etc/xinetd.conf
defaults
{
       instances              = 60
       log_type               = SYSLOG authpriv
       log_on_success          = HOST PID
       log_on_failure          = HOST
}
includedir /etc/xinetd.d
```

在/etc/xinetd.conf 文件中使用 defaults{ }项为所有的服务指定缺省值，其中各项含义如下。

- instances：表示 xinetd 同时可以运行的最大进程数。
- log_type：设置指定使用 syslogd 进行服务登记。
- log_on_success：设置指定成功时，登记客户机 IP 地址和进程的 PID。
- log_on_failure：设置指定失败时，登记客户机 IP 地址。
- includedir：指定由 xinetd 监听的服务配置文件在/etc/xinetd.d 目录下，并将其加载。

2. 配置/etc/xinetd.d/*

/etc/xinetd.d 目录下存放的都是由 xinetd 监听的服务的配置文件，配置文件名一般为服务的标准名称。例如 telnet 服务的配置文件的名称为 telnet，服务的配置文件内容为

```
[root@RHEL6 xinetd.d]# cat /etc/xinetd.d/telnet
# default: on
# description: The telnet server serves telnet sessions; it uses \
#unencrypted username/password pairs for authentication.
service telnet
{
  flags             = REUSE
  socket_type       = stream
  wait              = no
  user              = root
  server            = /usr/sbin/in.telnetd
  log_on_failure    += USERID
  disable           = yes
}
```

第四行定义了服务的名称，下面几行是启动配置，具体含义如下。

- flags：此服务的旗标。有多种，例如 INTERCEPT、NORETRY 等。

- socket_type：该服务的数据封包类型，如 stream、dgram 等。
- wait：取值如果为 no，服务进程启动后，如果有新用户提出服务请求，系统会在对前面的用户服务结束后再接受新用户的请求；取值如果为 yes，则可以同时处理多个用户请求。
- user：执行此服务进程的用户，通常为 root。
- server：执行服务程序的路径和文件名。
- log_on_failure：把失败的登录记录到日志中。
- disable：取值为 no，启动服务；取值为 yes，禁用服务。

/etc/xinetd.d 目录下每种服务所包含的内容不尽相同，一般来说取默认设置就可以了。只需把 disable 的值设置为 no，就可以启动相应的服务了。在修改好服务配置文件后，需重新启动 xinetd 守护进程使配置生效。

6.4.3 子任务 3 使用守护进程管理工具

1. 命令行界面（CLI）工具

（1）service

使用 service 命令可以查看当前系统中的所有服务和守护进程的运行状态，以及启动和停止指定的守护进程等。

例如，查看系统中所有守护进程的状态，可以使用命令：

```
[root@RHEL6 xinetd.d]# service --status-all
```

查看、启动、停止、重新启动某个守护进程可以使用命令：

```
[root@RHEL6 xinetd.d]# service 进程名 status/start/stop/restart
```

注意

① 利用 service 命令执行后立即生效，无需重新启动系统。② 对于被动守护进程的启动，应先编辑/etc/xinetd.d 目录下的配置文件，修改好后，应利用 service 命令重新启动 xinetd 服务才能使设置生效。

（2）chkconfig

可以使用 chkconfig 命令检查、设置系统的各种服务。此命令通过操控/etc/rc[0−6].d 目录下的符号链接文件对系统的各种服务进行管理。

chkconfig 命令的语法格式为

- chkconfig --list [servername]
- chkconfig --add/del servername
- chkconfig [--level levels] servername <on/off/reset>

以下是一些具体的应用实例：

```
//查看系统的服务启动设置情况
[root@RHEL6 ~]# chkconfig --list

//查看指定的服务在当前运行级别的运行状态
[root@RHEL6 ~]# chkconfig httpd

//添加一个由 chkconfig 管理的服务
```

```
[root@RHEL6 ~]# chkconfig --add httpd
//更改指定服务在指定运行级别的运行状态
[root@RHEL6 ~]# chkconfig --level 35 httpd on
```

2. 文本用户界面（TUI）工具

ntsysv 是一个用于管理每次开机自动运行的守护进程的文本用户界面工具。

在命令提示符下输入 ntsysv，会进入如图 6-10 所示的界面。

可以使用上下方向键移动光标选择操作对象，使用空格键激活或者终止服务（相应服务中有*号为激活）。另外可以在选中操作对象后按 F1 键获得该服务的帮助信息。设置结束，按 Tab 键，选中“确定”按钮结束操作，在下次启动系统时，设置生效。

3. 图形用户界面（GUI）工具

在 Red Hat Enterprise Linux 6.4 的图形界面下，可以依次单击系统主菜单中的“系统” | “管理” | “服务”，打开“服务配置”对话框，如图 6-11 所示。在该对话框中，选择相应的服务进行设置，在此不再赘述。

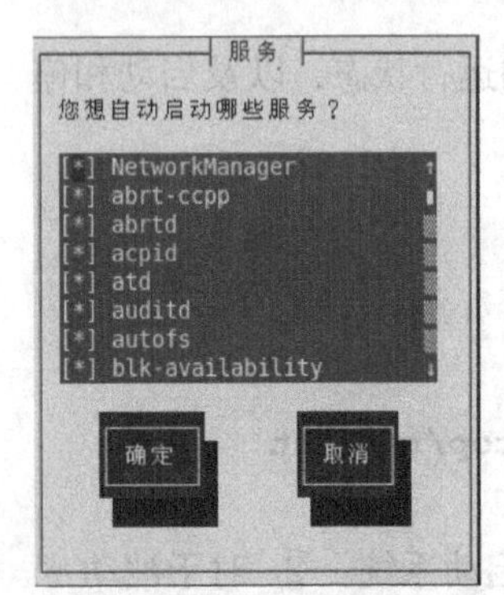

图 6-10　ntsysv 配置界面

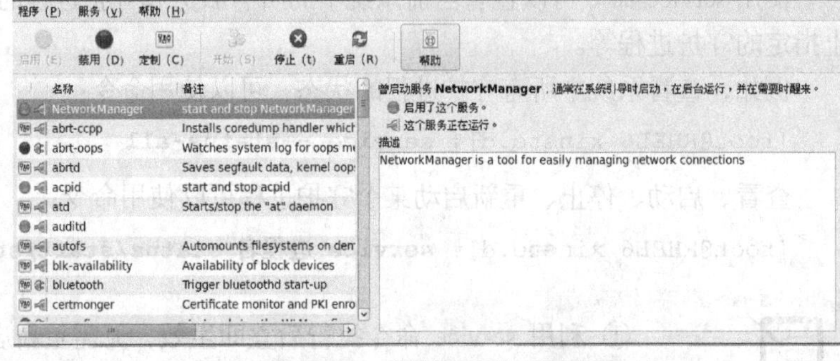

图 6-11　“服务配置”对话框

6.5　项目实录：配置 Linux 下的 TCP/IP

1. 录像位置

随书光盘中：\随书项目实录\实训项目　配置 TCP-IP 网络接口.exe。

2. 项目实训目的

- 掌握 Linux 下 TCP/IP 网络的设置方法。
- 学会使用命令检测网络配置。
- 学会启用和禁用系统服务。

3. 项目背景

某企业新增了 Linux 服务器，但还没有配置 TCP/IP 网络参数，请设置好各项 TCP/IP 参数，并连通网络。

4. 项目实训内容

练习 Linux 系统下 TCP/IP 网络设置、网络检测方法。

5. 做一做

根据项目实录录像进行项目的实训，检查学习效果。

6.6 练习题

一、填空题

1. ________文件主要用于设置基本的网络配置，包括主机名称、网关等。

2. 一块网卡对应一个配置文件，配置文件位于目录________中，文件名以________开始后跟网卡类型（通常使用的以太网卡用________代表）加网卡的序号（从“0”开始）。如第二块以太网卡的配置文件名为________。

3. ________文件是 DNS 客户端用于指定系统所用的 DNS 服务器的 IP 地址。

4. ________文件用于保存各种网络服务名称与该网络服务所使用的协议及默认端口号的映射关系。

5. 查看系统的守护进程可以使用________命令。

二、选择题

1. 当运行在多用户的模式下时，用 Ctrl+Alt+F*可以切换（　　）个虚拟用户终端。

A. 1　　B. 3　　C. 6　　D. 12

2. 使用（　　）命令能查看当前的运行级别。

A. /sbin/runlevel　　B. /sbin/fdisk　　C. /sbin/fsck　　D. /sbin/halt

3. 请选择一个关于 linux 运行级别的错误描述（　　）。

A.（runlevel）1 是单用户模式　　B.（runlevel）2 是带 NFS 功能的多用户模式

C.（runlevel）6 是重启系统　　D.（runlevel）5 是图形登录模式

4. 下面哪个命令可以用来启动 X-Window?（　　）

A. startX　　B. runx　　C. startx　　D. xwin

5. 以下哪个命令能用来显示 server 当前正在监听的端口?（　　）

A. ifconfig　　B. netlst　　C. iptables　　D. netstat

6. 以下哪个文件存放机器名到 IP 地址的映射?（　　）

A. /etc/hosts　　B. /etc/host　　C. /etc/host.equiv　　D. /etc/hdinit

7. 快速启动网卡“eth0”的命令是（　　）。

A. ifconfig eth0 noshut　　B. ipconfig eth0 noshut

C. ifnoshut eth0　　D. ifup eth0

8. 设置 Linux 系统默认运行级别的文件是（　　）。

A. /etc/init　　B. /etc/inittab　　C. /var/inittab　　D. /etc/initial

9. Linux 系统提供了一些网络测试命令，当与某远程网络连接不上时，就需要跟踪路由查看，以便了解在网络的什么位置出现了问题，请从下面的命令中选出满足该目的的命令。（　　）

A. ping　　B. ifconfig　　C. traceroute　　D. netstat

10. 拨号上网使用的协议通常是（　　）。

A. PPP　　B. UUCP　　C. SLIP　　D. Ethernet

6.7 超级链接

点击 http://linux.sdp.edu.cn/kcweb，http://www.icourses.cn/coursestatic/course_2843.html 访问学习网站中学习情境的相关内容。

学习情境三 vim 编程与调试

项目七 熟练使用 vim 程序编辑器与 shell

项目导入

系统管理员的一项重要工作就是要修改与设定某些重要软件的配置文件，因此至少要学会使用一种以上的文字接口的文本编辑器。所有的 Linux 发行版本都内置有 vi 文本编辑器，很多软件也默认使用 vi 作为编辑的接口，因此读者一定要学会使用 vi 文本编辑器。vim 是进阶版的 vi，vim 不但可以用不同颜色显示文本内容，还能够进行诸如 shell script、C program 等程序的编辑，因此，可以将 vim 视为一种程序编辑器。

职业能力目标和要求

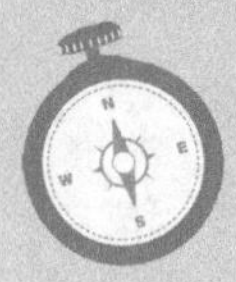

- 学会使用 vim 编辑器。
- 了解 shell 的强大功能和 shell 的命令解释过程。
- 学会使用重定向和管道。
- 掌握正则表达式的使用方法。

7.1 任务1 熟练使用 vim 编辑器

vim 是 vimsual interface 的简称，它可以执行输出、删除、查找、替换、块操作等众多文本操作，而且用户可以根据自己的需要对其进行定制，这是其他编辑程序所没有的。vim 不是一个排版程序，它不像 Word 或 WPS 那样可以对字体、格式、段落等其他属性进行编排，它只是一个文本编辑程序。vim 是全屏幕文本编辑器，它没有菜单，只有命令。

7.1.1　子任务 1　启动与退出 vim

在系统提示符后输入 vim 和想要编辑（或建立）的文件名，便可进入 vim，如：

```
$ vim myfile
```

如果只输入 vim，而不带文件名，也可以进入 vim，如图 7-1 所示。

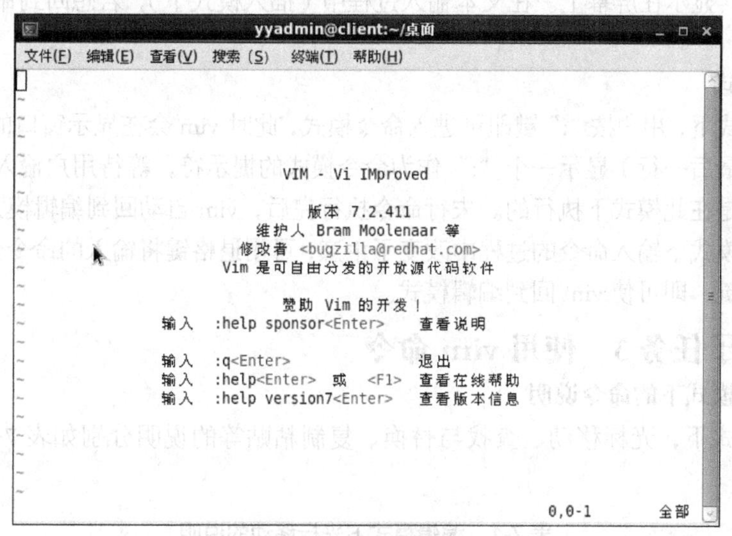

图 7-1　Vim 编辑环境

在命令模式下输入:q，:q!，:wq 或:x（注意:号），就会退出 vim。其中:wq 和:x 是存盘退出，而:q 是直接退出。如果文件已有新的变化，vim 会提示你保存文件，而:q 命令也会失效，这时你可以用:w 命令保存文件后再用:q 退出，或用:wq 或:x 命令退出，如果你不想保存改变后的文件，你就需要用:q!命令，这个命令将不保存文件而直接退出 vim，例如：

```
:w                 保存
:w   filename      另存为 filename
:wq!               保存退出
:wq!  filename     注：以 filename 为文件名保存后退出
:q!                不保存退出
:x                 应该是保存并退出 ，功能和:wq!相同
```

7.1.2　子任务 2　熟练掌握 vim 的工作模式

vim 有 3 种基本工作模式：编辑模式、插入模式和命令模式。考虑到各种用户的需要，采用状态切换的方法实现工作模式的转换，切换只是习惯性的问题，一旦熟练地使用上了 vim 你就会觉得它其实也很好用。

1. 编辑模式

进入 vim 之后，首先进入的就是编辑模式，进入编辑模式后 vim 等待编辑命令输入而不是文本输入，也就是说这时输入的字母都将作为编辑命令来解释。

进入编辑模式后光标停在屏幕第一行首位，用_表示，其余各行的行首均有一个“~”符号，表示该行为空行。最后一行是状态行，显示出当前正在编辑的文件名及其状态。如果是[New File]，则表示该文件是一个新建的文件；如果输入 vim 带文件名后，文件已在系统中存在，则在屏幕上显示出该文件的内容，并且光标停在第一行的首位，在状态行显示出该文件

的文件名、行数和字符数。

2. 插入模式

在编辑模式下输入插入命令 i、附加命令 a、打开命令 o、修改命令 c、取代命令 r 或替换命令 s 都可以进入插入模式。在插入模式下，用户输入的任何字符都被 vim 当作文件内容保存起来，并将其显示在屏幕上。在文本输入过程中（插入模式下），若想回到命令模式下，按 Esc 键即可。

3. 命令模式

在编辑模式下，用户按“:”键即可进入命令模式，此时 vim 会在显示窗口的最后一行（通常也是屏幕的最后一行）显示一个“:”作为命令模式的提示符，等待用户输入命令。多数文件管理命令都是在此模式下执行的。末行命令执行完后，vim 自动回到编辑模式。

若在命令模式下输入命令的过程中改变了主意，可用退格键将输入的命令全部删除之后，再按一下退格键，即可使 vim 回到编辑模式。

7.1.3　子任务 3　使用 vim 命令

1. 在编辑模式下的命令说明

在编辑模式下，光标移动、查找与替换、复制粘贴等的说明分别如表 7-1、表 7-2 和表 7-3 所示。

表 7-1　编辑模式下光标移动的说明

移动光标的方法	
h 或向左箭头键（←）	光标向左移动一个字符
j 或向下箭头键（↓）	光标向下移动一个字符
k 或向上箭头键（↑）	光标向上移动一个字符
l 或向右箭头键（→）	光标向右移动一个字符
Ctrl + f	屏幕向下移动一页，相当于 Page Down 按键（常用）
Ctrl + b	屏幕向上移动一页，相当于 Page Up 按键（常用）
Ctrl + d	屏幕向下移动半页
Ctrl + u	屏幕向上移动半页
+	光标移动到非空格符的下一列
−	光标移动到非空格符的上一列
n<space>	*n* 表示数字，例如 20。按下数字后再按空格键，光标会向右移动这一行的 *n* 个字符。例如输入 20<space> 则光标会向后面移动 20 个字符距离
0 或功能键 Home	这是数字 0：移动到这一行的最前面字符处（常用）
$ 或功能键 End	移动到这一行的最后面字符处（常用）
H	光标移动到这个屏幕的最上方那一行的第一个字符
M	光标移动到这个屏幕的中央那一行的第一个字符
L	光标移动到这个屏幕的最下方那一行的第一个字符
G	移动到这个文件的最后一行（常用）

续表

移动光标的方法	
*n*G	*n* 为数字。移动到这个文件的第 *n* 行。例如输入 20G 则会移动到这个文件的第 20 行（可配合:set nu）
gg	移动到这个文件的第一行，相当于 1G（常用）
n<Enter>	*n* 为数字。光标向下移动 *n* 行（常用）

说明：如果你将右手放在键盘上，你会发现 h、j、k、l 是排列在一起的，因此可以使用这四个按钮来移动光标。如果想要进行多次移动，例如向下移动 30 行，可以使用“30j”或“30↓”的组合按键，即加上想要进行的次数（数字）后，按下动作即可

表 7-2 编辑模式下查找与替换的说明

查找与替换	
/word	向光标之下寻找一个名称为 word 的字符串。例如要在文件内查找 myweb 这个字符串，就输入/myweb 即可（常用）
?word	向光标之上寻找一个字符串名称为 word 的字符串
n	这个 n 是英文按键。代表重复前一个查找的动作。举例来说， 如果刚刚我们执行 /myweb 去向下查找 myweb 这个字符串，则按下 n 后，会向下继续查找下一个名称为 myweb 的字符串。如果是执行?myweb，那么按下 n 则会向上继续查找名称为 myweb 的字符串
N	这个 N 是英文按键。与 n 刚好相反，为反向进行前一个查找动作。例如/myweb 后，按下 N 则表示向上查找 myweb
使用 /word 配合 n 及 N 是非常有帮助的！可以让你重复地找到一些你查找的关键词	
:n1,n2s/word1/word2/g	n1 与 n2 为数字。在第 n1 与 n2 行之间寻找 word1 这个字符串，并将该字符串取代为 word2！举例来说，在 100 到 200 行之间查找 myweb 并取代为 MYWEB 则输入“:100,200s/myweb/MYWEB/g”（常用）
:1,$s/word1/word2/g	从第一行到最后一行寻找 word 1 字符串，并将该字符串取代为 word2（常用）
:1,$s/word1/word2/gc	从第一行到最后一行寻找word1字符串，并将该字符串取代为word2！且在取代前显示提示字符给用户确认（confirm）是否需要取代（常用）

表 7-3 编辑模式下删除、复制与粘贴的说明

删除、复制与粘贴	
x, X	在一行字当中，x 为向后删除一个字符（相当于 Del 按键），X 为向前删除一个字符（相当于 Backspace，退格键）（常用）
*n*x	*n* 为数字，连续向后删除 *n* 个字符。举例来说，我要连续删除 10 个字符，输入 10x
dd	删除游标所在的那一整列（常用）
*n*dd	*n* 为数字。删除光标所在的向下 *n* 列，例如 20dd 是删除 20 列（常用）

续表

删除、复制与粘贴	
d1G	删除光标所在到第一行的所有数据
dG	删除光标所在到最后一行的所有数据
d$	删除游标所在处，到该行的最后一个字符
d0	那个是数字的 0，删除游标所在处，到该行的最前面一个字符
yy	复制游标所在的那一行（常用）
nyy	*n* 为数字。复制光标所在的向下 *n* 列，例如 20yy 是复制 20 列（常用）
y1G	复制游标所在列到第一列的所有数据
yG	复制游标所在列到最后一列的所有数据
y0	复制光标所在的那个字符到该行行首的所有数据
y$	复制光标所在的那个字符到该行行尾的所有数据
p, P	p 为将已复制的数据在光标下一行贴上，P 则为贴在游标上一行！举例来说，我目前光标在第 20 行，且已经复制了 10 行数据，则按下 p 后，那 10 行数据会贴在原本的 20 行之后，即由 21 行开始贴。但如果是按下 P 呢？将会在光标之前粘贴，即原本的第 20 行会变成第 30 行（常用）
J	将光标所在列与下一列的数据结合成同一列
c	重复删除多个数据，例如向下删除 10 行，输入 10cj
u	复原前一个动作（常用）
[Ctrl]+r	重做上一个动作（常用）
.	不要怀疑！这就是小数点！意思是重复前一个动作的意思。如果你想要重复删除、重复粘贴等动作，按下小数点.就好了（常用）

说明

这个 u 与 Ctrl+r 是很常用的指令！一个是复原，另一个则是重做一次。利用这两个功能按键，将会为编辑提供很多方便

这些命令看似复杂，其实使用时非常简单。例如删除也带有剪切的意思，当我们删除文字时，可以把光标移动到某处，然后按 Shift+p 键就把内容贴在原处，然后移动光标到某处，再按 p 或 Shift+p 又能贴上。

```
p          在光标之后粘贴
shift+p    在光标之前粘贴
```

当进行查找和替换时，我们要按 Esc 键，进入命令模式；我们输入/或?就可以进行查找了。比如在一个文件中查找 swap 单词，首先按 Esc 键，进入命令模式，然后输入：

```
/swap
或
?swap
```

若把光标所在行中的所有单词 the，替换成 THE，则需输入：

```
:s /the/THE/g
```

仅把第 1 行到第 10 行中的 the，替换成 THE：

```
:1,10  s /the/THE/g
```

这些编辑指令非常有弹性，基本上可以说是由指令与范围所构成。而且需要注意的是，我们采用 PC 的键盘来说明 vim 的操作，但在具体的环境中还要参考相应的资料。

2. 进入插入模式的命令说明

编辑模式切换到插入模式的可用的按钮说明如表 7-4 所示。

表 7-4　进入插入模式的说明

类　型	命　令	说　明
进入插入模式	i	从光标所在位置前开始插入文本
	I	该命令是将光标移到当前行的行首，然后插入文本
	a	用于在光标当前所在位置之后追加新文本
	A	将光标移到所在行的行尾，从那里开始插入新文本
	o	在光标所在行的下面新开一行，并将光标置于该行行首，等待输入
	O	在光标所在行的上面插入一行，并将光标置于该行行首，等待输入
	Esc	退出编辑模式或回到编辑模式中(常用)
说明：上面这些按键中，在 vim 画面的左下角处会出现“--INSERT--”或“--REPLACE--”的字样。由名称就知道该动作了。特别注意的是，我们上面也提过了，你想要在文件里面输入字符时，一定要在左下角处看到 INSERT 或 REPLACE 才能输入		

3. 命令模式的按键说明

保存文件、退出编辑等的命令按键如表 7-5 所示。

表 7-5　命令模式的按键说明

:w	将编辑的数据写入硬盘文件中（常用）
:w!	若文件属性为只读时，强制写入该档案。不过，到底能不能写入，还跟你对该文件的文件权限有关
:q	退出 vim（常用）
:q!	若曾修改过文件，又不想储存，则使用“!”强制退出而不储存文件
注意：惊叹号（!）在 vim 当中，常常具有强制的意思	
:wq	储存后离开，若为“:wq!”，则为强制储存后离开（常用）
ZZ	这是大写的 Z！若文件没有更改，则不储存离开，若文件已经被更动过，则储存后离开
:w [filename]	将编辑的数据储存成另一个文件（类似另存为新文件）
:r [filename]	在编辑的数据中，读入另一个文件的数据，即将 filename 这个文件内容加到光标所在行的后面。
:n1,n2 w [filename]	将 n1 到 n2 的内容储存成 filename 这个文件

续表

:! command	暂时退出 vim 到命令列模式下执行 command 的显示结果。例如："!: ls /home" 即可在 vim 当中察看/home 底下以 ls 输出的文件信息
:set nu	显示行号，设定之后，会在每一行的前缀显示该行的行号
:set nonu	与 set nu 相反，为取消行号

7.1.4 子任务 4 完成案例练习

1. 本次案例练习的要求

（1）在/tmp 目录下建立一个名为 mytest 的目录，进入 mytest 目录当中。

（2）将/etc/man.config 复制到本目录下面，使用 vim 打开本目录下的 man.config 文件。

（3）在 vim 中设定行号，移动到第 58 行，向右移动 40 个字符，请问你看到的双引号内是什么目录？

（4）移动到第一行，并且向下查找 bzip2 这个字符串，请问它在第几行？

（5）接下来，我要将 50 到 100 行之间的 man 字符串改为大写 MAN 字符串，并且一个一个挑选是否需要修改，如何下达命令？如果在挑选过程中一直按 y，结果会在最后一行出现改变了几个 man 呢？

（6）修改完之后，突然反悔了，要全部复原，有哪些方法？

（7）我要复制 65 到 73 这 9 行的内容（含有 MANPATH_MAP），并且粘贴到最后一行之后。

（8）21 到 42 行之间的开头为 # 符号的批注数据如果不要了，要如何删除？

（9）将这个文件另存成一个 man.test.config 的文件。

（10）去到第 27 行，并且删除 15 个字符，结果出现的第一个单字是什么？ 在第一行新增一行，该行内容输入“I am a student...”；然后存盘后离开。

2. 参考步骤

（1）输入 mkdir/tmp/mytest; cd/tmp/mytest

（2）输入 cp/etc/man.config .;『vim man.config

（3）输入:set nu，然后你会在画面中看到左侧出现数字即为行号。先按下 58G 再按下 40→，会看到/dir/bin/foo 这个字样在双引号内。

（4）先执行 1G 或 gg 后，直接输入/bzip2，应该是第 118 行！

（5）直接下达“:50,100s/man/MAN/gc”即可！若一直按 y 最终会出现“在 23 行内置换 25 个字符串”的说明。

（6）简单的方法可以一直按 u 回复到原始状态；使用不储存离开:q!之后，再重新读取一次该文件也可以。

（7）执行 65G 然后再执行 9yy 之后最后一行会出现“复制九行”之类的说明字样。按下 G 到最后一行，再按下 p，则会粘贴上九行！

（8）执行 21G→22dd 就能删除 22 行，此时你会发现光标所在 21 行的地方变成 MANPATH 开头了，批注的#符号那几行都被删除了。

（9）执行:w man.test.config，你会发现最后一行出现“man.test.config” [New]..”的字样。

（10）输入 27G 之后，再输入 15x 即可删除 15 个字符，出现 you 的字样；执行 1G 移到第一行，然后按下大写的 O 便新增一行且位于插入模式；开始输入 I am a student...后， 按下

Esc 键回到一般模式等待后续工作；最后输入:wq。

如果你的结果都可以查找到，那么 vim 的使用应该没有太大的问题了。

7.1.5 子任务 5 了解 vim 编辑环境

其实，目前大部分的发行版都以 vim 取代 vi 的功能了。vim 具有颜色显示的功能，并且还支持许多的程序语法（syntax），因此，当你使用 vim 编辑程序时（不论是 C 语言，还是 shell script），vim 将可帮你直接进行程序除错（debug）。

使用“vim man.config”的效果如图 7-2 所示。

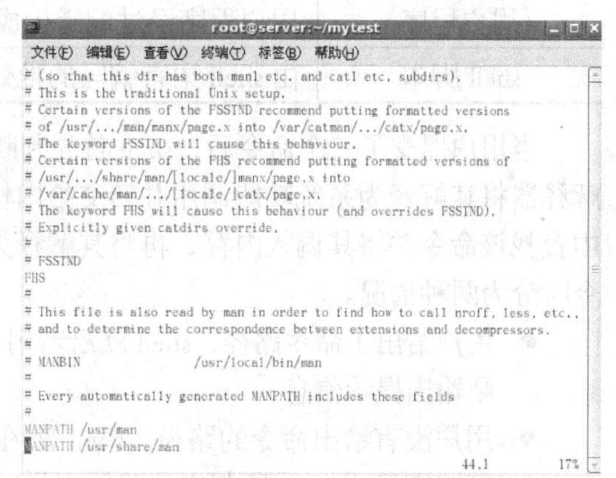

图 7-2 vimm 编辑环境

从图 7-2 可以看出，vim 编辑程序有如下几个特色。

- 由于 man.config 是系统规划的配置文件，因此 vim 会进行语法检验，所以你会看到画面中内部主要为深蓝色，且深蓝色那一行是以批注符号（#）开头。
- 最底下一行的右边出现的 44，1 表示光标所在为第 44 行中第一个字符位置之意（请看图中光标所在的位置）。
- 除了批注之外，其他的行还有特别的颜色显示。这样可以避免人为打错字。而且，最右下角的 17%代表目前这个画面占整体文件的 17%之意。

7.2 任务 2 熟练掌握 shell

shell 就是用户与操作系统内核之间的接口，起着协调用户与系统的一致性和在用户与系统之间进行交互的作用。

7.2.1 子任务 1 了解 shell 的基本概念

1. 什么是 shell

shell 就是用户与操作系统内核之间的接口，起着协调用户与系统的一致性和在用户与系统之间进行交互的作用。shell 在 Linux 系统中具有极其重要的地位，如图 7-3 所示。

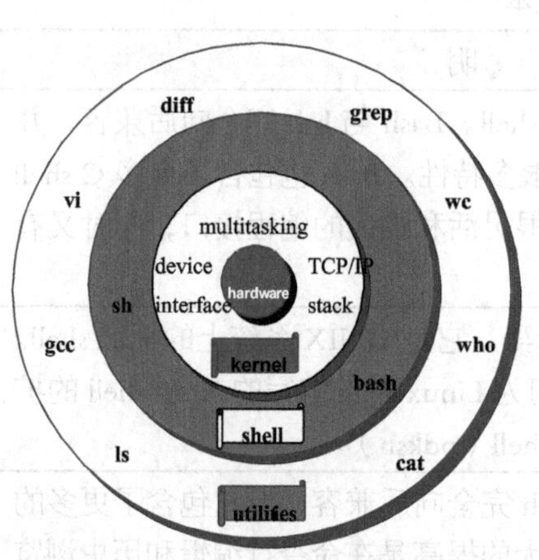

图 7-3 Linux 系统结构组成

2. shell 的功能

shell 最重要的功能是命令解释，从这种意义上来说，shell 是一个命令解释器。由于核心在内存中是受保护的区块，因此我们必须通过“shell”将我们输入的命令与 Kernel 沟通，以便让 Kernel 可以控制硬件正确无误地工作。

系统合法的 shell 均写在/etc/shells 文件中。用户默认登录取得的 shell，记录于/etc/passwd 的最后一个字段。

Linux 系统中的所有可执行文件都可以作为 shell

命令来执行，表 7-6 所示为可执行文件的分类。

表 7-6 可执行文件的分类

类　别	说　明
Linux 命令	存放在/bin、/sbin 目录下
内置命令	出于效率的考虑，将一些常用命令的解释程序构造在 shell 内部
实用程序	存放在/usr/bin、/usr/sbin、/usr/local/bin 等目录下的实用程序
用户程序	用户程序经过编译生成可执行文件后，也可作为 shell 命令运行
shell 脚本	由 shell 语言编写的批处理文件

当用户提交了一个命令后，shell 首先判断它是否为内置命令，如果是就通过 shell 内部的解释器将其解释为系统功能调用并转交给内核执行；若是外部命令或实用程序就试图在硬盘中查找该命令并将其调入内存，再将其解释为系统功能调用并转交给内核执行。在查找该命令时分为两种情况。

- 用户给出了命令路径，shell 就沿着用户给出的路径查找，若找到则调入内存，若没有则输出提示信息；
- 用户没有给出命令的路径，shell 就在环境变量 PATH 所制定的路径中依次进行查找，若找到则调入内存，若没找到则输出提示信息。

图 7-4 描述了 shell 是如何完成命令解释的。

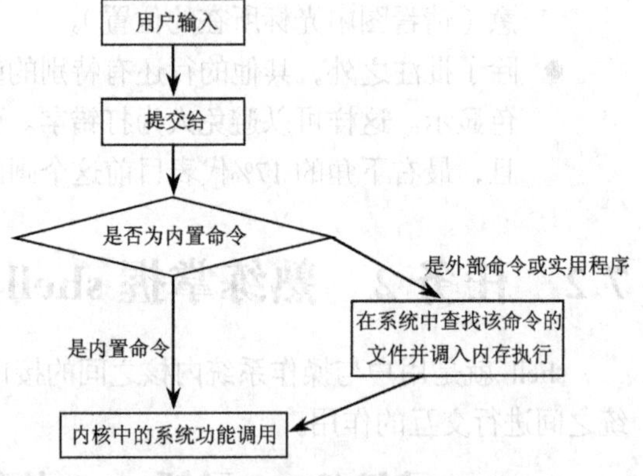

图 7-4 shell 执行命令解释的过程

此外，shell 还具有以下一些功能：

- shell 环境变量；
- 正则表达式；
- 输入输出重定向与管道。

3. shell 的主要版本

表 7-7 列出了几种常见的 shell 版本。

表 7-7 shell 的不同版本

版　本	说　明
Bourne Again shell（Bash. bsh 的扩展）	Bash 是大多数 Linux 系统的默认 shell。Bash 与 bsh 完全向后兼容，并且在 bsh 的基础上增加和增强了很多特性。Bash 也包含了很多 C shell 和 Korn shell 中的优点。Bash 有很灵活和强大的编程接口，同时又有很友好的用户界面
Korn shell（ksh）	Korn shell（ksh）由 Dave Korn 所写。它是 UNIX 系统上的标准 shell。另外，在 Linux 环境下有一个专门为 Linux 系统编写的 Korn shell 的扩展版本，即 Public Domain.Korn shell（pdksh）
tcsh（csh 的扩展）	tcsh 是 C. shell 的扩展。tcsh 与 csh 完全向后兼容，但它包含了更多的使用户感觉方便的新特性，其最大的提高是在命令行编辑和历史浏览方面

bash 的功能主要有命令编辑功能、命令与文件补全功能、命令别名设置功能、作业控制、前台与后台控制，以及程序化脚本、通配符等。

7.2.2 子任务 2 认识 shell 环境变量

shell 支持具有字符串值的变量。shell 变量不需要专门的说明语句，通过赋值语句完成变量说明并予以赋值。在命令行或 shell 脚本文件中使用$name 的形式引用变量 name 的值。

1. 变量的定义和引用

在 shell 中，变量的赋值格式如下：

```
name=string
```

其中，name 是变量名，它的值就是 string，"=" 是赋值符号。变量名是以字母或下画线开头的字母、数字和下画线字符序列。

通过在变量名（name）前加$字符（如$name）引用变量的值，引用的结果就是用字符串 string 代替$name，此过程也称为变量替换。

在定义变量时，若 string 中包含空格、制表符和换行符，则 string 必须用'string'或者"string"的形式，即用单（双）引号将其括起来。双引号内允许变量替换，而单引号内则不可以。

下面给出一个定义和使用 shell 变量的例子。

```
//显示字符常量
$ echo who are you
who are you
$ echo 'who are you'
who are you
$ echo "who are you"
who are you
$
//由于要输出的字符串中没有特殊字符，所以"和" "的效果是一样的，不用""相当于使用""
$ echo Je t'aime
>
//由于要使用特殊字符（'），
//由于'不匹配，shell 认为命令行没有结束，回车后会出现系统第二提示符，
//让用户继续输入命令行，按 Ctrl+C 组合键结束
$
//为了解决这个问题，可以使用下面的两种方法
$ echo "Je t'aime"
Je t'aime
$ echo Je t\'aime Je t'aime
```

2. shell 变量的作用域

与程序设计语言中的变量一样，shell 变量有其规定的作用范围。shell 变量分为局部变量和全局变量。

- 局部变量的作用范围仅仅限制在其命令行所在的 shell 或 shell 脚本文件中。
- 全局变量的作用范围则包括本 shell 进程及其所有子进程。

● 可以使用 export 内置命令将局部变量设置为全局变量。

下面给出一个 shell 变量作用域的例子。

```
//在当前 shell 中定义变量 var1
$ var1=Linux
//在当前 shell 中定义变量 var2 并将其输出
$ var2=unix
$ export var2
//引用变量的值
$ echo $var1
Linux
$ echo $var2
unix
//显示当前 shell 的 PID
$ echo $$
2670
$
//调用子 shell
$ Bash

//显示当前 shell 的 PID
$ echo $$
2709
//由于 var1 没有被输出，所以在子 shell 中已无值
$ echo $var1
//由于 var2 被输出，所以在子 shell 中仍有值
$ echo $var2
unix
//返回主 shell，并显示变量的值
$ exit
$ echo $$
2670
$ echo $var1
Linux
$ echo $var2
unix
$
```

3. 环境变量

环境变量是指由 shell 定义和赋初值的 shell 变量。shell 用环境变量来确定查找路径、注册目录、终端类型、终端名称、用户名等。所有环境变量都是全局变量，并可以由用户重新设置。表 7-8 列出了一些系统中常用的环境变量。

表 7-8　shell 中的环境变量

环境变量名	说　明	环境变量名	说　明
EDITOR、FCEDIT	Bash fc 命令的默认编辑器	PATH	Bash 寻找可执行文件的搜索路径
HISTFILE	用于储存历史命令的文件	PS1	命令行的一级提示符
HISTSIZE	历史命令列表的大小	PS2	命令行的二级提示符
HOME	当前用户的用户目录	PWD	当前工作目录
OLDPWD	前一个工作目录	SECONDS	当前 shell 开始后所流逝的秒数

不同类型的 shell 的环境变量有不同的设置方法。在 Bash 中，设置环境变量用 set 命令，命令的格式是：

```
set 环境变量=变量的值
```

例如，设置用户的主目录为/home/johe，可以用以下命令：

```
[root@RHEL6 ~]# set HOME=/home/john
```

不加任何参数地直接使用 set 命令可以显示出用户当前所有环境变量的设置，如下所示：

```
[root@RHEL6 ~]# set
BASH=/bin/Bash
BASH_ENV=/root/.bashrc
（略）
PATH=/usr/local/sbin:/usr/local/bin:/usr/sbin:/usr/bin:/sbin:/bin:/usr/bin/X11
PS1='[\u@\h \W]\$ '
PS2='>'
SHELL=/bin/Bash
```

可以看到其中路径 PATH 的设置为

```
PATH=/usr/local/sbin:/usr/local/bin:/usr/sbin:/usr/bin:/sbin:/bin:/usr/bin/X11
```

总共有 7 个目录，Bash 会在这些目录中依次搜索用户输入的命令的可执行文件。

在环境变量前面加上$符号，表示引用环境变量的值，例如：

```
[root@RHEL6 ~]# cd  $HOME
```

将把目录切换到用户的主目录。

当修改 PATH 变量时，例如，将一个路径/tmp 加到 PATH 变量前，应设置为

```
[root@RHEL6 ~]# PATH=/tmp:$PATH
```

此时，在保存原有 PATH 路径的基础上进行了添加。shell 在执行命令前，会先查找这个目录。

要将环境变量重新设置为系统默认值，可以使用 unset 命令。例如，下面的命令用于将当前的语言环境重新设置为默认的英文状态。

```
[root@RHEL6 ~]# unset  LANG
```

4．命令运行的判断依据：;、&&、||

在某些情况下，若想使多条命令一次输入而顺序执行，该如何办呢？有两个选择，一个是通过项目 9 要介绍的 shell script 撰写脚本去执行，另一个则是通过下面的介绍来一次输入多重命令。

（1）cmd ; cmd（不考虑命令相关性的连续命令执行）。

在某些时候，我们希望可以一次运行多个命令，例如在关机的时候我希望可以先运行两次 sync 同步化写入磁盘后才关机，那么怎么操作呢？

```
[root@RHEL6 ~]# sync; sync; shutdown -h now
```

在命令与命令中间利用分号（;）来隔开，这样一来，分号前的命令运行完后就会立刻接着运行后面的命令。

我们看下面的例子：要求在某个目录下面创建一个文件。如果该目录存在的话，直接创建这个文件；如果不存在，就不进行创建操作。也就是说这两个命令彼此之间是有相关性的，前一个命令是否成功的运行与后一个命令是否要运行有关。这就要用到“&&”或“||”。

（2）$?（命令回传值）与“&&”或“||”。

如同上面谈到的，两个命令之间有相依性，而这个相依性主要判断的地方就在于前一个命令运行的结果是否正确。在 Linux 中若前一个命令运行的结果正确，则在 Linux 中会回传一个 $?=0 的值。那么我们怎么通过这个回传值来判断后续的命令是否要运行呢？这就要用到“&&”及“||”，如表 7-9 所示。

表 7-9　“&&”及“||”命令执行情况说明

命令执行情况	说　明
cmd1 && cmd2	若 cmd1 运行完毕且正确运行（$?=0），则开始运行 cmd2， 若 cmd1 运行完毕且为错误（$?≠0），则 cmd2 不运行
cmd1 || cmd2	若 cmd1 运行完毕且正确运行（$?=0），则 cmd2 不运行， 若 cmd1 运行完毕且为错误（$?≠0），则开始运行 cmd2

注意

两个&之间是没有空格的，那个“|”则是 Shift+\的按键结果。

上述的 cmd1 及 cmd2 都是命令。好了，回到我们刚刚假想的情况：

- 先判断一个目录是否存在；
- 若存在则在该目录下面创建一个文件。

由于我们尚未介绍“条件判断式（test）”的使用，在这里我们使用 ls 以及回传值来判断目录是否存在。让我们进行下面的练习。

【例 7-1】使用 ls 查阅目录/tmp/abc 是否存在，若存在则用 touch 创建/tmp/abc/hehe。

```
[root@RHEL6 ~]# ls /tmp/abc && touch /tmp/abc/hehe
ls: /tmp/abc: No such file or directory
# ls 很干脆地说明找不到该目录，但并没有 touch 的错误，表示 touch 并没有运行
[root@RHEL6 ~]# mkdir  /tmp/abc
[root@RHEL6 ~]# ls  /tmp/abc  &&  touch  /tmp/abc/hehe
```

```
[root@RHEL6 ~]# ll  /tmp/abc
-rw-r--r-- 1 root root 0 Feb  7 12:43 hehe
```

如果/tmp/abc 不存在时，touch 就不会被运行，若/tmp/abc 存在，那么 touch 就会开始运行。在上面的例子中，我们还必须手动自行创建目录，很烦琐。能不能自动判断：如果没有该目录就创建呢？看下面的例子。

【例 7-2】测试/tmp/abc 是否存在，若不存在则予以创建，若存在就不做任何事情。

```
[root@RHEL6 ~]# rm  -r  /tmp/abc                  <==先删除此目录以方便测试
[root@RHEL6 ~]# ls  /tmp/abc  ||  mkdir  /tmp/abc
ls: /tmp/abc: No such file or directory <==真的不存在
[root@RHEL6 ~]# ll  /tmp/abc
Total      0                             <==结果出现了，说明运行了 mkdir 命令
```

如果你一再重复“**ls　/tmp/abc　||　mkdir　/tmp/abc**”，也不会出现重复 mkdir 的错误。这是因为/tmp/abc 已经存在，所以后续的 mkdir 就不会进行。

再次讨论：如果想要创建/tmp/abc/hehe 这个文件，但是并不知道 /tmp/abc 是否存在，那该如何办呢？

【例 7-3】如果不管/tmp/abc 存在与否，都要创建/tmp/abc/hehe 文件，怎么办呢？

```
[root@RHEL6 ~]# ls  /tmp/abc  ||  mkdir  /tmp/abc  &&  touch  /tmp/abc/hehe
```

上面的例 7-3 总是会创建 /tmp/abc/hehe，不论 /tmp/abc 是否存在。那么例 7-3 应该如何解释呢？由于 Linux 下面的命令都是由左往右执行的，所以例 7-3 有下面两种结果。

- 若/tmp/abc 不存在。① 回传$?≠0；② 因为||遇到非为 0 的$?，故开始执行 mkdir /tmp/abc，由于 mkdir /tmp/abc 会成功执行，所以回传$?=0；③ 因为&&遇到$?=0，故会执行 touch /tmp/abc/hehe，最终 hehe 就被创建了。
- 若/tmp/abc 存在。① 回传$?=0；② 因为||遇到$?=0 不会执行，此时$?=0 继续向后传；③ 因为&& 遇到$?=0 就开始创建/tmp/abc/hehe，所以最终/tmp/abc/hehe 被创建。

整个流程图如图 7-5 所示。

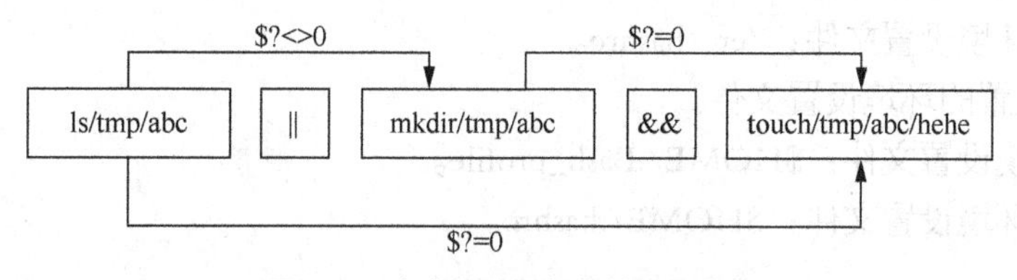

图 7-5　命令依序运行的关系示意图

上面这张图显示的两股数据中，上方的线段为不存在 /tmp/abc 时所进行的命令行为，下方的线段则是存在/tmp/abc 时所进行的命令行为。如上所述，下方线段由于存在 /tmp/abc 所以导致$?=0，中间的 mkdir 就不运行了，并将 $?=0 继续往后传给后续的 touch 去利用。

我们再来看看下面这个例题。

【例 7-4】以 ls 测试/tmp/bobbying 是否存在，若存在则显示“exist”，若不存在则显示“not exist”。

这又牵涉到逻辑判断的问题，如果存在就显示某个数据，若不存在就显示其他数据，那

么我们可以这样做：

```
[root@RHEL6~]# ls /tmp/bobbying && echo "exist" || echo "not exist"
```

意思是说，当 ls /tmp/bobbying 运行后，若正确，就运行 echo "exist"，若有问题，就运行 echo "not exist"。那如果写成如下的方式又会如何呢？

```
[root@RHEL6~]# ls /tmp/bobbying || echo "not exist" && echo "exist"
```

这其实是有问题的，为什么呢？由图 7-5 的流程介绍我们知道命令是一个一个往后执行，因此在上面的例子中，如果 /tmp/bobbying 不存在时，会进行如下动作。

① 若 ls /tmp/bobbying 不存在，因此回传一个非 0 的数值。

② 接下来经过||的判断，发现前一个命令回传非 0 的数值，因此，程序开始运行 echo "not exist"，而 echo "not exist" 程序肯定可以运行成功，因此会回传一个 0 值给后面的命令。

③ 经过&&的判断，所以就开始运行 echo "exist"。

这样，在这个例子里面竟然会同时出现 not exist 与 exist!，请读者仔细思考。

经过这个例题的练习，你应该会了解，由于命令是一个接着一个去运行的，因此，如果真要使用判断，那么&&与||的顺序就不能搞错。一般来说，假设判断式有三个，也就是：

```
command1 && command2 || command3
```

而且顺序通常不会变。因为一般来说，command2 与 command3 会放置肯定可以运行成功的命令，因此，依据上面例题的逻辑分析，必须按此顺序放置各命令，请读者一定注意。

5. 工作环境设置文件

shell 环境依赖于多个文件的设置。用户并不需要每次登录后都对各种环境变量进行手工设置，通过环境设置文件，用户工作环境的设置可以在登录的时候自动由系统来完成。环境设置文件有两种，一种是系统环境设置文件，另一种是个人环境设置文件。

（1）系统中的用户工作环境设置文件。

- 登录环境设置文件：/etc/profile。
- 非登录环境设置文件：/etc/bashrc。

（2）用户设置的环境设置文件。

- 登录环境设置文件：$HOME/.Bash_profile。
- 非登录环境设置文件：$HOME/.bashrc。

只有在特定的情况下才读取 profile 文件，确切地说是在用户登录的时候。当运行 shell 脚本以后，就无需再读 profile。

系统中的用户环境文件设置对所有用户均生效，而用户设置的环境设置文件对用户自身生效。用户可以修改自己的用户环境设置文件来覆盖在系统环境设置文件中的全局设置。例如：用户可以将自定义的环境变量存放在$HOME/.Bash_profile 中；用户可以将自定义的别名存放在$HOME/.bashrc 中，以便在每次登录和调用子 shell 时生效。

7.3 任务 3 熟练掌握正则表达式

7.3.1 子任务 1 了解正则表示法

1. 什么是正则表示法

简单地说，正则表示法就是处理字符串的方法，它以“行”为单位来进行字符串的处理。正则表示法透过一些特殊符号的辅助，可以让使用者轻易地达到查找/删除/替换某些特定字符串的工作。

举例来说，如果只想找到 MYweb（前面两个为大写字母）或 Myweb（仅有一个大写字母）字符串（MYWEB、myweb 等都不符合要求），该如何处理？如果在没有正则表示法的环境中（例如 MS Word），你或许要使用忽略大小写的办法，或者分别以 MYweb 及 Myweb 搜寻两遍。但是，忽略大小写可能会搜寻到 MYWEB/myweb/MyWeB 等不需要的字符串而造成困扰。

再举个系统常见的例子。假如你发现系统在启动的时候，老是会出现一个关于 mail 程序的错误，而启动过程的相关程序都是在/etc/init.d/目录下，也就是说，在该目录下的某个文件内具有 mail 这个关键字，你想要将该文件找出来进行查询修改的动作。此时你怎么找出含有这个关键字的文件呢？你当然可以一个文件一个文件地打开，然后去搜寻 mail 这个关键字，但或许该目录下的文件可能不止 100 个，如果一个个查找，谈何容易！可是，如果了解了正则表示法的相关技巧，那么只要一行命令就解决问题了：grep 'mail' /etc/init.d/*那个 grep 就是支持正则表示法的工具程序之一。

grep 命令用来在文本文件中查找内容，它的名字源于“global regular expression print”。指定给 grep 的文本模式叫做“正则表达式”。它可以是普通的字母或者数字，也可以使用特殊字符来匹配不同的文本模式。我们稍后将更详细地讨论正则表达式。grep 命令可以打印出所有符合指定规则的文本行，例如：

```
grep 'match_string' file
```

即从指定文件中找到含有字符串 match_string 的行。

正则表示法是一种表示法，只要工具程序支持这种表示法，那么该工具程序就可以用来作为正则表示法的字符串处理之用。例如 vim、grep、awk、sed 等工具，因为它们都支持正则表示法，所以，这些工具就可以使用正则表示法的特殊字节来进行字符串的处理。但例如 cp、ls 等命令并未支持正则表示法，所以就只能使用 bash 自己本身的通配符。

由于正则表达式使用了一些特殊字符，所以所有的正则表达式都必须用单引号括起来。

2. 正则表示法对于系统管理员的用途

那么为何需要学习正则表示法呢？对于一般使用者来说，由于使用到正则表示法的机会可能不是很多，因此感受不到它的魅力。不过，对于系统管理员来说，正则表示法则是一个不可不学的好东西！为什么呢？因为系统在繁忙的情况之下，每天产生的信息会多到你无法想像的地步，而我们也都知道，系统的错误信息登录文件的内容记载了系统产生的所有信息，当然，这包含你的系统是否被入侵的记录数据。

但是系统的数据量太大了，要求系统管理员每天从千百行的数据里面找出一行有问题的信息，光是用肉眼去看，想不疯掉都很难！ 这个时候，我们就可以透过正则表示法的功能，将这些登录的信息进行处理，仅取出有问题的信息来进行分析。如此一来，系统管理的工作也就轻松了许多。

3. 正则表示法的广泛用途

正则表示法除了可以使系统管理员管理主机更为便利之外，事实上，由于正则表示法强大的字符串处理能力，目前许多软件都支持正则表示法，最常见的就是邮件服务器。

如果你留意网络上的消息，那么应该不难发现，目前造成网络大塞车的主因之一就是垃圾/广告信件了！而如果我们可以在服务器端就将这些问题邮件剔除的话，用户端就会减少很多不必要的频宽耗损了。那么如何剔除广告信件呢？由于广告信件几乎都有一定的标题或者是内容，因此，只要每次有来信时，都先将来信的标题与内容进行特殊字符串的比对，发现有不良信件就予以剔除！但是这个工作怎么完成呢？那就是使用正则表示法。目前两大邮件服务器软件 sendmail 与 postfix 以及支持邮件服务器的相关分析软件都支持正则表示法的比对功能。

当然还不止于此，很多的服务器软件都支持正则表示法。作为系统管理员，为了自身的工作以及用户端的需求，正则表示法是需要认真学习和熟知的一项技能。

注意

正则表示法与通配符是完全不一样的！这很重要。因为通配符（wildcard）代表的是 bash 操作层面的一个功能，但正则表示法是一种字符串处理的表示方式。这两者要分得非常清楚才行，如果搅到一起，肯定会出问题。所以，学习本部分内容，建议先将 bash 的通配符意义忘掉。

7.3.2 子任务 2 了解语系对正则表达式的影响

为什么语系的数据会影响到正则表示法的输出结果呢？由于不同语系的编码数据并不相同，所以就会造成数据选取结果的差异了。举例来说，在英文大小写的编码顺序中，zh_CN.big5 及 C 这两种语系的输出结果分别如下：

- LANG=C 时：012 3 4 … A B C D … Z a b c d …z
- LANG=zh_CN 时：01i 2 3 4 … a A b B c C d D … z Z

上面的顺序是编码的顺序，我们可以很清楚地发现这两种语系明显就是不一样！如果你想要选取大写字符而使用[A-Z]时，会发现 LANG=C 确实可以仅找到大写字符（因为是连续的），但是如果 LANG=zh_CN.gb2312 时，就会发现，连同小写的 b～z 也会被选取出来！因为就编码的顺序来看，gb2312 语系可以选取到 AbBcC…zZ 这一堆字符！所以，使用正则表示法时，需要特别留意当时环境的语系，否则可能会发现与预想不相同的选取结果！

由于一般我们在练习正则表示法时，使用的是兼容于 POSIX 的标准，因此就使用 C 这个语系。所以，下面的很多练习都是使用“LANG=C”这个语系数据来进行的。另外，为了要避免不同编码所造成的英文与数字的选取问题，因此有些特殊的符号我们必须要了解一下。这些符号主要有以下这些，意义如表 7-10 所示。

表 7-10 特殊符号含义

特殊符号	代表意义
[:alnum:]	代表英文大小写字母及数字，即 0~9、A~Z、a~z
[:alpha:]	代表任何英文大小写字母，即 A~Z、a~z
[:blank:]	代表空白键与 Tab 按键
[:cntrl:]	代表键盘上面的控制按键，即包括 CR、LF、Tab、Del 等
[:digit:]	代表数字而已，即 0~9
[:graph:]	除了空白字符（空白键与 Tab 按键）外的其他所有按键
[:lower:]	代表小写字母，即 a~z
[:print:]	代表任何可以被打印出来的字母
[:punct:]	代表标点符号（punctuation symbol），即" ' ? ! ; : # $...
[:upper:]	代表大写字母，即 A~Z
[:space:]	任何会产生空白的字符，包括空白键、Tab、CR 等
[:xdigit:]	代表 16 进位的数字类型，因此包括 0~9、A~F、a~f 的数字与字母

尤其上表中的[:alnum:]，[:alpha:]，[:upper:]，[:lower:]，[:digit:]这几个一定要知道代表什么意思，因为它比 a~z 或 A~Z 的用途更确定。

7.3.3 子任务 3 掌握 grep 的高级使用

格式：grep [-A] [-B] [--color=auto] '查找字符串' filename

选项与参数的含义如下。

-A：后面可加数字，为 after 的意思，除了列出该行外，后续的 *n* 行也列出来。

-B：后面可加数字，为 befor 的意思，除了列出该行外，前面的 *n* 行也列出来。

--color=auto：可将搜寻出的正确数据用特殊颜色标记。

【例 7-5】用 dmesg 列出核心信息，再以 grep 找出内含 eth 的那行。

```
[root@RHEL6 ~]# dmesg  | grep  'eth'
eth0: RealTek RTL8139 at 0xee846000, 00:90:cc:a6:34:84, IRQ 10
eth0:  Identified 8139 chip type 'RTL-8139C'
eth0: link up, 100Mbps, full-duplex, lpa 0xC5E1
eth0: no IPv6 routers present
# dmesg 可列出核心产生的信息！透过 grep 来获取网卡相关的资讯 (eth)；
# 不过没有行号与特殊颜色显示，看看下个范例吧
```

【例 7-6】承上题，要将获取到的关键字显色，且加上行号来表示。

```
[root@RHEL6 ~]# dmesg  | grep  -n  --color=auto  'eth'
247:eth0: RealTek RTL8139 at 0xee846000, 00:90:cc:a6:34:84, IRQ 10
248:eth0:  Identified 8139 chip type 'RTL-8139C'
294:eth0: link up, 100Mbps, full-duplex, lpa 0xC5E1
305:eth0: no IPv6 routers present
# 你会发现除了 eth 会有特殊颜色来表示之外，最前面还有行号
```

【例 7-7】承上题，在关键字所在行的前两行与后三行也一起找出来显示。

```
[root@RHEL6 ~]# dmesg  | grep  -n  -A3  -B2  --color=auto  'eth'
1634-NET: Registered protocol family 10
1635-lo: Disabled Privacy Extensions
1636:e1000: eth0 NIC Link is Up 1000 Mbps Full Duplex, Flow Control: None
1637:e1000: eth1 NIC Link is Up 1000 Mbps Full Duplex, Flow Control: None
1638:eth0: no IPv6 routers present
1639-RPC: Registered named UNIX socket transport module.
1640-RPC: Registered udp transport module.
1641-RPC: Registered tcp transport module.
# 如上所示，你会发现关键字 1636 所在的前两行及 16388 后三行也都被显示出来!
# 这样可以让你将关键字前后数据找出来进行分析
```

7.3.4 子任务 4 练习基础正则表达式

练习文件的内容如下。文件共有 22 行，最底下一行为空白行。该文本文件已放在光盘上供下载使用。将该文件拷贝到 root 的家目录/root 下面。

```
[root@RHEL6 ~]# pwd
/root
[root@RHEL6 ~]# vim /root/regular_express.txt
"Open Source" is a good mechanism to develop programs.
apple is my favorite food.
Football game is not use feet only.
this dress doesn't fit me.
However, this dress is about $ 3183 dollars.^M
GNU is free air not free beer.^M
Her hair is very beauty.^M
I can't finish the test.^M
Oh! The soup taste good.^M
motorcycle is cheap than car.
This window is clear.
the symbol '*' is represented as start.
Oh!    My god!
The gd software is a library for drafting programs.^M
You are the best is mean you are the no. 1.
The world <Happy> is the same with "glad".
I like dog.
google is the best tools for search keyword.
goooooogle yes!
go! go! Let's go.
# I am Bobby
```

（1）查找特定字符串。

假设我们要从文件 regular_express.txt 当中取得 “the”这个特定字符串，最简单的方式是：

```
[root@RHEL6 ~]# grep  -n  'the'  /root/regular_express.txt
8:I can't finish the test.
12:the symbol '*' is represented as start.
15:You are the best is mean you are the no. 1.
16:The world <Happy> is the same with "glad".
18:google is the best tools for search keyword.
```

如果想要反向选择呢？也就是说，当该行没有 'the' 这个字符串时才显示在屏幕上：

```
[root@RHEL6 ~]# grep  -vn  'the'  /root/regular_express.txt
```

你会发现，屏幕上出现的行列为除了 8，12，15，16，18 五行之外的其他行！接下来，如果你想要取得不论大小写的“the”这个字符串，则执行

```
[root@RHEL6 ~]# grep  -in  'the'  /root/regular_express.txt
8:I can't finish the test.
9:Oh! The soup taste good.
12:the symbol '*' is represented as start.
14:The gd software is a library for drafting programs.
15:You are the best is mean you are the no. 1.
16:The world <Happy> is the same with "glad".
18:google is the best tools for search keyword.
```

除了多两行（9，14 行）之外，第 16 行也多了一个 The 的关键字被标出了颜色。

（2）利用中括号[ ]来搜寻集合字符。

搜寻“test”或“taste”这两个单词时可以发现，其实它们有共同点't?st' 存在。这个时候，可以这样来搜寻：

```
[root@RHEL6 ~]# grep  -n  't[ae]st'  /root/regular_express.txt
8:I can't finish the test.
9:Oh! The soup taste good.
```

其实[ ]里面不论有几个字符，都只代表某一个字符，所以，上面的例子说明了我们需要的字符串是 tast 或 test。而如果想要搜寻到有“oo”的字符时，则使用：

```
[root@RHEL6 ~]# grep  -n  'oo'  /root/regular_express.txt
1:"Open Source" is a good mechanism to develop programs.
2:apple is my favorite food.
3:Football game is not use feet only.
9:Oh! The soup taste good.
18:google is the best tools for search keyword.
19:goooooogle yes!
```

但是，如果不想要“oo”前面有“g”的行显示出来。此时，可以利用在集合字节的反向选择[^]来完成：

```
[root@RHEL6 ~]# grep  -n  '[^g]oo'  /root/regular_express.txt
2:apple is my favorite food.
```

```
3:Football game is not use feet only.
18:google is the best tools for search keyword.
19:goooooogle yes!
```

第1，9行不见了，因为这两行的oo前面出现了g。第2，3行没有疑问，因为foo与Foo均可被接受！但是第18行虽然有google的goo，但是因为该行后面出现了tool的too，所以该行也被列出来。也就是说，18行里面虽然出现了我们所不要的项目（goo），但是由于有需要的项目（too），因此，是符合字符串搜寻的。

至于第19行，同样，因为goooooogle里面的oo前面可能是o。例如：go(ooo)oogle，所以，这一行也是符合需求的。

再者，假设oo前面不想有小写字母，可以这样写：[^abcd....z]oo。但是这样似乎不怎么方便，由于小写字母的ASCII上编码的顺序是连续的，因此，我们可以将之简化：

```
[root@RHEL6 ~]# grep  -n  '[^a-z]oo'  regular_express.txt
3:Football game is not use feet only.
```

也就是说，一组集合字节中如果是连续的，例如大写英文/小写英文/数字等，就可以使用[a-z]，[A-Z]，[0-9]等方式来书写。那么如果要求字符串是数字与英文呢？那就将其全部写在一起，变成：[a-zA-Z0-9]。例如，我们要获取有数字的那一行：

```
[root@RHEL6 ~]# grep  -n  '[0-9]'  /root/regular_express.txt
5:However, this dress is about $ 3183 dollars.
15:You are the best is mean you are the no. 1.
```

但由于考虑到语系对于编码顺序的影响，因此除了连续编码使用减号“-”之外，你也可以使用如下的方法来取得前面两个测试的结果：

```
[root@RHEL6 ~]# grep  -n  '[^[:lower:]]oo'  /root/regular_express.txt
#  [:lower:]代表的就是a-z的意思！请参考表7-12的说明
[root@RHEL6 ~]# grep  -n  '[[:digit:]]'  /root/regular_express.txt
```

至此，对于[]、[^]以及[]当中的“-”，是不是已经很熟悉了？

（3）行首与行尾字节^ $。

在前面，可以查询到一行字串里面有“the”，那如果我想要让“the”只在行首才列出呢？

```
[root@RHEL6 ~]# grep   -n   '^the'   /root/regular_express.txt
12:the symbol '*' is represented as start.
```

此时，就只剩下第12行，因为只有第12行的行首是the。此外，如果想要开头是小写字母的那一行列出呢？可以这样写：

```
[root@RHEL6 ~]# grep   -n   '^[a-z]'   /root/regular_express.txt
2:apple is my favorite food.
4:this dress doesn't fit me.
10:motorcycle is cheap than car.
12:the symbol '*' is represented as start.
18:google is the best tools for search keyword.
19:goooooogle yes!
20:go! go! Let's go.
```

那如果我不想要开头是英文字母，则可以是这样：

```
[root@RHEL6 ~]# grep  -n  '^[^a-zA-Z]'  /root/regular_express.txt
1:"Open Source" is a good mechanism to develop programs.
21:# I am Bobby
```

注意到了吧？那个^符号，在字符集合符号（括号[]）之内与之外的意义是不同的。在[]内代表“反向选择”，在[]之外则代表定位在行首。反过来思考，如果想要找出行尾结束为小数点（.）的那一行，该如何处理？

```
[root@RHEL6 ~]# grep  -n  '\.$'  /root/regular_express.txt
1:"Open Source" is a good mechanism to develop programs.
2:apple is my favorite food.
3:Football game is not use feet only.
4:this dress doesn't fit me.
10:motorcycle is cheap than car.
11:This window is clear.
12:the symbol '*' is represented as start.
15:You are the best is mean you are the no. 1.
16:The world <Happy> is the same with "glad".
17:I like dog.
18:google is the best tools for search keyword.
20:go! go! Let's go.
```

特别注意到，因为小数点具有其他意义（下面会介绍），所以必须要使用跳转字节（\）来解除其特殊意义！不过，你或许会觉得奇怪，第5~9行最后面也是“.”啊。怎么无法打印出来？这里就牵涉到Windows平台的软件对于断行字符的判断问题了！我们使用cat -A将第5行拿出来看，你会发现：

```
[root@RHEL6 ~]# cat  -An  /root/regular_express.txt | head -n  10  | tail -n  6
     5  However, this dress is about $ 3183 dollars.^M$
     6  GNU is free air not free beer.^M$
     7  Her hair is very beauty.^M$
     8  I can't finish the test.^M$
     9  Oh! The soup taste good.^M$
    10  motorcycle is cheap than car.$
```

由此，我们可以发现第5~9行为Windows的断行字节（^M$），而正常的Linux应该仅有第10行显示的那样（$）。所以，也就找不到5~9行了。这样就可以了解“^”与“$”的意义了。

如果我想要找出哪一行是空白行，即该行没有输入任何数据，该如何搜寻？

```
[root@RHEL6 ~]# grep  -n  '^$'  /root/regular_express.txt
22:
```

因为只有行首跟行尾有（^$），所以，这样就可以找出空白行了。再者，假设你已经知道在一个程序脚本（shell script）或者是配置文件中，空白行与开头为#的那一行是注解，因此如果你要将数据打印出给别人参考时，可以将这些数据省略掉以节省纸张，那么你可以怎么做呢？我们以/etc/rsyslog.conf这个文件来作范例，你可以自行参考以下输出的结果：

```
[root@RHEL6 ~]# cat -n /etc/rsyslog.conf
#结果可以发现有 33 行的输出，很多空白行与 # 开头的注释行

[root@RHEL6 ~]# grep -v '^$' /etc/rsyslog.conf | grep -v '^#'
# 结果仅有 10 行，其中第一个“-v '^$'”代表不要空白行
# 第二个“-v '^#'”代表不要开头是#的那行
```

（4）任意一个字符“.”与重复字节“*”。

我们知道万用字符“*”可以用来代表任意（0或多个）字符，但是正则表示法并不是万用字符，两者之间是不相同的。至于正则表示法当中的“.”则代表“绝对有一个任意字符”的意思。这两个符号在正则表示法的意义如下。

- .（小数点）：代表一定有一个任意字符的意思。
- *（星号）：代表重复前一个字符0到无穷多次的意思，为组合形态。

下面直接从做练习中来理解吧！假设我需要找出“g??d”的字符串，即共有四个字符，开头是“g”而结束是“d”，可以这样做：

```
[root@RHEL6 ~]# grep -n 'g..d' /root/regular_express.txt
1:"Open Source" is a good mechanism to develop programs.
9:Oh! The soup taste good.
16:The world <Happy> is the same with "glad".
```

因为强调g与d之间一定要存在两个字符，因此，第13行的god与第14行的gd就不会被列出来。如果我想要列出有oo、ooo、oooo等数据，也就是说，至少要有两个（含）o以上，该如何操作呢？是o*还是oo*还是ooo*呢？

因为*代表的是“重复0个或多个前面的RE字符”的意义，因此，“o*”代表的是“拥有空字符或一个o以上的字符”，特别注意，因为允许空字符（就是有没有字符都可以的意思），因此，“**grep -n 'o*' regular_express.txt**”将会把所有的数据都列出来。

那如果是“oo*”呢？则第一个o肯定必须要存在，第二个o则是可有可无的多个o，所以，凡是含有o、oo、ooo、oooo等，都可以被列出来。

同理，当我们需要“至少两个o以上的字符串”时，就需要ooo*，即

```
[root@RHEL6 ~]# grep -n 'ooo*' /root/regular_express.txt
1:"Open Source" is a good mechanism to develop programs.
2:apple is my favorite food.
3:Football game is not use feet only.
9:Oh! The soup taste good.
18:google is the best tools for search keyword.
19:goooooogle yes!
```

继续做练习，如果我想要字符串开头与结尾都是g，但是两个g之间仅能存在至少一个o，

即是 gog、goog、gooog 等，那该如何操作呢？

```
[root@RHEL6 ~]# grep -n 'goo*g' regular_express.txt
18:google is the best tools for search keyword.
19:goooooogle yes!
```

再做一题，如果我想要找出以 g 开头且以 g 结尾的字串，当中的字节可有可无，那该如何是好？是“g*g”吗？

```
[root@RHEL6 ~]# grep -n 'g*g' /root/regular_express.txt
1:"Open Source" is a good mechanism to develop programs.
3:Football game is not use feet only.
9:Oh! The soup taste good.
13:Oh!  My god!
14:The gd software is a library for drafting programs.
16:The world <Happy> is the same with "glad".
17:I like dog.
18:google is the best tools for search keyword.
19:goooooogle yes!
20:go! go! Let's go.
```

但测试的结果竟然出现这么多行？因为 g*g 里面的 g* 代表“空字符或一个以上的 g”再加上后面的 g，因此，整个正则表达式的内容就是 g、gg、ggg、gggg，因此，只要该行当中拥有一个以上的 g 就符合所需了。

那该如何满足 g....g 的需求呢？利用任意一个字符“.”，即“g.*g”。因为“*”可以是 0 个或多个重复前面的字符，而“.”是任意字节，所以“.*”就代表零个或多个任意字符。

```
[root@RHEL6 ~]# grep -n 'g.*g' /root/regular_express.txt
1:"Open Source" is a good mechanism to develop programs.
14:The gd software is a library for drafting programs.
18:google is the best tools for search keyword.
19:goooooogle yes!
20:go! go! Let's go.
```

因为是代表 g 开头且以 g 结尾，中间任意字符均可接受，所以，第 1、14、20 行是可接受的。这个“.*”的 RE（正则表达式）表示任意字符是很常见的，希望大家能够理解并且熟悉。再来完成一个练习，如果我想要找出“任意数字”的行列呢？因为仅有数字，所以这样做：

```
[root@RHEL6 ~]# grep -n '[0-9][0-9]*' /root/regular_express.txt
5:However, this dress is about $ 3183 dollars.
15:You are the best is mean you are the no. 1.
```

虽然使用 **grep -n '[0-9]' regular_express.txt** 也可以得到相同的结果，但希望大家能够理解上面命令当中 RE 表示法的意义。

（5）限定连续 RE 字符范围{}。

在上个例题当中，我们可以利用 . 与 RE 字符及 * 来设置 0 个到无限多个重复字符，那如果我想要限制一个范围区间内的重复字符数呢？举例来说，我想要找出 2 个到 5 个 o 的连续字符串，该如何操作？这时候就要使用到限定范围的字符 {} 了。但因为“{”与“}”的符号在 shell 里是有特殊意义的，因此，我们必须要使用转义字符“\”来让其失去特殊意义才行。来做一个练习，假设我要找到两个 o 的字符串，可以是：

```
[root@RHEL6 ~]# grep -n 'o\{2\}' /root/regular_express.txt
1:"Open Source" is a good mechanism to develop programs.
2:apple is my favorite food.
3:Football game is not use feet only.
9:Oh! The soup taste good.
18:google is the best tools for search keyword.
19:goooooogle yes!
```

这样看似乎与 ooo* 的字符没有什么差异啊？因为第 19 行有多个 o 依旧也出现了！好，那么换个搜寻的字符串，假设我们要找出 g 后面接 2 到 5 个 o，然后再接一个 g 的字串，应该这样操作：

```
[root@RHEL6 ~]# grep -n 'go\{2,5\}g' /root/regular_express.txt
18:google is the best tools for search keyword.
```

第 19 行没有被选取（因为 19 行有 6 个 o）。那么，如果我想要的是 2 个 o 以上的 goooo....g 呢？除了可以是 gooo*g，也可以是：

```
[root@RHEL6 ~]# grep -n 'go\{2,\}g' /root/regular_express.txt
18:google is the best tools for search keyword.
19:goooooogle yes!
```

7.3.5 子任务 5 基础正则表达式的特殊字符汇总

经过了上面的几个简单的范例，我们可以将基础正则表示的特殊字符汇总成表 7-11 所示。

表 7-11 基础正则表示的特殊字符汇总

RE 字符	意义与范例
^word	意义：待搜寻的字串(word)在行首 范例：搜寻行首为 # 开始的那一行，并列出行号 **grep –n '^#' regular_express.txt**
word$	意义：待搜寻的字串(word)在行尾 范例：将行尾为 ! 的那一行列出来，并列出行号 **grep –n '!$' regular_express.txt**
.	意义：代表一定有一个任意字节的字符 范例：搜寻的字串可以是 (eve) (eae) (eee) (e e)，但不能仅有 (ee)！即 e 与 e 中间“一定”仅有一个字符，而空白字符也是字符 **grep –n 'e.e' regular_express.txt**
\	意义：转义字符，将特殊符号的特殊意义去除 范例：搜寻含有单引号 ' 的那一行！ **grep –n \' regular_express.txt**

RE 字符	意义与范例
*	意义：重复零个到无穷多个的前一个 RE 字符 范例：找出含有（es）（ess）（esss）等的字串，注意，因为*可以是 0 个，所以 es 也是符合要求的搜寻字符串。另外，因为*为重复“前一个 RE 字符”的符号，因此，在*之前必须要紧接着一个 RE 字符！例如任意字符则为“.*” **grep -n 'ess*' regular_express.txt**
[list]	意义：字节集合的 RE 字符，里面列出想要选取的字节 范例：搜寻含有（gl）或（gd）的那一行，需要特别留意的是，在[]当中“仅代表一个待搜寻的字符”，例如“a[afl]y”代表搜寻的字符串可以是 aay、afy、aly 即[afl]代表 a 或 f 或 l 的意思 **grep -n 'g[ld]' regular_express.txt**
[n1-n2]	意义：字符集合的 RE 字符，里面列出想要选取的字符范围！ 范例：搜寻含有任意数字的那一行！需特别留意，在字符集合[]中的减号 - 是有特殊意义的，代表两个字符之间的所有连续字符！但这个连续与否与 ASCII 编码有关，因此，你的编码需要设置正确（在 bash 当中，需要确定 LANG 与 LANGUAGE 的变量是否正确！）例如所有大写字符则为[A-Z] **grep -n '[A-Z]' regular_express.txt**
[^list]	意义：字符集合的 RE 字符，里面列出不要的字符串或范围 范例：搜寻的字符串可以是（oog）（ood），但不能是（oot），那个^在[]内时，代表的意义是“反向选择”的意思。例如，不选取大写字符，则为[^A-Z]。但是，需要特别注意的是，如果以 **grep -n [^A-Z] regular_express.txt** 来搜寻，则发现该文件内的所有行都被列出，为什么？因为这个[^A-Z]是“非大写字符”的意思，因为每一行均有非大写字符，例如第一行的 "Open Source" 就有 p,e,n,o.... 等的小写字符。 **grep -n 'oo[^t]' regular_express.txt**
\{*n*,*m*\}	意义：连续 *n* 到 *m* 个的“前一个 RE 字符” 意义：若为\{*n*\} 则是连续 *n* 个的前一个 RE 字符 意义：若是\{*n*,\} 则是连续 *n* 个以上的前一个 RE 字符 范例：在 g 与 g 之间有 2 个到 3 个的 o 存在的字符串，即（goog）（gooog） **grep -n 'go\{2,3\}g' regular_express.txt**

7.4 任务 4 掌握输入输出重定向与管道命令的应用

7.4.1 子任务 1 使用重定向

所谓重定向，就是不使用系统的标准输入端口、标准输出端口或标准错误端口，而进行重新的指定，所以重定向分为输入重定向、输出重定向和错误重定向。通常情况下重定向到一个文件。在 shell 中，要实现重定向主要依靠重定向符实现，即 shell 是检查命令行中有无重定向符来决定是否需要实施重定向。表 7-12 列出了常用的重定向符。

表 7-12　重定向符

重定向符	说　　明
<	实现输入重定向。输入重定向并不经常使用，因为大多数命令都以参数的形式在命令行上指定输入文件的文件名。尽管如此，当使用一个不接受文件名为输入多数的命令，而需要的输入又是在一个已存在的文件中时，就能用输入重定向解决问题
>或>>	实现输出重定向。输出重定向比输入重定向更常用。输出重定向使用户能把一个命令的输出重定向到一个文件中，而不是显示在屏幕上。很多情况下都可以使用这种功能。例如，如果某个命令的输出很多，在屏幕上不能完全显示，即可把它重定向到一个文件中，稍后再用文本编辑器来打开这个文件
2>或 2>>	实现错误重定向
&>	同时实现输出重定向和错误重定向

要注意的是，在实际执行命令之前，命令解释程序会自动打开（如果文件不存在则自动创建）且清空该文件（文中已存在的数据将被删除）。当命令完成时，命令解释程序会正确地关闭该文件，而命令在执行时并不知道它的输出流已被重定向。

下面举几个使用重定向的例子。

（1）将 ls 命令生成的/tmp 目录的一个清单存到当前目录中的 dir 文件中。

```
[root@RHEL6 ~]# ls -l  /tmp >dir
```

（2）将 ls 命令生成的/etc 目录的一个清单以追加的方式存到当前目录中的 dir 文件中。

```
[root@RHEL6 ~]# ls -l /tmp >>dir
```

（3）passwd 文件的内容作为 wc 命令的输入。

```
[root@RHEL6 ~]# wc</etc/passwd
```

（4）将命令 myprogram 的错误信息保存在当前目录下的 err_file 文件中。

```
[root@RHEL6 ~]# myprogram 2>err_file
```

（5）将命令 myprogram 的输出信息和错误信息保存在当前目录下的 output_file 文件中。

```
[root@RHEL6 ~]# myprogram &>output_file
```

（6）将命令 ls 的错误信息保存在当前目录下的 err_file 文件中。

```
[root@RHEL6 ~]# ls -l  2>err_file
```

注意

该命令并没有产生错误信息，但 err_file 文件中的原文件内容会被清空。

当我们输入重定向符时，命令解释程序会检查目标文件是否存在。如果不存在，命令解释程序将会根据给定的文件名创建一个空文件；如果文件已经存在，命令解释程序则会清除其内容并准备写入命令的输出到结果。这种操作方式表明：当重定向到一个已存在的文件时需要十分小心，数据很容易在用户还没有意识到之前就丢失了。

Bash 输入输出重定向可以通过使用下面选项设置为不覆盖已存在文件：

```
[root@RHEL6 ~]# set -o noclobber
```

这个选项仅用于对当前命令解释程序输入输出进行重定向，而其他程序仍可能覆盖已存在的文件。

（7）/dev/null。

空设备的一个典型用法是丢弃从 find 或 grep 等命令送来的错误信息：

```
[root@RHEL6 ~]# grep delegate  /etc/* 2>/dev/null
```

上面的 grep 命令的含义是从/etc 目录下的所有文件中搜索包含字符串 delegate 的所有的行。由于我们是在普通用户的权限下执行该命令，grep 命令是无法打开某些文件的，系统会显示一大堆“未得到允许”的错误提示。通过将错误重定向到空设备，我们可以在屏幕上只得到有用的输出。

7.4.2　子任务 2　使用管道

许多 Linux 命令具有过滤特性，即一条命令通过标准输入端口接收一个文件中的数据，命令执行后产生的结果数据又通过标准输出端口送给后一条命令，作为该命令的输入数据。后一条命令也是通过标准输入端口接收输入数据。

shell 提供管道命令“|”将这些命令前后衔接在一起，形成一个管道线。格式为

```
命令1|命令2|...|命令n
```

管道线中的每一条命令都作为一个单独的进程运行，每一条命令的输出作为下一条命令的输入。由于管道线中的命令总是从左到右顺序执行的，因此管道线是单向的。

管道线的实现创建了 Linux 系统管道文件并进行重定向，但是管道不同于 I/O 重定向，输入重定向导致一个程序的标准输入来自某个文件，输出重定向是将一个程序的标准输出写到一个文件中，而管道是直接将一个程序的标准输出与另一个程序的标准输入相连接，不需要经过任何中间文件。

例如：

```
[root@RHEL6 ~]# who >tmpfile
```

我们运行命令 who 来找出谁已经登录进入系统。该命令的输出结果是每个用户对应一行数据，其中包含了一些有用的信息，我们将这些信息保存在临时文件中。

现在我们运行下面的命令：

```
[root@RHEL6 ~]# wc -l  <tmpfile
```

该命令会统计临时文件的行数，最后的结果是登录进入系统中的用户的人数。

我们可以将以上两个命令组合起来。

```
[root@RHEL6 ~]# who|wc  -l
```

管道符号告诉命令解释程序将左边的命令（在本例中为 who）的标准输出流连接到右边的命令（在本例中为 wc　-l）的标准输入流。现在命令 who 的输出不经过临时文件就可以直接送到命令 wc 中了。

下面再举几个使用管道的例子。

（1）以长格式递归的方式分屏显示/etc 目录下的文件和目录列表。

```
[root@RHEL6 ~]# ls -Rl  /etc | more
```

（2）分屏显示文本文件/etc/passwd 的内容。

```
[root@RHEL6 ~]# cat /etc/passwd | more
```

（3）统计文本文件/etc/passwd 的行数、字数和字符数。

```
[root@RHEL6 ~]# cat /etc/passwd | wc
```

（4）查看是否存在 john 用户账号。

```
[root@RHEL6 ~]# cat /etc/passwd | grep john
```

（5）查看系统是否安装了 apache 软件包。

```
[root@RHEL6 ~]# rpm -qa | grep apache
```

（6）显示文本文件中的若干行。

```
[root@RHEL6 ~]# tail +15 myfile | head -3
```

管道仅能操纵命令的标准输出流。如果标准错误输出未重定向，那么任何写入其中的信息都会在终端显示屏幕上显示。管道可用来连接两个以上的命令。由于使用了一种被称为过滤器的服务程序，多级管道在 Linux 中是很普遍的。过滤器只是一段程序，它从自己的标准输入流读入数据，然后写到自己的标准输出流中，这样就能沿着管道过滤数据。在下例中：

```
[root@RHEL6 ~]#  who|grep  ttyp| wc  -l
```

who 命令的输出结果由 grep 命令来处理，而 grep 命令则过滤掉（丢弃掉）所有不包含字符串"ttyp"的行。这个输出结果经过管道送到命令 wc，而该命令的功能是统计剩余的行数，这些行数与网络用户的人数相对应。

Linux 系统的一个最大的优势就是按照这种方式将一些简单的命令连接起来，形成更复杂的、功能更强的命令。那些标准的服务程序仅仅是一些管道应用的单元模块，在管道中它们的作用更加明显。

7.5 项目实录：使用 vim 编辑器

1. 录像位置

随书光盘中：\随书项目实录\实训项目　使用 vim 编辑器.exe。

2. 项目实训目的

- 掌握 vim 编辑器的启动与退出。
- 掌握 vim 编辑器的三种模式及使用方法。
- 熟悉 C/C++编译器 gcc 的使用。

3. 项目背景

在 Linux 操作系统中设计一个 C 语言程序，当程序运行时显示以下运行效果：

```
[root@RHEL4 test]# ls
test  test.c
[root@RHEL4 test]# ./test
1+1=2
2+1=3   2+2=4
3+1=4   3+2=5   3+3=6
4+1=5   4+2=6   4+3=7   4+4=8
5+1=6   5+2=7   5+3=8   5+4=9   5+5=10
6+1=7   6+2=8   6+3=9   6+4=10  6+5=11  6+6=
```

4. 项目实训内容

练习 vim 编辑器的启动与退出，练习 vim 编辑器的使用方法，练习 C/C++编译器 gcc 的使用。

5. 做一做

根据项目实录录像进行项目的实训，检查学习效果。

7.6 练习题

一、填空题

1. ________可以使企业内部局域网与 Internet 之间或者与其他外部网络间互相隔离、限制网络互访，以此来保护________。

2. 由于核心在内存中是受保护的区块，因此我们必须通过________将我们输入的命令与 Kernel 沟通，以便让 Kernel 可以控制硬件正确无误地工作。

3. 系统合法的 shell 均写在________文件中。

4. 用户默认登录取得的 shell 记录于________的最后一个字段。

5. bash 的功能主要有________；________；________；________；________；________等。

6. shell 变量有其规定的作用范围，可以分为________与________。

7. ________可以观察目前 bash 环境下的所有变量。

8. 通配符主要有________、________、________等。

9. 正则表示法就是处理字符串的方法，是以________为单位来进行字符串的处理的。

10. 正则表示法通过一些特殊符号的辅助，可以让使用者轻易地________、________、________某个或某些特定的字符串。

11. 正则表示法与通配符是完全不一样的。________代表的是 bash 操作接口的一个功能，但________则是一种字符串处理的表示方式。

二、简述题

1. vim 的 3 种运行模式是什么？如何切换？

2. 什么是重定向？什么是管道？什么是命令替换？

3. Shell 变量有哪两种？分别如何定义？

4. 如何设置用户自己的工作环境？

5. 关于正则表达式的练习，首先我们要设置好环境，输入以下命令：

```
[root@RHEL6 ~]# cd
[root@RHEL6 ~]# cd /etc
[root@RHEL6 ~]# ls -a >~/data
[root@RHEL6 ~]# cd
```

这样，/etc 目录下的所有文件的列表就会保存在你的主目录下的 data 文件中。

写出可以在 data 文件中查找满足条件的所有行的正则表达式。

（1）以“P”开头。

（2）以“y”结尾。

（3）以“m”开头以“d”结尾。

（4）以“e”“g”或“l”开头。

（5）包含“o”，它后面跟着“u”。

（6）包含“o”，隔一个字母之后是“u”。

（7）以小写字母开头。

（8）包含一个数字。

（9）以“s”开头，包含一个“n”。

（10）只含有 4 个字母。

（11）只含有 4 个字母，但不包含“f”。

7.7 超级链接

点击 http://linux.sdp.edu.cn/kcweb，http://www.icourses.cn/coursestatic/course_2843.html 访问学习网站中学习情境的相关内容。

项目八 学习 shell script

项目导入

如果想要管理好属于你的主机，那么一定要好好学习 shell script。shell script 有点像是早期的批处理，即将一些命令汇总起来一次运行。但是 Shell script 拥有更强大的功能，那就是它可以进行类似程序（program）的撰写，并且不需要经过编译（compile）就能够运行，非常方便。同时，我们还可以通过 shell script 来简化我们日常的工作管理。在整个 Linux 的环境中，一些服务（service）的启动都是通过 shell script 来运行的，如果你对于 script 不了解，一旦发生问题，可真是会求助无门啊！

职业能力目标和要求

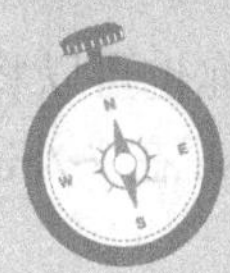

- 理解 shell script。
- 掌握判断式的用法。
- 掌握条件判断式的用法。
- 掌握循环的用法。

8.1 任务 1 了解 shell script

8.1.1 子任务 1 了解 shell script

什么是 shell script（程序化脚本）呢？就字面上的意义，我们将其分为两部分。在“shell”部分，我们在项目 7 中已经提过了，那是在命令行界面下让我们与系统沟通的一个工具接口。那么“script”是什么？字面上的意义，script 是“脚本、剧本”的意思。整句话是说，shell script 是针对 shell 所写的“脚本”。

其实，shell script 是利用 shell 的功能所写的一个“程序（program）”，这个程序是使用纯文本文件，将一些 shell 的语法与命令（含外部命令）写在里面，搭配正则表达式、管道命令与数据流重定向等功能，以达到我们所想要的处理目的。

所以，简单地说，shell script 就像是早期 DOS 年代的批处理（.bat），最简单的功能就是将许多命令写在一起，让使用者很轻易地就能够一下子处理复杂的操作（运行一个文件“shell script”，就能够一次运行多个命令）。而且 shell script 更提供数组、循环、条件与逻辑判断等重要功能，让用户也可以直接以 shell 来撰写程序，而不必使用类似 C 程序语言等传统程序撰写的语法。

shell script 可以简单地被看成是批处理文件，也可以被说成是一个程序语言，并且这个程序语言由于都是利用 shell 与相关工具命令组成的，所以不需要编译即可运行。另外，shell script 还具有不错的排错（debug）工具，所以，它可以帮助系统管理员快速地管理好主机。

8.1.2 子任务 2 编写与执行一个 shell script

1. 在 shell script 撰写中的注意事项

- 命令的执行是从上而下、从左而右进行的。
- 命令、选项与参数间的多个空格都会被忽略掉。
- 空白行也将被忽略掉，并且 Tab 按键所生成的空白同样被视为空格键。
- 如果读取到一个 Enter 符号（CR），就尝试开始运行该行（或该串）命令。
- 如果一行的内容太多，则可以使用“\[Enter]”来延伸至下一行。
- “#”可作为注解。任何加在 # 后面的数据将全部被视为注解文字而被忽略。

2. 运行 shell script 程序

现在我们假设程序文件名是 /home/dmtsai/shell.sh，那如何运行这个文件呢？很简单，可以有下面几个方法。

（1）直接命令下达：shell.sh 文件必须要具备可读与可运行（rx）的权限。

- 绝对路径：使用 /home/dmtsai/shell.sh 来下达命令。
- 相对路径：假设工作目录在 /home/dmtsai/ ，则使用 ./shell.sh 来运行。
- 变量“PATH”功能：将 shell.sh 放在 PATH 指定的目录内，例如：~/bin/。

（2）以 bash 程序来运行：通过“bash shell.sh”或“sh shell.sh”来运行。

由于 linux 默认使用者家目录下的~/bin 目录会被设置到$PATH 内，所以你也可以将 shell.sh 创建在/home/dmtsai/bin/下面（~/bin 目录需要自行设置）。此时，若 shell.sh 在 ~/bin 内且具有 rx 的权限，那就直接输入 shell.sh 即可运行该脚本程序。

那为何“sh shell.sh”也可以运行呢？这是因为/bin/sh 其实就是/bin/bash（连接档），使用 sh shell.sh 即告诉系统，我想要直接以 bash 的功能来运行 shell.sh 这个文件内的相关命令，所以此时你的 shell.sh 只要有 r 的权限即可被运行。而我们也可以利用 sh 的参数，如-n 及-x 来检查与追踪 shell.sh 的语法是否正确。

3. 编写第一个 shell script 程序

```
[root@RHEL6 ~]# mkdir  scripts;  cd scripts
[root@RHEL6 scripts]# vim  sh01.sh
#!/bin/bash
# Program:
# This program shows "Hello World!" in your screen.
# History:
# 2012/08/23    Bobby   First release
PATH=/bin:/sbin:/usr/bin:/usr/sbin:/usr/local/bin:/usr/local/sbin:~/bin
export PATH
echo -e "Hello World! \a \n"
exit 0
```

在本项目中，请将所有撰写的 script 放置到家目录的~/scripts 这个目录内，以利于管理。下面分析一下上面的程序。

（1）第一行 #!/bin/bash 在宣告这个 script 使用的 shell 名称。

因为我们使用的是 bash，所以，必须要以“#!/bin/bash”来宣告这个文件内的语法使用 bash 的语法。那么当这个程序被运行时，就能够加载 bash 的相关环境配置文件（一般来说就是 non-login shell 的 ~/.bashrc），并且运行 bash 来使我们下面的命令能够运行，这很重要。在很多情况下，如果没有设置好这一行，那么该程序很可能会无法运行，因为系统可能无法判断该程序需要使用什么 shell 来运行。

（2）程序内容的说明。

整个 script 当中，除了第一行的“#!”是用来声明 shell 的之外，其他的#都是“注释”用途。所以上面的程序当中，第二行以下就是用来说明整个程序的基本数据。

一定要养成说明该 script 的内容与功能、版本信息、作者与联络方式、建立日期、历史记录等。这将有助于未来程序的改写与调试。

（3）主要环境变量的声明。

建议务必要将一些重要的环境变量设置好，PATH 与 LANG（如果使用与输出相关的信息时）是当中最重要的。如此一来，则可让我们这个程序在运行时可以直接执行一些外部命令，而不必写绝对路径。

（4）主要程序部分。

在这个例子当中，就是 echo 那一行。

（5）运行成果告诉（定义回传值）。

一个命令的运行成功与否，可以使用 $? 这个变量来查看。我们也可以利用 exit 这个命令来让程序中断，并且回传一个数值给系统。在我们这个例子当中，使用 exit 0，这代表离开 script 并且回传一个 0 给系统，所以当运行完这个 script 后，若接着执行 echo $? 则可得到 0 的值。更聪明的读者应该也知道了，利用这个 exit n（n 是数字）的功能，我们还可以自定义错误信息，让这个程序变得更加智能。

该程序的运行结果如下：

```
[root@RHEL6 scripts]# sh  sh01.sh
Hello World !
```

而且应该还会听到“咚”的一声，为什么呢？这是 echo 加上 -e 选项的原因。当你完成这个小 script 之后，是不是感觉写脚本程序很简单啊？果真如此。

另外，你也可以利用“chmod a+x sh01.sh; ./sh01.sh”来运行这个 script。

8.1.3 子任务 3 养成撰写 shell script 的良好习惯

一个良好习惯的养成是很重要的，大家在刚开始撰写程序的时候，最容易忽略这部分，认为程序写出来就好了，其他的不重要。其实，如果程序的说明能够更清楚，那么对自己是有很大帮助的。

建议一定要养成良好的 script 撰写习惯，在每个 script 的文件头处包含以下内容：

- script 的功能；

- script 的版本信息；
- script 的作者与联络方式；
- script 的版权声明方式；
- script 的 History（历史记录）；
- script 内较特殊的命令，使用“绝对路径”的方式来执行；
- script 运行时需要的环境变量预先声明与设置。

除了记录这些信息之外，在较为特殊的程序部分，个人建议务必要加上注解说明。此外，程序的撰写建议使用嵌套方式，最好能以 Tab 按键的空格缩排，这样你的程序会显得非常漂亮、有条理，可以很轻松地阅读与调试程序。另外，撰写 script 的工具最好使用 vim 而不是 vi，因为 vim 有额外的语法检验机制，能够在第一阶段撰写时就发现语法方面的问题。

8.2 任务 2 练习简单的 shell script

8.2.1 子任务 1 完成简单范例

1．对话式脚本：变量内容由使用者决定

很多时候我们需要使用者输入一些内容，好让程序可以顺利运行。

要求：使用 read 命令撰写一个 script。让用户输入 first name 与 last name 后，在屏幕上显示“Your full name is: ”的内容：

```
[root@RHEL6 scripts]# vim  sh02.sh
#!/bin/bash
# Program:
#User inputs his first name and last name.  Program shows his full name.
# History:
# 2012/08/23    Bobby   First release
PATH=/bin:/sbin:/usr/bin:/usr/sbin:/usr/local/bin:/usr/local/sbin:~/bin
export PATH

read -p "Please input your first name: " firstname      # 提示使用者输入
read -p "Please input your last name:  " lastname       # 提示使用者输入
echo -e "\nYour full name is: $firstname $lastname"     # 结果由屏幕输出
```

2. 随日期变化：利用 date 进行文件的创建

假设服务器内有数据库，数据库每天的数据都不一样，当备份数据库时，希望将每天的数据都备份成不同的文件名，这样才能让旧的数据也被保存下来而不被覆盖。怎么办？

考虑到每天的“日期”并不相同，所以可以将文件名取成类似：backup.2012-09-14.data，不就可以每天一个不同文件名了吗？确实如此。那么 2012-09-14 是怎么来的呢？

我们看下面的例子：假设我想要创建三个空的文件（通过 touch），文件名开头由用户输入决定，假设用户输入“filename”，而今天的日期是 2012/10/07，若想要以前天、昨天、今天的日期来创建这些文件，即 filename_20121005，filename_20121006，filename_20121007，该如何编写程序？

```
[root@RHEL6 scripts]# vim  sh03.sh
#!/bin/bash
```

```
# Program:
#Program creates three files, which named by user's input and date command.
# History:
# 2012/08/23   Bobby   First release
PATH=/bin:/sbin:/usr/bin:/usr/sbin:/usr/local/bin:/usr/local/sbin:~/bin
export PATH

#  让使用者输入文件名称，并取得 fileuser 这个变量;
echo -e "I will use 'touch' command to create 3 files."    # 纯粹显示信息
read -p "Please input your filename: "  fileuser             # 提示用户输入

#  为了避免用户随意按 Enter 键，利用变量功能分析文件名是否设置?
filename=${fileuser:-"filename"}                  # 开始判断是否设置了文件名

#  开始利用 date 命令来取得所需要的文件名
date1=$(date --date='2 days ago'  +%Y%m%d) # 前两天的日期，注意+号前面有个空格
date2=$(date --date='1 days ago'  +%Y%m%d) # 前一天的日期，注意+号前面有个空格
date3=$(date +%Y%m%d)                             # 今天的日期
file1=${filename}${date1}                         # 这三行设置文件名
file2=${filename}${date2}
file3=${filename}${date3}

#  创建文件
touch "$file1"
touch "$file2"
touch "$file3"
```

分两种情况运行 sh03.sh：一次直接按 Enter 键来查阅文件名是什么，另一次可以输入一些字符，这样可以判断脚本是否设计正确。

3. 数值运算：简单的加减乘除

可以使用 declare 来定义变量的类型，利用“$((计算式))”来进行数值运算。不过可惜的是，bash shell 默认仅支持到整数。下面的例子要求用户输入两个变量，然后将两个变量的内容相乘，最后输出相乘的结果。

```
[root@RHEL6 scripts]# vim  sh04.sh
#!/bin/bash
# Program:
#User inputs 2 integer numbers; program will cross these two numbers.
# History:
# 2012/08/23   Bobby   First release
PATH=/bin:/sbin:/usr/bin:/usr/sbin:/usr/local/bin:/usr/local/sbin:~/bin
export PATH
echo -e "You SHOULD input 2 numbers, I will cross them! \n"
```

```
read -p "first number:  " firstnu
read -p "second number: " secnu
total=$(($firstnu*$secnu))
echo -e "\nThe result of $firstnu× $secnu is ==> $total"
```

在数值的运算上，我们可以使用“declare –i total=$firstnu*$secnu”，也可以使用上面的方式来表示。建议使用下面的方式进行运算：

```
var=$((运算内容))
```

不但容易记忆，而且也比较方便。因为两个小括号内可以加上空白字符。至于数值运算上的处理，则有“+、–、*、/、%”等，其中“%”是取余数。

```
[root@RHEL6 scripts]# echo  $((13 %3))
1
```

8.2.2　子任务 2　了解脚本的运行方式的差异

不同的脚本运行方式会造成不一样的结果，尤其对 bash 的环境影响很大。脚本的运行方式除了前面小节谈到的方式之外，还可以利用 source 或小数点（.）来运行。那么这些运行方式有何不同呢？

1. 利用直接运行的方式来运行脚本

当使用前一小节提到的直接命令（不论是绝对路径/相对路径还是 $PATH 内的路径），或者是利用 bash（或 sh）来执行脚本时，该脚本都会使用一个新的 bash 环境来运行脚本内的命令。也就是说，使用这种执行方式时，其实脚本是在子程序的 bash 内运行的，并且当子程序完成后，在子程序内的各项变量或动作将会结束而不会传回到父程序中。这是什么意思呢？

我们以刚刚提到过的 sh02.sh 这个脚本来说明。这个脚本可以让使用者自行配置两个变量，分别是 firstname 与 lastname，想一想，如果你直接运行该命令时，该命令帮你配置的 firstname 会不会生效？看一下下面的运行结果：

```
root@RHEL6 scripts]# echo  $firstname  $lastname     <==首先确认这两个变量并不存在
[root@RHEL6 scripts]# sh   sh02.sh
Please input your first name: Bobby              <==这个名字是读者自己输入的
Please input your last name: Yang

Your full name is: Bobby Yang       <==看吧！在脚本运行中，这两个变量会生效
[root@RHEL6 scripts]# echo  $firstname  $lastname
    <==事实上，这两个变量在父程序的 bash 中还是不存在
```

从上面的结果可以看出，sh02.sh 配置好的变量竟然在 bash 环境下面会无效。怎么回事呢？我们用图 8-1 来说明。当你使用直接运行的方法来处理时，系统会开辟一个新的 bash 来运行 sh02.sh 里面的命令。因此你的 firstname、lastname 等变量其实是在图 8-1 中的子程序 bash 内运行的。当 sh02.sh 运行完毕后，子程序 bash 内的所有数据便被移除，因此

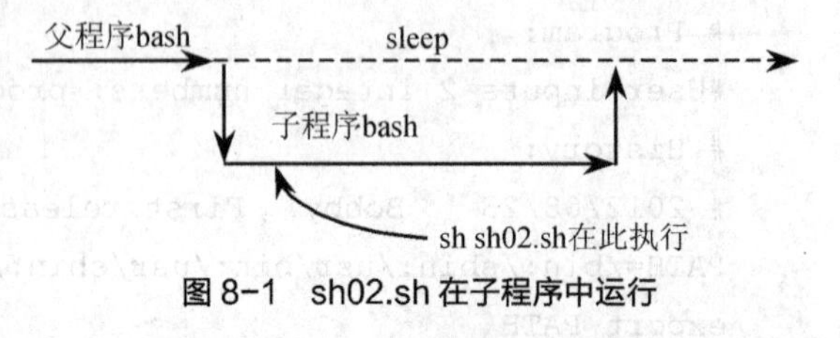

图 8-1　sh02.sh 在子程序中运行

上面的练习中，在父程序下面执行 **echo $firstname** 时，就看不到任何东西了。

2. 利用 source 运行脚本：在父程序中运行

如果使用 source 来运行命令，那会出现什么情况呢？请看下面的运行结果：

```
[root@RHEL6 scripts]# source  sh02.sh
Please input your first name: Bobby <==这个名字是读者自己输入的
Please input your last name: Yang

Your full name is: Bobby Yang      <==看吧！在 script 运行中，这两个变量会生效
 [root@RHEL6 scripts]# echo  $firstname  $lastname
Bobby Yang  <==有数据产生
```

变量竟然生效了，为什么呢？因为 source 对 script 的运行方式可以使用下面的图 8-2 来说明。sh02.sh 会在父程序中运行，因此各项操作都会在原来的 bash 内生效。这也是为什么当你不注销系统而要让某些写入~/.bashrc 的设置生效时，需要使用“source ~/.bashrc”而不能使用“bash ~/.bashrc”的原因。

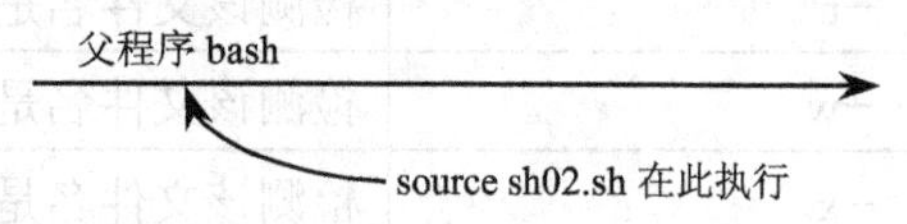

图 8-2 sh02.sh 在父程序中运行

8.3 任务 3 用好判断式

在项目 7 中，我们提到过 $? 这个变量所代表的意义。在项目 7 的讨论中，如果想要判断一个目录是否存在，当时我们使用的是 ls 这个命令搭配数据流重导向，最后配合 $? 来决定后续的命令进行与否。但是否有更简单的方式可以来进行“条件判断”呢？有，那就是“test”这个命令。

8.3.1 子任务 1 利用 test 命令的测试功能

当需要检测系统上面某些文件或者是相关的属性时，利用 test 命令是最好不过的选择。举例来说，我要检查/dmtsai 是否存在时，使用：

```
[root@RHEL6 ~]# test  -e  /dmtsai
```

运行结果并不会显示任何信息，但最后我们可以通过 $? 或 && 及|| 来显示整个结果。例如，我们将上面的例子改写成这样：

```
[root@RHEL6 ~]# test  -e  /dmtsai  &&  echo  "exist"  ||  echo  "Not exist"
Not exist  <==结果显示不存在啊
```

最终的结果告诉我们是“exist”还是“Not exist”。我们知道 -e 是用来测试一个“文件或目录”存在与否的，如果还想要测试一下该文件名是什么时，还有哪些选项可以用来判断呢？我们看表 8-1。

表 8-1 test 命令各选项的作用

测试的标志	代表意义
关于某个文件名的“文件类型”判断，如 test -e filename 表示文件名存在与否	
-e	该“文件名”是否存在（常用）
-f	该“文件名”是否存在且为文件（file）（常用）

续表

测试的标志	代表意义
-d	该“文件名”是否存在且为目录（directory）（常用）
-b	该“文件名”是否存在且为一个 block device 设备
-c	该“文件名”是否存在且为一个 character device 设备
-S	该“文件名”是否存在且为一个 Socket 文件
-p	该“文件名”是否存在且为一个 FIFO (pipe)文件
-L	该“文件名”是否存在且为一个连结档
关于文件的权限检测，如 test -r filename 表示可读否（但 root 权限常有例外）	
-r	检测该文件名是否存在且具有“可读”的权限
-w	检测该文件名是否存在且具有“可写”的权限
-x	检测该文件名是否存在且具有“可运行”的权限
-u	检测该文件名是否存在且具有“SUID”的属性
-g	检测该文件名是否存在且具有“SGID”的属性
-k	检测该文件名是否存在且具有“Sticky bit”的属性
-s	检测该文件名是否存在且为非空白文件
两个文件之间的比较，如：test file1 -nt file2	
-nt	(newer than)判断 file1 是否比 file2 新
-ot	(older than)判断 file1 是否比 file2 旧
-ef	判断 file1 与 file2 是否为同一文件，可用在 hard link 的判定上。主要意义在判定两个文件是否均指向同一个 inode
关于两个整数之间的判定，例如 test n1 -eq n2	
-eq	两数值相等 (equal)
-ne	两数值不等 (not equal)
-gt	n1 大于 n2 (greater than)
-lt	n1 小于 n2 (less than)
-ge	n1 大于等于 n2 (greater than or equal)
-le	n1 小于等于 n2 (less than or equal)
判定字符串数据	
test -z string	判定字符串是否为 0？若 string 为空字符串，则为 true
test -n string	判定字串是否非 0？若 string 为空字符串，则为 false。 注：-n 也可省略
test str1 = str2	判定 str1 是否等于 str2，若相等，则回传 true
test str1 != str2	判定 str1 是否不等于 str2，若相等，则回传 false

续表

测试的标志	代表意义
多重条件判定，例如：test -r filename -a -x filename	
-a	(and) 两状况同时成立。例如 test -r file -a -x file，则 file 同时具有 r 与 x 权限时，才回传 true
-o	(or) 两状况任何一个成立。例如 test -r file -o -x file，则 file 具有 r 或 x 权限时，就可回传 true
!	反相状态，如 test ! -x file，当 file 不具有 x 时，回传 true

现在我们就利用 test 来写几个简单的例子。首先，让读者输入一个文件名，我们判断：

- 这个文件是否存在，若不存在则给出“Filename does not exist”的信息，并中断程序；
- 若这个文件存在，则判断其是文件还是目录，结果输出“Filename is regular file”或“Filename is directory”；
- 判断一下，执行者的身份对这个文件或目录所拥有的权限，并输出权限数据。

可以先自行创建，然后再跟下面的结果比较。注意利用 test 与 && 还有 || 等标志。

```
[root@RHEL6 scripts]# vim  sh05.sh
#!/bin/bash
# Program:
#     User input a filename, program will check the flowing:
#     1.) exist? 2.) file/directory? 3.) file permissions
# History:
# 2012/08/25    Bobby   First release
PATH=/bin:/sbin:/usr/bin:/usr/sbin:/usr/local/bin:/usr/local/sbin:~/bin
export PATH

#  让使用者输入文件名，并且判断使用者是否输入了字符串
echo -e "Please input a filename, I will check the filename's type and \
permission. \n\n"
read -p "Input a filename : " filename
test -z $filename && echo "You MUST input a filename." && exit 0
#  判断文件是否存在，若不存在则显示信息并结束脚本
test ! -e $filename && echo "The filename '$filename' DO NOT exist" && exit 0
# 开始判断文件类型与属性
test -f $filename && filetype="regulare file"
test -d $filename && filetype="directory"
test -r $filename && perm="readable"
test -w $filename && perm="$perm writable"
test -x $filename && perm="$perm executable"
```

```
# 开始输出信息
echo "The filename: $filename is a $filetype"
echo "And the permissions are : $perm"
```

运行这个脚本后，会依据你输入的文件名来进行检查。先看是否存在，再看是文件还是目录类型，最后判断权限。但是必须要注意的是，由于 root 在很多权限的限制上面都是无效的，所以使用 root 运行这个脚本时，常常会发现与 ls -l 观察到的结果并不相同。所以，建议使用一般用户来运行这个脚本。不过你必须使用 root 的身份先将这个脚本转移给用户，否则一般用户无法进入/root 目录。

8.3.2 子任务 2 利用判断符号[ ]

除了使用 test 之外，其实，我们还可以利用判断符号“[ ]”（就是中括号）来进行数据的判断。举例来说，如果想要知道 $HOME 这个变量是否为空时，可以这样做：

```
[root@RHEL6 ~]#  [  -z  "$HOME"  ] ; echo $?
```

使用中括号必须要特别注意，因为中括号用在很多地方，包括通配符与正则表达式等，所以如果要在 bash 的语法当中使用中括号作为 shell 的判断式时，必须要注意中括号的两端需要有空格字符来分隔。假设空格键使用“□”符号来表示，那么，在下面这些地方都需要有空格键：

```
[□"$HOME"□==□"$MAIL"□]
 ↑        ↑  ↑        ↑
```

上面的判断式当中使用了两个等号“==”。其实在 bash 当中使用一个等号与两个等号的结果是一样的。不过在一般惯用程序的写法中，一个等号代表“变量的设置”，两个等号则是代表“逻辑判断（是否之意）”。由于我们在中括号内重点在于“判断”而非“设置变量”，因此建议您使用两个等号。

上面的例子说明，两个字符串$HOME 与$MAIL 是否有相同的意思，相当于 test $HOME = $MAIL 的意思。而如果没有空格分隔，例如写成[$HOME==$MAIL]时，bash 就会显示错误信息。因此，一定要注意：

- 在中括号[ ]内的每个组件都需要有空格键来分隔；
- 在中括号内的变量，最好都以双引号括起来；
- 在中括号内的常数，最好都以单或双引号括起来。

为什么要这么麻烦呢？举例来说，假如我设置了 name="Bobby Yang"，然后这样判定：

```
[root@RHEL6 ~]# name="Bobby Yang"
[root@RHEL6 ~]# [ $name == "Bobby" ]
bash: [: too many arguments]
```

怎么会发生错误呢？bash 显示的错误信息是“太多参数（arguments）”。为什么呢？因为 $name 如果没有使用双引号括起来，那么上面的判断式会变成：

```
[ Bobby Yang == "Bobby" ]
```

上面的表达式肯定不对。因为一个判断式仅能有两个数据的比对，上面 Bobby 与 Yang 还有"Bobby" 就有三个数据。正确的应该是下面这个样子：

```
[ "Boby Yang" == "Bobby" ]
```

另外，中括号的使用方法与 test 几乎一模一样。只是中括号经常用在条件判断式 if...then...fi 的情况中。

现在，我们使用中括号的判断来做一个小案例，案例要求如下：

- 当运行一个程序的时候，这个程序会让用户选择 Y 或 N；
- 如果用户输入 Y 或 y 时，就显示"OK, continue"；
- 如果用户输入 n 或 N 时，就显示"Oh, interrupt!"
- 如果不是 Y/y/N/n 之内的其他字符，就显示"I don't know what your choice is"。

分析：需要利用中括号、&&与 ||。

```
[root@RHEL6 scripts]# vi  sh06.sh
#!/bin/bash
# Program:
#    This program shows the user's choice
# History:
# 2012/08/25    Bobby   First release
PATH=/bin:/sbin:/usr/bin:/usr/sbin:/usr/local/bin:/usr/local/sbin:~/bin
export PATH

read -p "Please input (Y/N): " yn
[ "$yn" == "Y" -o "$yn" == "y" ] && echo "OK, continue" && exit 0
[ "$yn" == "N" -o "$yn" == "n" ] && echo "Oh, interrupt!" && exit 0
echo "I don't know what your choice is" && exit 0
```

提示

由于输入正确（Yes）的方法有大小写之分，不论输入大写 Y 或小写 y 都是可以的，此时判断式内要有两个判断才行。由于是任何一个输入（大写或小写的 Y/y）成立即可 ，所以这里使用-o（或）连结两个判断。

8.3.3　子任务 3　使用 shell script 的默认变量($0, $1...)

我们知道命令可以带有选项与参数，例如 ls -la 可以查看包含隐藏文件的所有属性与权限。那么 shell script 能不能在脚本文件名后面带有参数呢？

举例来说，如果想要重新启动系统注册表文件的功能，可以这样做：

```
[root@RHEL6 ~]# file  /etc/init.d/syslog
/etc/init.d/syslog: Bourne-Again shell script text executable
# 使用 file 来查询后，系统告诉这个文件是个 bash 的可运行脚本。
[root@RHEL6 ~]# /etc/init.d/syslog  restart
```

restart 是重新启动的意思，上面的命令可以理解为"重新启动 /etc/init.d/syslog 这个程序"。那么如果你在/etc/init.d/syslog 后面加上 stop 又会如何呢？那将会直接关闭该服务。

假如你要依据程序的运行让一些变量去执行不同的任务时，本项目一开始是使用 read 的功能来完成的。但 read 需要手动由键盘输入。如果通过命令后面跟参数的方式，那么当命令执行时就不需要手动再次输入一些变量。这样执行命令当然会更简单方便。

那么，script 是怎么实现这个功能的呢？其实 script 针对参数已经设置好了一些变量名称。对应如下：

```
/path/to/scriptname  opt1  opt2  opt3  opt4
       $0              $1    $2    $3    $4
```

这样够清楚了吧？运行的脚本文件名为$0 这个变量，第一个连接的参数就是$1，所以，只要在 script 里面善用$1，就可以很简单地立即执行某些命令功能了。除了这些数字的变量之外，我们还有一些较为特殊的变量可以在 script 内使用来调用这些参数。

- $# ：代表后面所接参数的“个数”，以上表为例这里显示为“4”。
- $@ ：代表“ "$1" "$2" "$3" "$4" ”之意，每个变量是独立的（用双引号括起来）。
- $* ：代表“ "$1c$2c$3c$4" ”，其中 c 为分隔字符，默认为空格键，所以本例中代表“ "$1 $2 $3 $4" ”之意。

$@与$*基本上还是有所不同。不过，一般情况下可以直接写成$@即可。下面我们完成一个例子：假设我要运行一个可以携带参数的 script，运行该脚本后屏幕上会显示如下的数据。

- 程序的文件名是什么；
- 共有几个参数；
- 若参数的个数小于 2 则告诉用户参数数量太少；
- 全部的参数内容是什么；
- 第一个参数是什么；
- 第二个参数是什么。

```
[root@RHEL6 scripts]# vim  sh07.sh
#!/bin/bash
# Program:
#     Program shows the script name, parameters...
# History:
# 2012/02/17    Bobby    First release
PATH=/bin:/sbin:/usr/bin:/usr/sbin:/usr/local/bin:/usr/local/sbin:~/bin
export PATH

echo "The script name is        ==> $0"
echo "Total parameter number is ==> $#"
[ "$#" -lt 2 ] && echo "The number of parameter is less than 2.  Stop here." \
  && exit 0
echo "Your whole parameter is   ==> '$@'"
echo "The 1st parameter         ==> $1"
echo "The 2nd parameter         ==> $2"
```

8.3.4 子任务 4 shift：造成参数变量号码偏移

除此之外，脚本后面所接的变量是否能够进行偏移（shift）呢？什么是偏移呢？我们直接以下面的范例来说明。下面将 sh07.sh 的内容稍作变化，用来显示每次偏移后参数的变化情况。

```
[root@RHEL6 scripts]# vi  sh08.sh
#!/bin/bash
# Program:
#     Program shows the effect of shift function.
# History:
# 2012/02/17   Bobby   First release
PATH=/bin:/sbin:/usr/bin:/usr/sbin:/usr/local/bin:/usr/local/sbin:~/bin
export PATH

echo "Total parameter number is ==> $#"
echo "Your whole parameter is   ==> '$@'"
shift    # 进行第一次“一个变量的偏移”
echo "Total parameter number is ==> $#"
echo "Your whole parameter is   ==> '$@'"
shift 3    # 进行第二次“三个变量的偏移”
echo "Total parameter number is ==> $#"
echo "Your whole parameter is   ==> '$@'"
```

运行结果如下：

```
[root@RHEL6 scripts]# sh  sh08.sh  one  two  three  four  five  six <==给定六个参数
Total parameter number is ==> 6  <==最原始的参数变量情况
Your whole parameter is  ==> 'one two three four five six'
Total parameter number is ==> 5   <==第一次偏移，观察下面，发现第一个 one 不见了
Your whole parameter is   ==> 'two three four five six'
Total parameter number is ==> 2   <==第二次偏移掉三个，two three four 不见了
Your whole parameter is   ==> 'five six'
```

光看结果你就可以知道了，shift 会移动变量，而且 shift 后面可以接数字，代表去掉最前面的几个参数的意思。上面的运行结果中，第一次进行 shift 后其显示情况是“one two three four five six”，所以就剩下五个了。第二次直接去掉三个，就变成“two three four five six”了。这就是 shift 在起作用。

上面这些例子都很简单。几乎都是利用 bash 的相关功能，下面我们开始使用条件判断式来进行一些个别功能的设置。

8.4 任务 4 使用条件判断式

只要讲到“程序”，那么条件判断式，即“if...then”这种判断式是肯定要学习的。因为很多时候，我们都必须要依据某些数据来判断程序该如何进行。举例来说，我们在前面的 sh06.sh 范例中不是练习当使用者输入 Y/N 时，输出不同的信息吗？简单的方式可以利用&&与||，但如果还想要运行许多命令呢？那就得用到 if...then 了。

8.4.1 子任务 1 利用 if...then

if...then 是最常见的条件判断式。简单地说，就是当符合某个条件判断的时候，就进行某项工作。if...then 的判断还有多层次的情况，我们将分别介绍。

1. 单层、简单条件判断式

如果你只有一个判断式要进行，那么我们可以简单地这样做：

```
if [条件判断式]; then
    当条件判断式成立时，可以进行的命令工作内容；
fi   <==将 if 反过来写，就成为 fi 了！结束 if 之意！
```

至于条件判断式的判断方法，与前一小节的介绍相同。较特别的是，如果有多个条件要判断时，除了 sh06.sh 那个案例所写的，也就是“将多个条件写入一个中括号内的情况”之外，还可以有多个中括号来隔开。而括号与括号之间，则以&&或||来隔开，其意义如下：

- &&代表 AND；
- ||代表 or。

所以，在使用中括号的判断式中，&&及||就与命令执行的状态不同了。举例来说，sh06.sh 里面的判断式可以这样修改：

```
[ "$yn" == "Y" -o "$yn" == "y" ]
```

上式可替换为

```
[ "$yn" == "Y" ] || [ "$yn" == "y" ]
```

之所以这样改，有的人是由于习惯问题，还有的人则是因为喜欢一个中括号仅有一个判断式的原因。下面我们将 sh06.sh 这个脚本修改为 if...then 的样式：

```
[root@RHEL6 scripts]# cp  sh06.sh  sh06-2.sh  <==这样改得比较快
[root@RHEL6 scripts]# vim  sh06-2.sh
#!/bin/bash
# Program:
#     This program shows the user's choice
# History:
# 2012/08/25    Bobby   First release
PATH=/bin:/sbin:/usr/bin:/usr/sbin:/usr/local/bin:/usr/local/sbin:~/bin
export PATH

read -p "Please input (Y/N): " yn

if [ "$yn" == "Y" ] || [ "$yn" == "y" ]; then
    echo "OK, continue"
    exit 0
fi
if [ "$yn" == "N" ] || [ "$yn" == "n" ]; then
    echo "Oh, interrupt!"
    exit 0
```

```
fi
echo "I don't know what your choice is" && exit 0
```

sh06.sh 还算比较简单。但是如果以逻辑概念来看，在上面的范例中，我们使用了两个条件判断。明明仅有一个$yn 的变量，为何需要进行两次比较呢？此时，最好使用多重条件判断。

2. 多重、复杂条件判断式

在同一个数据的判断中，如果该数据需要进行多种不同的判断时，应该怎么做呢？举例来说，上面的 sh06.sh 脚本中，我们只要进行一次$yn 的判断（仅进行一次 if），不想做多次 if 的判断。此时必须用到下面的语法：

```
# 一个条件判断，分成功进行与失败进行 (else)
if [条件判断式]; then
    当条件判断式成立时，可以进行的命令工作内容；
else
    当条件判断式不成立时，可以进行的命令工作内容；
fi
```

如果考虑更复杂的情况，则可以使用：

```
# 多个条件判断 (if...elif...elif... else) 分多种不同情况运行
if [条件判断式一]; then
    当条件判断式一成立时，可以进行的命令工作内容；
elif [条件判断式二]; then
    当条件判断式二成立时，可以进行的命令工作内容；
else
    当条件判断式一与二均不成立时，可以进行的命令工作内容；
fi
```

elif 也是个判断式，因此出现 elif 后面都要接 then 来处理。但是 else 已经是最后的没有成立的结果了，所以 else 后面并没有 then。

我们将 sh06-2.sh 改写成这样：

```
[root@RHEL6 scripts]# cp sh06-2.sh sh06-3.sh
[root@RHEL6 scripts]# vim sh06-3.sh
#!/bin/bash
# Program:
#     This program shows the user's choice
# History:
# 2012/08/25    Bobby   First release
PATH=/bin:/sbin:/usr/bin:/usr/sbin:/usr/local/bin:/usr/local/sbin:~/bin
export PATH

read -p "Please input (Y/N): " yn
```

```
if [ "$yn" == "Y" ] || [ "$yn" == "y" ]; then
    echo "OK, continue"
elif [ "$yn" == "N" ] || [ "$yn" == "n" ]; then
    echo "Oh, interrupt!"
else
    echo "I don't know what your choice is"
fi
```

程序变得很简单，而且依序判断，可以避免掉重复判断的状况，这样很容易设计程序。

下面再来进行另外一个案例的设计。一般来说，如果你不希望用户由键盘输入额外的数据时，可以使用上一节提到的参数功能（$1），让用户在执行命令时就将参数带进去。现在我们想让用户输入“hello”这个关键字时，利用参数的方法可以这样依序设计：

- 判断$1 是否为 hello，如果是的话，就显示“Hello, how are you ?”；
- 如果没有加任何参数，就提示用户必须要使用的参数；
- 而如果加入的参数不是 hello，就提醒用户仅能使用 hello 为参数。

整个程序是这样的：

```
[root@RHEL6 scripts]# vim  sh09.sh
#!/bin/bash
# Program:
#   Check $1 is equal to "hello"
# History:
# 2012/08/28     Bobby  First release
PATH=/bin:/sbin:/usr/bin:/usr/sbin:/usr/local/bin:/usr/local/sbin:~/bin
export PATH

if [ "$1" == "hello" ]; then
    echo "Hello, how are you ?"
elif [ "$1" == "" ]; then
    echo "You MUST input parameters, ex> {$0 someword}"
else
    echo "The only parameter is 'hello', ex> {$0 hello}"
fi
```

然后你可以执行这个程序，在 $1 的位置输入 hello，没有输入与随意输入，就可以看到不同的输出。下面我们继续来做较复杂的例子。

我们在前面已经学会了 grep 这个好用的命令，现在再学习 netstat 这个命令，这个命令可以查询到目前主机开启的网络服务端口（service ports）。我们可以利用“netstat -tuln”来取得目前主机启动的服务，取得的信息类似下面的样子：

```
[root@RHEL6 ~]# netstat  -tuln
Active Internet connections (only servers)
Proto Recv-Q Send-Q Local Address     Foreign Address   State
tcp       0      0 0.0.0.0:111       0.0.0.0:*         LISTEN
```

```
tcp        0      0 127.0.0.1:631     0.0.0.0:*       LISTEN
tcp        0      0 127.0.0.1:25      0.0.0.0:*       LISTEN
tcp        0      0 :::22             :::*            LISTEN
udp        0      0 0.0.0.0:111       0.0.0.0:*
udp        0      0 0.0.0.0:631       0.0.0.0:*
#封包格式              本地 IP:端口         远程 IP:端口     是否监听
```

上面的重点是"Local Address（本地主机的 IP 与端口对应）"那一列，代表的是本机所启动的网络服务。IP 的部分说明的是该服务位于哪个接口上，若为 127.0.0.1 则是仅针对本机开放，若是 0.0.0.0 或 ::: 则代表对整个 Internet 开放。每个端口（port）都有其特定的网络服务，几个常见的 port 与相关网络服务的关系如下。

- 80: WWW。
- 22: ssh。
- 21: ftp。
- 25: mail。
- 111: RPC（远程程序呼叫）。
- 631: CUPS（列印服务功能）。

假设我的主机有兴趣要检测的是比较常见的 port 21, 22, 25 及 80 时，那如何通过 netstat 去检测我的主机是否开启了这四个主要的网络服务端口呢？由于每个服务的关键字都是接在冒号"："后面，所以可以选取类似":80"来检测。请看下面的程序：

```
[root@RHEL6 scripts]# vim  sh10.sh
#!/bin/bash
# Program:
#     Using netstat and grep to detect WWW,SSH,FTP and Mail services.
# History:
# 2012/08/28    Bobby    First release
PATH=/bin:/sbin:/usr/bin:/usr/sbin:/usr/local/bin:/usr/local/sbin:~/bin
export PATH

#  先做一些告诉的动作
echo "Now, I will detect your Linux server's services!"
echo -e "The www, ftp, ssh, and mail will be detect! \n"

#  开始进行一些测试的工作，并且也输出一些信息
testing=$(netstat -tuln | grep ":80 ")   # 检测 port 80 存在否
if [ "$testing" != "" ]; then
     echo "WWW is running in your system."
fi
testing=$(netstat -tuln | grep ":22 ")   # 检测 port 22 存在否
if [ "$testing" != "" ]; then
     echo "SSH is running in your system."
fi
```

```
testing=$(netstat -tuln | grep ":21 ")   # 检测 port 21 存在否
if [ "$testing" != "" ]; then
     echo "FTP is running in your system."
fi
testing=$(netstat -tuln | grep ":25 ")   # 检测 port 25 存在否
if [ "$testing" != "" ]; then
     echo "Mail is running in your system."
fi
```

实际运行这个程序你就可以看到你的主机有没有启动这些服务，这是一个很有趣的程序。条件判断式还可以做得更复杂。举例来说，有个军人想要计算自己还有多长时间会退伍，那能不能写个脚本程序，让用户输入他的退伍日期，从而帮他计算还有几天会退伍呢？

由于日期是要用相减的方式来处置，所以我们可以通过使用 date 显示日期与时间，将其转为由 **1970-01-01** 累积而来的秒数，通过秒数相减来取得剩余的秒数后，再换算为天数即可。整个脚本的制作流程是这样的：

- 先让用户输入他的退伍日期；
- 再由现在的日期比对退伍日期；
- 由两个日期的比较来显示“还需要几天”才能够退伍。

其实很简单，利用“**date --date="YYYYMMDD" +%s**”转成秒数后，接下来的动作就容易得多了。如果你已经写完了程序，对照下面的写法：

```
[root@RHEL6 scripts]# vim  sh11.sh
#!/bin/bash
# Program:
#     You input your demobilization date, I calculate how many days
#     before you demobilize.
# History:
# 2012/08/29   Bobby   First release
PATH=/bin:/sbin:/usr/bin:/usr/sbin:/usr/local/bin:/usr/local/sbin:~/bin
export PATH

#  告诉使用者这个程序的用途，并且告诉应该如何输入日期格式
echo "This program will try to calculate :"
echo "How many days before your demobilization date..."
read -p "Please input your demobilization date (YYYYMMDD ex>20120401): " date2

#  利用正则表达式测试一下这个输入的内容是否正确，
date_d=$(echo $date2 |grep '[0-9]\{8\}')  # 看看是否有 8 个数字
if [ "$date_d" == "" ]; then
     echo "You input the wrong date format...."
   exit 1
fi
```

```
# 开始计算日期
declare -i date_dem='date --date="$date2" +%s' # 退伍日期秒数，注意+前面的空格
declare -i date_now='date +%s'                # 现在日期秒数，注意+前面的空格
declare -i date_total_s=$(($date_dem-$date_now))   # 剩余秒数统计
declare -i date_d=$(($date_total_s/60/60/24)) # 转为日数，用除法（一天=24*60*60（秒））
if [ "$date_total_s" -lt "0" ]; then           # 判断是否已退伍
    echo "You had been demobilization before: " $((-1*$date_d)) " ago"
else
    declare -i date_h=$(($(($date_total_s-$date_d*60*60*24))/60/60))
    echo "You will demobilize after $date_d days and $date_h hours."
fi
```

这个程序可以帮你计算退伍日期。如果是已经退伍的朋友，还可以知道已经退伍多久了。

8.4.2 子任务 2 利用 case...esac 判断

上个小节提到的“if...then...fi”对于变量的判断是以“比较”的方式来分辨的，如果符合状态就进行某些行为，并且通过较多层次（就是 elif...）的方式来进行含多个变量的程序撰写，比如 sh09.sh 那个小程序，就是用这样的方式来撰写的。但是，假如有多个既定的变量内容，例如 sh09.sh 当中，我所需要的变量就是"hello"及空字符两个，那么我只要针对这两个变量来设置情况就可以了。这时使用 case...in...esac 最为方便。

```
case  $变量名称 in       <==关键字为 case，变量前有$符
  "第一个变量内容")      <==每个变量内容建议用双引号括起来，关键字则为小括号 )
    程序段
    ;;                   <==每个类别结尾使用两个连续的分号来处理
 "第二个变量内容")
    程序段
    ;;
  *)                     <==最后一个变量内容都会用 * 来代表所有其他值
    不包含第一个变量内容与第二个变量内容的其他程序运行段
    exit 1
    ;;
esac                     <==最终的 case 结尾！思考一下 case 反过来写是什么
```

要注意的是，这个语法以 case 开头，结尾自然就是将 case 的英文反过来写。另外，每一个变量内容的程序段最后都需要两个分号（;;）来代表该程序段落的结束。至于为何需要有*这个变量内容在最后呢？这是因为，如果使用者不是输入变量内容一或二时，我们可以告诉用户相关的信息。将 sh09.sh 的案例进行修改：

```
[root@RHEL6 scripts]# vim  sh09-2.sh
#!/bin/bash
# Program:
#     Show "Hello" from $1.... by using case .... esac
# History:
```

```
# 2012/08/29    Bobby   First release
PATH=/bin:/sbin:/usr/bin:/usr/sbin:/usr/local/bin:/usr/local/sbin:~/bin
export PATH

case $1 in
  "hello")
    echo "Hello, how are you ?"
    ;;
  "")
    echo "You MUST input parameters, ex> {$0 someword}"
    ;;
  *)   # 其实就相当于通配符，0~无穷多个任意字符之意
    echo "Usage $0 {hello}"
    ;;
esac
```

在上面这个 sh09-2.sh 的案例当中，如果你输入“sh sh09-2.sh test”来运行，那么屏幕上就会出现“Usage sh09-2.sh {hello}”的字样，告诉用户仅能够使用 hello。这样的方式对于需要某些固定字符作为变量内容来执行的程序就显得更加方便。还有，系统的很多服务的启动 scripts 都是使用这种写法的。举例来说，Linux 的服务启动放置目录是在/etc/init.d/当中，该目录下有个 syslog 的服务，如果想要重新启动这个服务，可以这样做：

```
/etc/init.d/syslog  restart
```

重点是 restart。如果你使用“less /etc/init.d/syslog”去查阅一下，就会看到它使用的是 case 语法，并且会规定某些既定的变量内容，你可以直接执行 /etc/init.d/syslog，该 script 就会告诉你有哪些后续的变量可以使用。

一般来说，使用“case　变量 in”时，当中的那个“$变量”一般有以下两种取得的方式。

- 直接执行式：例如上面提到的，利用“script.sh variable”的方式来直接给$1 这个变量内容，这也是在/etc/init.d 目录下大多数程序的设计方式。
- 互动式：通过 read 这个命令来让用户输入变量的内容。

下面以一个例子来进一步说明：让用户能够输入 one、two、three，并且将用户的变量显示到屏幕上，如果不是 one、two、three 时，就告诉用户仅有这三种选择。

```
[root@RHEL6 scripts]# vim  sh12.sh
#!/bin/bash
# Program:
#     This script only accepts the flowing parameter: one, two or three.
# History:
# 2012/08/29    Bobby   First release
PATH=/bin:/sbin:/usr/bin:/usr/sbin:/usr/local/bin:/usr/local/sbin:~/bin
export PATH

echo "This program will print your selection !"
# read -p "Input your choice: " choice      # 暂时取消，可以替换
```

```
# case $choice in                                # 暂时取消，可以替换
case $1 in                                       # 现在使用，可以用上面两行替换
  "one")
      echo "Your choice is ONE"
      ;;
  "two")
      echo "Your choice is TWO"
      ;;
  "three")
      echo "Your choice is THREE"
      ;;
  *)
      echo "Usage $0 {one|two|three}"
      ;;
esac
```

此时，你可以使用“sh sh12.sh two”的方式来执行命令。上面使用的是直接执行的方式，而如果使用互动式时，那么将上面第 10, 11 行的"#"去掉，并将 12 行加上注解（#），就可以让用户输入参数了。

8.4.3 子任务 3 利用 function 功能

什么是“函数（function）”的功能？简单地说，其实，函数可以在 shell script 当中做出一个类似自定义执行命令的东西，最大的功能是，可以简化很多的程序代码。举例来说，上面的 sh12.sh 当中，每个输入结果 one、two、three 其实输出的内容都一样，那么我们就可以使用 function 来简化程序。function 的语法如下所示：

```
function  fname() {
      程序段
}
```

fname 就是我们自定义的执行命令名称，而程序段就是我们要其执行的内容。要注意的是，因为 shell script 的运行方式是由上而下、由左而右，因此在 shell script 当中的 function 的设置一定要在程序的最前面，这样才能够在运行时被找到可用的程序段。我们将 sh12.sh 改写一下，自定义一个名为 printit 的函数：

```
[root@RHEL6 scripts]# vim  sh12-2.sh
#!/bin/bash
# Program:
#     Use function to repeat information.
# History:
# 2012/08/29    Bobby   First release
PATH=/bin:/sbin:/usr/bin:/usr/sbin:/usr/local/bin:/usr/local/sbin:~/bin
export PATH

function printit(){
```

```
        echo -n "Your choice is "      # 加上 -n可以不断行继续在同一行显示
}

echo "This program will print your selection !"
case $1 in
  "one")
        printit; echo $1 | tr 'a-z' 'A-Z'  # 将参数做大小写转换
        ;;
  "two")
        printit; echo $1 | tr 'a-z' 'A-Z'
        ;;
  "three")
        printit; echo $1 | tr 'a-z' 'A-Z'
        ;;
  *)
        echo "Usage $0 {one|two|three}"
        ;;
esac
```

以上面的例子来说，定义了一个函数 printit，所以，当在后续的程序段里面，只要运行 printit，就表示 shell script 要去执行“function printit ....”里面的那几个程序段。当然，上面这个例子举得太简单了，所以你不会觉得 function 有什么大作用。不过，如果某些程序代码多次在 script 当中重复时，function 就非常重要了，不但可以简化程序代码，还可以做成类似“模块”的函数段。

提示

建议读者可以使用类似 vim 的编辑器到/etc/init.d/目录下去查阅一下所看到的文件，并且自行追踪一下每个文件的执行情况，相信会有许多心得！

另外，function 也是拥有内置变量的。它的内置变量与 shell script 很类似，函数名称用$0代表，而后续接的变量是以$1, $2...来取代的。

注意

“function fname() {程序段}”内的$0, $1...等与 shell script 的$0 是不同的。以上面 sh12-2.sh 来说，假如执行“sh sh12-2.sh one”，这表示在 shell script 内的$1 为"one"这个字符。但是在 printit()内的$1 则与这个 one 无关。

我们将上面的例子再次改写一下：

```
[root@RHEL6 scripts]# vim  sh12-3.sh
#!/bin/bash
# Program:
#     Use function to repeat information.
# History:
# 2012/08/29    Bobby    First release
```

```
PATH=/bin:/sbin:/usr/bin:/usr/sbin:/usr/local/bin:/usr/local/sbin:~/bin
export PATH

function printit(){
    echo "Your choice is $1"   # 这个 $1 必须参考下面命令的执行
}

echo "This program will print your selection !"
case $1 in
  "one")
    printit 1                  # 请注意，printit 命令后面还有参数
    ;;
  "two")
    printit 2
    ;;
  "three")
    printit 3
    ;;
  *)
    echo "Usage $0 {one|two|three}"
    ;;
esac
```

在上面的例子当中，如果你输入“sh sh12-3.sh one”就会出现“Your choice is 1”的字样。为什么是 1 呢？因为在程序段落当中，我们写了“printit 1”，那个 1 就会成为 function 当中的 $1。function 本身比较复杂，这里只要了解原理就可以了。

8.5 任务 5 使用循环（loop）

除了 if...then...fi 这种条件判断式之外，循环可能是程序当中最重要的一环了。循环可以不停地运行某个程序段落，直到使用者配置的条件达成为止。所以，重点是那个条件的达成是什么。除了这种依据判断式达成与否的不定循环之外，还有另外一种已经固定要运行多少次循环，可称为固定循环！下面我们就来谈一谈循环（loop）。

8.5.1 子任务 1 while do done, until do done（不定循环）

一般来说，不定循环最常见的就是底下这两种状态了。

```
while [ condition ]     <==中括号内的状态就是判断式
do                  <==do 是循环的开始！
    程序段落
done                <==done 是循环的结束
```

while 的中文是“当....时”，所以，这种方式说的是“当 condition 条件成立时，就进行循环，直到 condition 的条件不成立才停止”的意思。还有另外一种不定循环的方式：

```
until [ condition ]
do
      程序段落
done
```

这种方式恰恰与 while 相反，它说的是当 condition 条件成立时，就终止循环，否则就持续运行循环的程序段。我们以 while 来做个简单的练习。假设要让用户输入 yes 或者是 YES 才结束程序的运行，否则就一直运行并告诉用户输入字符。

```
[root@RHEL6 scripts]# vim  sh13.sh
#!/bin/bash
# Program:
#      Repeat question until user input correct answer.
# History:
# 2012/08/29    Bobby   First release
PATH=/bin:/sbin:/usr/bin:/usr/sbin:/usr/local/bin:/usr/local/sbin:~/bin
export PATH

while [ "$yn" != "yes" -a "$yn" != "YES" ]
do
     read -p "Please input yes/YES to stop this program: " yn
done
echo "OK! you input the correct answer."
```

上面这个例题的说明“当$yn 这个变量不是"yes"且$yn 也不是"YES"时，才进行循环内的程序。而如果$yn 是"yes"或"YES"时，就会离开循环。那如果使用 until 呢？

```
[root@RHEL6 scripts]# vim  sh13-2.sh
#!/bin/bash
# Program:
#      Repeat question until user input correct answer.
# History:
# 2005/08/29    Bobby   First release
PATH=/bin:/sbin:/usr/bin:/usr/sbin:/usr/local/bin:/usr/local/sbin:~/bin
export PATH

until [ "$yn" == "yes" -o "$yn" == "YES" ]
do
     read -p "Please input yes/YES to stop this program: " yn
done
echo "OK! you input the correct answer."
```

提醒：仔细比较这两个程序的不同。

如果想要计算 1+2+3+…+100 的值。利用循环，可以这样写程序：

```
[root@RHEL6 scripts]# vim  sh14.sh
```

```
#!/bin/bash
# Program:
#     Use loop to calculate "1+2+3+...+100" result.
# History:
# 2005/08/29    Bobby   First release
PATH=/bin:/sbin:/usr/bin:/usr/sbin:/usr/local/bin:/usr/local/sbin:~/bin
export  PATH

s=0                         # 这是累加的数值变量
i=0                         # 这是累计的数值，即 1， 2， 3...
while [ "$i" != "100" ]
do
      i=$(($i+1))           # 每次 i 都会添加 1
      s=$(($s+$i))          # 每次都会累加一次
done
echo "The result of '1+2+3+...+100' is ==> $s"
```

当你运行了“sh sh14.sh”之后，就可以得到 5050 这个数据。

思考

如果想要让用户自行输入一个数字，让程序由 1+2+…直到你输入的数字为止，该如何撰写呢？

8.5.2　子任务 2　for...do...done（固定循环）

while、until 的循环方式必须要符合某个条件的状态，而 for 这种语法则是已经知道要进行几次循环的状态。语法如下所示：

```
for var in con1 con2 con3 ...
do
      程序段
done
```

以上面的例子来说，这个 $var 的变量内容在循环工作时：

- 第一次循环时，$var 的内容为 con1；
- 第二次循环时，$var 的内容为 con2；
- 第三次循环时，$var 的内容为 con3；

……

我们可以做个简单的练习。假设有三种动物，分别是 dog、cat、elephant，如果每一行都按“There are dogs...”之类的样式输出，则可以如此撰写程序：

```
[root@RHEL6 scripts]# vim  sh15.sh
#!/bin/bash
# Program:
#   Using for .... loop to print 3 animals
# History:
```

```
# 2012/08/29    Bobby   First release
PATH=/bin:/sbin:/usr/bin:/usr/sbin:/usr/local/bin:/usr/local/sbin:~/bin
export PATH

for animal in dog cat elephant
do
      echo "There are ${animal}s.... "
done
```

让我们想像另外一种情况，由于系统里面的各种账号都是写在/etc/passwd 内的第一列，你能不能通过管道命令的 cut 找出单纯的账号名称后，以 id 及 finger 分别检查用户的识别码与特殊参数呢？由于不同的 Linux 系统里面的账号都不一样。此时实际去找/etc/passwd 并使用循环处理，就是一个可行的方案了。程序如下：

```
[root@RHEL6 scripts]# vim  sh16.sh
#!/bin/bash
# Program
#       Use id, finger command to check system account's information.
# History
# 2012/02/18    Bobby   first release
PATH=/bin:/sbin:/usr/bin:/usr/sbin:/usr/local/bin:/usr/local/sbin:~/bin
export PATH
users=$(cut -d ':' -f1 /etc/passwd)     # 获取账号名称
for username in $users                  # 开始循环
do
        id $username
        finger $username
done
```

运行上面的脚本后，系统账号就会被找出来检查。这个动作还可以用在每个账号的删除、重整上面。换个角度来看，如果我现在需要一连串的数字来进行循环呢？举例来说，我想要利用 ping 这个可以判断网络状态的命令来进行网络状态的实际检测，要侦测的域是本机所在的 192.168.1.1～192.168.1.100。由于有 100 台主机，总不会要我在 for 后面输入 1 到 100 吧？此时可以这样撰写程序：

```
[root@RHEL6 scripts]# vim  sh17.sh
#!/bin/bash
# Program
#       Use ping command to check the network's PC state.
# History
# 2012/02/18    Bobby   first release
PATH=/bin:/sbin:/usr/bin:/usr/sbin:/usr/local/bin:/usr/local/sbin:~/bin
export PATH
network="192.168.1"                     # 先定义一个网络号（网络 ID）
```

```
for sitenu in $(seq 1 100)          # seq 为 sequence(连续) 的缩写之意
do
      # 下面的语句取得 ping 的回传值是正确的还是失败的
    ping -c 1 -w  1  ${network}.${sitenu}  &>  /dev/null  &&  result=0  ||
result=1
                  # 开始显示结果是正确的启动（UP）还是错误的没有连通（DOWN）
    if [ "$result" == 0 ]; then
           echo "Server ${network}.${sitenu} is UP."
    else
           echo "Server ${network}.${sitenu} is DOWN."
    fi
done
```

上面这一串命令运行之后就可以显示出192.168.1.1~192.168.1.100共100台主机目前是否能与你的机器连通。其实这个范例的重点在$(seq ..)，seq是连续（sequence）的缩写之意，代表后面接的两个数值是一直连续的，如此一来，就能够轻松地将连续数字带入程序中了。

最后，让我们来尝试使用判断式加上循环的功能撰写程序。如果想要让用户输入某个目录名，然后找出某目录内的文件的权限，该如何做呢？程序如下：

```
[root@RHEL6 scripts]# vim  sh18.sh
#!/bin/bash
# Program:
#     User input dir name, I find the permission of files.
# History:
# 2012/08/29    Bobby   First release
PATH=/bin:/sbin:/usr/bin:/usr/sbin:/usr/local/bin:/usr/local/sbin:~/bin
export PATH

#  先看看这个目录是否存在啊
read -p "Please input a directory: " dir
if [ "$dir" == ""  -o  ! -d  "$dir" ]; then
     echo "The $dir is NOT exist in your system."
     exit 1
fi

#  开始测试文件
filelist=$(ls $dir)                      # 列出所有在该目录下的文件名称
for filename in $filelist
do
     perm=""
     test -r "$dir/$filename" && perm="$perm readable"
     test -w "$dir/$filename" && perm="$perm writable"
     test -x "$dir/$filename" && perm="$perm executable"
```

```
    echo "The file $dir/$filename's permission is $perm "
done
```

8.5.3 子任务 3 for...do...done 的数值处理

除了上述的方法之外，for 循环还有另外一种写法。语法如下：

```
for (( 初始值; 限制值; 执行步长 ))
do
    程序段
done
```

这种语法适合于数值方式的运算，在 for 后面括号内的参数的意义如下。

- 初始值：某个变量在循环当中的起始值，直接以类似 i=1 设置好。
- 限制值：当变量的值在这个限制值的范围内，就继续进行循环，例如 i<=100。
- 执行步长：每作一次循环时，变量的变化量，例如 i=i+1，步长为 1。

注意

在"执行步长"的设置上，如果每次增加 1，则可以使用类似"i++"的方式。下面我们以这种方式来进行从 1 累加到用户输入的数值的循环示例。

```
[root@RHEL6 scripts]# vim  sh19.sh
#!/bin/bash
# Program:
#     Try do calculate 1+2+....+${your_input}
# History:
# 2012/08/29    Bobby   First release
PATH=/bin:/sbin:/usr/bin:/usr/sbin:/usr/local/bin:/usr/local/sbin:~/bin
export PATH

read -p "Please input a number, I will count for 1+2+...+your_input: " nu

s=0
for (( i=1; i<=$nu; i=i+1 ))
do
  s=$(($s+$i))
done
echo "The result of '1+2+3+...+$nu' is ==> $s"
```

8.6 任务 6 对 shell script 进行追踪与调试

script 在运行之前，最怕的就是出现语法错误的问题了！那么我们如何调试呢？有没有办法不需要透过直接运行该 script 就可以来判断是否有问题呢？当然是有的！下面我们就直接以 bash 的相关参数来进行判断。

```
[root@RHEL6 ~]# sh  [-nvx] scripts.sh
```

选项与参数：

```
-n：不要执行 script，仅查询语法的问题。
-v：在执行 script 前，先将 script 的内容输出到屏幕上。
-x：将使用到的 script 内容显示到屏幕上，这是很有用的参数！
```

范例 1：测试 sh16.sh 有无语法的问题。

```
[root@RHEL6 ~]# sh  -n sh16.sh
# 若语法没有问题，则不会显示任何信息！
```

范例 2：将 sh15.sh 的运行过程全部列出来。

```
[root@RHEL6 ~]# sh  -x  sh15.sh
+ PATH=/bin:/sbin:/usr/bin:/usr/sbin:/usr/local/bin:/usr/local/sbin:/root/bin
+ export PATH
+ for animal in dog cat elephant
+ echo 'There are dogs.... '
There are dogs....
+ for animal in dog cat elephant
+ echo 'There are cats.... '
There are cats....
+ for animal in dog cat elephant
+ echo 'There are elephants.... '
There are elephants....
```

注意

上面范例 2 中执行的结果并不会有颜色的显示。为了方便说明，所以在+号之后的数据都加深了。在输出的信息中，在加号后面的数据其实都是命令串，使用 sh –x 的方式来将命令执行过程也显示出来，用户可以判断程序代码执行到哪一段时会出现哪些相关的信息。这个功能非常棒！通过显示完整的命令串，你就能够依据输出的错误信息来订正你的脚本了。

熟悉 sh 的用法，可以使你在管理 Linux 的过程中得心应手！至于在 Shell scripts 的学习方法上面，需要多看、多模仿并加以修改成自己需要的样式！网络上有相当多的朋友在开发一些相当有用的 script，如果你可以将对方的 script 拿来，并且改成适合自己主机的程序，那么学习将会事半功倍。

另外，Linux 系统本来有很多的服务启动脚本，如果你想要知道每个 script 所代表的功能是什么，可以直接用 vim 进入该 script 去查阅一下，通常立刻就知道该 script 的功能了。举例来说，我们之前一直提到的/etc/init.d/syslog，这个 script 是干什么用的？利用 vim 去查阅最前面的几行字，出现如下信息：

```
# description: Syslog is the facility by which many daemons use to log \
# messages to various system log files.  It is a good idea to always \
# run syslog.
### BEGIN INIT INFO
# Provides: $syslog
### END INIT INFO
```

简单地说，这个脚本在启动一个名为 syslog 的常驻程序（daemon），这个常驻程序可以帮助很多系统服务记载它们的登录文件（log file），建议你一直启动 syslog。

8.7 项目实录：使用 shell script 编程

1. 录像位置

随书光盘中：\随书项目实录\实训项目 使用 shell 编程.exe。

2. 项目实训目的

- 掌握 Shell 环境变量、管道、输入输出重定向的使用方法。
- 熟悉 Shell 程序设计。

3. 项目背景

某单位的系统管理员计划用 Shell 编程编写一个程序实现 USB 设备的自动挂载。程序的功能如下。

- 运算程序时，提示用户输入“y”或“n”，确定是不是挂载 USB 设备。
- 如果用户输入“y”，则挂载这个 USB 设备。
- 提示用户输入“y”或“n”，确定是不是复制文本。
- 如果用户输入“y”，则显示文件列表，然后提示用户是否复制文件。
- 程序根据用户输入的文件名复制相应的文件，然后提示是否将计算机中的文件复制到 USB 中。
- 完成文件的复制以后，提示用户是否卸载 USB 设备。

4. 项目实训内容

练习 Shell 程序设计方法及 Shell 环境变量、管道、输入输出重定向的使用方法。

5. 做一做

根据项目实录录像进行项目的实训，检查学习效果。

8.8 练习题

一、填空题

1. shell script 是利用________的功能所写的一个“程序（program）”，这个程序使用纯文本文档，将一些________写在里面，搭配________、________与________等功能，以达到我们所想要的处理目的。

2. 在 Shell script 的文件中，命令是从________而________、从________而________进行分析与执行的。

3. shell script 的运行至少需要有________的权限，若需要直接执行命令，则需要拥有________的权限。

4. 养成良好的程序撰写习惯，第一行要声明________，第二行以后则声明________、________、________等。

5. 对话式脚本可使用________命令达到目的。要创建每次执行脚本都有不同结果的数据，可使用________命令来完成。

6. script 的执行若以 source 来执行时，代表在________的 bash 内运行。

7. 若需要判断式，可使用________或________来处理。

8. 条件判断式可使用________来判断，若在固定变量内容的情况下，可使用________来处理。

9. 循环主要分为________以及________，配合 do、done 来完成所需任务。

10. 假如脚本文件名为 script.sh，我们可使用________命令来进行程序的调试。

二、实践习题

1. 创建一个 script，当你运行该 script 的时候，该 script 可以显示：① 你目前的身份（用 whoami）；② 你目前所在的目录（用 pwd）。

2. 自行创建一个程序，该程序可以用来计算“你还有几天可以过生日”。

3. 让用户输入一个数字，程序可以由 1+2+3…一直累加到用户输入的数字为止。

4. 撰写一个程序，其作用是：① 先查看一下/root/test/logical 这个名称是否存在；② 若不存在，则创建一个文件，使用 touch 来创建，创建完成后离开；③ 如果存在的话，判断该名称是否为文件，若为文件则将之删除后创建一个目录，文件名为 logical，之后离开；④ 如果存在的话，而且该名称为目录，则移除此目录。

5. 我们知道/etc/passwd 里面以：来分隔，第一栏为账号名称。请写一个程序，可以将/etc/passwd 的第一栏取出，而且每一栏都以一行字串“The 1 account is "root" ”来显示，那个 1 表示行数。

8.9 超级链接

点击 http://linux.sdp.edu.cn/kcweb，http://www.icourses.cn/coursestatic/course_2843.html 访问学习网站中学习情境的相关内容。

项目九
使用GCC和make调试程序

项目导入

程序写好了，接下来做什么呢？调试！程序调试对于程序员或管理员来说也是至关重要的一环。

职业能力目标和要求

- 理解程序调试。
- 掌握利用 GCC 进行调试。
- 掌握使用 make 编译的方法。

9.1 任务1 了解程序的调试

编程是一件复杂的工作，因为是人做的事情，所以难免会出错。据说有这样一个典故：早期的计算机体积都很大，有一次一台计算机不能正常工作，工程师们找了半天原因，最后发现是一只臭虫钻进计算机中造成的。从此以后，程序中的错误被叫作臭虫（Bug），而找到这些 Bug 并加以纠正的过程就叫做调试（Debug）。有时候调试是一件非常复杂的工作，要求程序员概念明确、逻辑清晰、性格沉稳，还需要一点运气。调试的技能我们在后续的学习中慢慢培养，但首先我们要区分清楚程序中的 Bug 分为哪几类。

9.1.1 子任务1 编译时错误

编译器只能翻译语法正确的程序，否则将导致编译失败，无法生成可执行文件。对于自然语言来说，一点语法错误不是很严重的问题，因为我们仍然可以读懂句子。而编译器就没那么宽容了，哪怕只有一个很小的语法错误，编译器就会输出一条错误提示信息然后罢工，你就得不到你想要的结果。虽然大部分情况下编译器给出的错误提示信息就是你出错的代码行，但也有个别时候编译器给出的错误提示信息帮助不大，甚至会误导你。在开始学习编程的前几个星期，你可能会花大量的时间来纠正语法错误。等到有了一些经验之后，还是会犯这样的错误，不过会少得多，而且你能更快地发现错误原因。等到经验更丰富之后你就会觉得，语法错误是最简单最低级的错误，编译器的错误提示也就那么几种，即使错误提示是有误导的也能够立刻找出真正的错误原因是什么。相比下面两种错误，语法错误解决起来要容易得多。

9.1.2 子任务 2 运行时错误

编译器检查不出这类错误，仍然可以生成可执行文件，但在运行时会出错而导致程序崩溃。对于我们接下来的几章将编写的简单程序来说，运行时错误很少见，到了后面的章节你会遇到越来越多的运行时错误。读者在以后的学习中要时刻注意区分编译时和运行时（Run-time）这两个概念，不仅在调试时需要区分这两个概念，在学习 C 语言的很多语法时都需要区分这两个概念，有些事情在编译时做，有些事情则在运行时做。

9.1.3 子任务 3 逻辑错误和语义错误

第三类错误是逻辑错误和语义错误。如果程序里有逻辑错误，编译和运行都会很顺利，看上去也不产生任何错误信息，但是程序没有干它该干的事情，而是干了别的事情。当然不管怎么样，计算机只会按你写的程序去做，问题在于你写的程序不是你真正想要的，这意味着程序的意思（即语义）是错的。找到逻辑错误在哪需要十分清醒的头脑，要通过观察程序的输出回过头来判断它到底在做什么。

通过本书你将掌握的最重要的技巧之一就是调试。调试的过程可能会让你感到一些沮丧，但调试也是编程中最需要动脑的、最有挑战和乐趣的部分。从某种角度看调试就像侦探工作，根据掌握的线索来推断是什么原因和过程导致了你所看到的结果。调试也像是一门实验科学，每次想到哪里可能有错，就修改程序然后再试一次。如果假设是对的，就能得到预期的正确结果，就可以接着调试下一个 Bug，一步一步逼近正确的程序；如果假设错误，只好另外再找思路再做假设。当你把不可能的全部剔除，剩下的——即使看起来再怎么不可能——也一定是事实（即使你没看过福尔摩斯也该看过柯南吧）。

也有一种观点认为，编程和调试是一回事，编程的过程就是逐步调试直到获得期望的结果为止。你应该总是从一个能正确运行的小规模程序开始，每做一步小的改动就立刻进行调试，这样的好处是总有一个正确的程序做参考：如果正确就继续编程，如果不正确，那么一定是刚才的小改动出了问题。例如，Linux 操作系统包含了成千上万行代码，但它也不是一开始就规划好了内存管理、设备管理、文件系统、网络等大的模块，一开始它仅仅是 Linus Torvalds 用来琢磨 Intel 80386 芯片而写的小程序。据 Larry Greenfield 说，“Linus 的早期工程之一是编写一个交替打印 AAAA 和 BBBB 的程序，这玩意儿后来进化成了 Linux。”（引自 The Linux User's Guide Beta1 版。）

9.2 任务 2 使用传统程序语言进行编译

经过上面的介绍之后，你应该比较清楚地知道原始码、编译器、函数库与运行文件之间的相关性了。不过，详细的流程可能还不是很清楚，所以，在这里我们以一个简单的程序范例来说明整个编译的过程！赶紧进入 Linux 系统，实际操作一下下面的范例吧！

9.2.1 子任务 1 安装 GCC

1. 认识 GCC

GCC（GNU Compiler Collection，GNU 编译器集合），是一套由 GNU 开发的编程语言编译器。它是一套 GNU 编译器套装。以 GPL 许可证所发行的自由软件，也是 GNU 计划的关键部分。GCC 原本作为 GNU 操作系统的官方编译器，现已被大多数类 UNIX 操作系统（如 Linux、BSD、Mac OS X 等）采纳为标准的编译器，GCC 同样适用于微软的 Windows。GCC 是自由软件过程发展中的著名例子，由自由软件基金会以 GPL 协议发布。

GCC 原名为 GNU C 语言编译器（GNU C Compiler），因为它原本只能处理 C 语言。但 GCC 后来得到扩展，变得既可以处理 C++，又可以处理 Fortran、Pascal、Objective-C、Java，以及 Ada 与其他语言。

2. 安装 GCC

（1）检查是否安装 GCC。

```
[root@ rhel5 ~]# rpm  -qa|grep  gcc
compat-libgcc-296-2.96-138
libgcc-4.1.2-46.el5
gcc-4.1.2-46.el5
gcc-c++-4.1.2-46.el5
```

表示已经安装了 GCC。

（2）如果没有安装。

如果系统还没有安装 GCC 软件包，我们可以使用 yum 命令安装所需软件包。

① 挂载 ISO 安装镜像

```
//挂载光盘到 /iso 下
[root@rhel6 ~]# mkdir  /iso
[root@rhel6 ~]# mount  /dev/cdrom  /iso
```

② 制作用于安装的 yum 源文件

```
[root@rhel6 ~]# vim  /etc/yum.repos.d/dvd.repo
dvd.repo 文件的内容如下（后面不再赘述）：
# /etc/yum.repos.d/dvd.repo
# or for ONLY the media repo, do this:
# yum --disablerepo=\* --enablerepo=c6-media [command]
[dvd]
name=dvd
baseurl=file:///iso              //特别注意本地源文件的表示，3 个“/”。
gpgcheck=0
enabled=1
```

③ 使用 yum 命令查看 GCC 软件包的信息，如图 9-1 所示。

```
[root@rhel6 ~]# yum  info  gcc
```

```
root@RHEL6:/etc
文件(F) 编辑(E) 查看(V) 搜索(S) 终端(T) 帮助(H)
[root@RHEL6 etc]# yum info gcc
Loaded plugins: product-id, refresh-packagekit, security, subscription-manager
This system is not registered to Red Hat Subscription Management. You can use su
bscription-manager to register.
dvd                                                      | 3.9 kB     00:00 ...
Available Packages
Name        : gcc
Arch        : x86_64
Version     : 4.4.7
Release     : 3.el6
Size        : 10 M
Repo        : dvd
Summary     : Various compilers (C, C++, Objective-C, Java, ...)
URL         : http://gcc.gnu.org
License     : GPLv3+ and GPLv3+ with exceptions and GPLv2+ with exceptions
Description : The gcc package contains the GNU Compiler Collection version 4.4.
            : You'll need this package in order to compile C code.

[root@RHEL6 etc]#
```

图 9-1 使用 yum 命令查看 GCC 软件包的信息

④ 使用 yum 命令安装 GCC。

```
[root@RHEL6 ~]# yum clean all                    //安装前先清除缓存
[root@rhel6 ~]# yum  install  gcc  -y
```

正常安装完成后，最后的提示信息是：

```
Installed:
  gcc.x86_64 0:4.4.7-3.el6

Dependency Installed:
  cloog-ppl.x86_64 0:0.15.7-1.2.el6       cpp.x86_64 0:4.4.7-3.el6
  glibc-devel.x86_64  0:2.12-1.107.el6     glibc-headers.x86_64 0:2.12-1.
107.el6
  kernel-headers.x86_64 0:2.6.32-358.el6  mpfr.x86_64 0:2.4.1-6.el6
  ppl.x86_64 0:0.10.2-11.el6


Complete!
```

所有软件包安装完毕之后，可以使用 rpm 命令再一次进行查询：rpm –qa | grep gcc。

```
[root@RHEL6 etc]# rpm -qa | grep gcc
libgcc-4.4.7-3.el6.x86_64
gcc-4.4.7-3.el6.x86_64
```

9.2.2　子任务 2　单一程序：打印 Hello World

我们以 Linux 上面最常见的 C 语言来撰写第一个程序。第一个程序最常见的就是在屏幕上面打印“Hello World”。如果你对 C 语言有兴趣，那么请自行购买相关的书籍，本书只作简单的例子。

请先确认你的 Linux 系统里面已经安装了 gcc。如果尚未安装 gcc，请使用 RPM 安装，先安装好 GCC 之后，再继续下面的内容。

1. 编辑程序代码，即源码

```
[root@RHEL6 ~]# vim  hello.c   <==用 C 语言写的程序扩展名建议用.c
#include <stdio.h>
int main(void)
{
        printf("Hello World\n");
}
```

上面是用 C 语言的语法写成的一个程序文件。第一行的那个“#”并不是注解。

2. 开始编译与测试运行

```
[root@RHEL6 ~]# gcc  hello.c
[root@RHEL6 ~]# ll  hello.c  a.out
-rwxr-xr-x 1 root root 4725 Jun  5 02:41 a.out   <==此时会生成这个文件名
```

```
-rw-r--r-- 1 root root   72 Jun  5 02:40 hello.c
[root@RHEL6 ~]# ./a.out
Hello World  <==呵呵！成果出现了
```

在默认的状态下，如果我们直接以 GCC 编译源码，并且没有加上任何参数，则执行文件的文件名会被自动设置为 a.out 这个文件名。所以你就能够直接执行./a.out 这个执行文件。

上面的例子很简单。那个 hello.c 就是源码，而 GCC 就是编译器，至于 a.out 就是编译成功的可执行文件。但如果想要生成目标文件（object file）来进行其他的操作，而且执行文件的文件名也不要用默认的 a.out，那该如何做呢？其实你可以将上面的第 2 个步骤改成下面这样：

```
[root@RHEL6 ~]# gcc  -c  hello.c
[root@RHEL6 ~]# ll  hello*
-rw-r--r-- 1 root root  72 Jun  5 02:40 hello.c
-rw-r--r-- 1 root root  868 Jun  5 02:44 hello.o  <==这就是生成的目标文件

[root@RHEL6 ~]# gcc  -o  hello  hello.o
[root@RHEL6 ~]# ll  hello*
-rwxr-xr-x 1 root root 4725 Jun  5 02:47 hello  <==这就是可执行文件（-o 的结果）
-rw-r--r--  1 root root   72 Jun  5 02:40 hello.c
-rw-r--r-- 1 root root  868 Jun  5 02:44 hello.o

[root@RHEL6 ~]# ./hello
Hello World
```

这个步骤主要是利用 hello.o 这个目标文件生成一个名为 hello 的执行文件，详细的 GCC 语法我们会在后面继续介绍。通过这个操作，我们可以得到 hello 及 hello.o 两个文件，真正可以执行的是 hello 这个二进制文件（binary program）（该源码程序在光盘中）。

9.2.3 子任务 3 主程序、子程序链接、子程序的编译

如果我们在一个主程序里面又调用了另一个子程序呢？这是很常见的一个程序写法，因为可以简化整个程序的易读性。在下面的例子当中，我们以 thanks.c 这个主程序去调用 thanks_2.c 这个子程序，写法很简单。

1. 撰写所需要的主程序、子程序

```
[root@RHEL6 ~]# vim  thanks.c
#include <stdio.h>
int main(void)
{
        printf("Hello World\n");
        thanks_2();
}
# 上面的 thanks_2(); 那一行就是调用子程序！

[root@RHEL6 ~]# vim  thanks_2.c
```

```
#include <stdio.h>
void thanks_2(void)
{
     printf("Thank you!\n");
}
```

2. 进行程序的编译与链接（Link）

（1）开始将源码编译成为可执行的 binary file。

```
[root@RHEL6 ~]# gcc  -c  thanks.c  thanks_2.c
[root@RHEL6 ~]# ll  thanks*
-rw-r--r-- 1 root root  76 Jun  5 16:13 thanks_2.c
-rw-r--r-- 1 root root 856 Jun  5 16:13 thanks_2.o  <==编译生成的目标文件！
-rw-r--r-- 1 root root  92 Jun  5 16:11 thanks.c
-rw-r--r-- 1 root root 908 Jun  5 16:13 thanks.o    <==编译生成的目标文件！
[root@RHEL6 ~]# gcc -o thanks thanks.o thanks_2.o
[root@RHEL6 ~]# ll thanks*
-rwxr-xr-x 1 root root 4870 Jun  5 16:17 thanks     <==最终结果会生成可执行文件
```

（2）执行可执行文件。

```
[root@RHEL6 ~]# ./thanks
Hello World
Thank you!
```

知道为什么要制作出目标文件了吗？由于我们的源码文件有时并非只有一个文件，所以我们无法直接进行编译。这个时候就需要先生成目标文件，然后再以链接制作成为 binary 可执行文件。另外，如果有一天，你升级了 thanks_2.c 这个文件的内容，则你只要重新编译 thanks_2.c 来产生新的 thanks_2.o，然后再以链接制作出新的 binary 可执行文件，而不必重新编译其他没有改动过的源码文件。这对于软件开发者来说，是一个很重要的功能，因为有时候要将偌大的源码全部编译完成，会花很长的一段时间。

此外，如果你想要让程序在运行的时候具有比较好的性能，或者是其他的调试功能时，可以在编译的过程里面加入适当的参数，例如下面的例子：

```
[root@RHEL6 ~]# gcc  -O  -c  thanks.c  thanks_2.c  <== -O 为生成优化的参数
[root@RHEL6 ~]# gcc  -Wall  -c  thanks.c  thanks_2.c
thanks.c: In function 'main':
thanks.c:5: warning: implicit declaration of function 'thanks_2'
thanks.c:6: warning: control reaches end of non-void function
# -Wall 为产生更详细的编译过程信息。上面的信息为警告信息 (warning)
# 所以不用理会也没有关系
```

至于更多的 GCC 额外参数功能，请使用 man gcc 查看学习。

9.2.4 子任务 4 调用外部函数库：加入链接的函数库

刚刚我们都只是在屏幕上面打印出一些文字而已，如果要计算数学公式该怎么办呢？例如我们想要计算出三角函数里面的 sin（90°）。要注意的是，大多数的程序语言都是使用弧度而不是“角度”，180 度等于 3.14 弧度。我们来写一个程序：

```
[root@RHEL6 ~]# vim sin.c
#include <stdio.h>
int main(void)
{
        float value;
        value = sin ( 3.14 / 2 );
        printf("%f\n",value);
}
```

那要如何编译这个程序呢？我们先直接编译：

```
[root@RHEL6 ~]# gcc sin.c
sin.c: In function 'main':
sin.c:5: warning: incompatible implicit declaration of built-in function 'sin'
/tmp/ccsfvijY.o: In function `main':
sin.c:(.text+0x1b): undefined reference to `sin'
collect2: ld returned 1 exit status
# 注意看上面最后两行，有个错误信息，代表没有成功！
```

怎么没有编译成功？它说“undefined reference to sin”，意思是“没有 sin 的相关定义参考值”，为什么会这样呢？这是因为 C 语言里面的 sin 函数是写在 libm.so 这个函数库中，而我们并没有在源码里面将这个函数库功能加进去。可以这样更正：编译时加入额外函数库链接的方式。

```
[root@RHEL6 ~]# gcc sin.c -lm -L/lib -L/usr/lib  <==重点在 -lm
[root@RHEL6 ~]# ./a.out                          <==尝试执行新文件
1.000000
```

特别注意，使用 GCC 编译时所加入的那个-lm 是有意义的，可以拆成两部分来分析。

- -l：是加入某个函数库（library）的意思。
- m：则是 libm.so 这个函数库，其中，lib 与扩展名（.a 或.so）不需要写。

所以-lm 表示使用 libm.so（或 libm.a）这个函数库的意思。至于那个-L 后面接的路径呢？这表示我需要的函数库 libm.so 请到/lib 或/usr/lib 里面寻找。

注意

由于 Linux 默认是将函数库放置在/lib 与/usr/lib 当中，所以你没有写-L/lib 与-L/usr/lib 也没有关系。不过，万一哪天你使用的函数库并非放置在这两个目录下，那么-L/path 就很重要了，否则会找不到函数库的。

除了链接的函数库之外，你或许已经发现一个奇怪的地方，那就是在我们 sin.c 当中的第一行“#include <stdio.h>”，这行说明的是要将一些定义数据由 stdio.h 这个文件读入，这包括 printf 的相关设置。这个文件其实是放置在/usr/include/stdio.h 的。那么万一这个文件并非放置在这里呢？那么我们就可以使用下面的方式来定义要读取的 include 文件放置的目录。

```
[root@RHEL6 ~]# gcc sin.c -lm -I/usr/include
```

-I/path 后面接的路径（Path）就是设置要去寻找相关的 include 文件的目录。不过，同样，默认值是放置在/usr/include 下面，除非你的 include 文件放置在其他路径，否则也可以略过这个选项。

通过上面的几个小范例，你应该对于 GCC 以及源码有了一定程度的认识了，再接下来，我们来整理一下 GCC 的简易使用方法。

9.2.5 子任务 5 GCC 的简易用法（编译、参数与链接）

前面说过，GCC 是 Linux 上面最标准的编译器，这个 GCC 是由 GNU 计划所维护的，有兴趣的朋友请参考相关资料。既然 GCC 对于 Linux 上的 Open source 这样重要，那么下面我们就列举几个 GCC 常见的参数。

```
# 仅将原始码编译成为目标文件，并不制作链接等功能
[root@RHEL6 ~]# gcc -c hello.c
# 会自动生成 hello.o 这个文件，但是并不会生成 binary 执行文件

# 在编译的时候，依据作业环境给予优化执行速度
[root@RHEL6 ~]# gcc -O hello.c -c
# 会自动生成 hello.o 这个文件，并且进行优化

# 在进行 binary file 制作时，将链接的函数库与相关的路径填入
[root@RHEL6 ~]# gcc sin.c -lm -L/usr/lib -I/usr/include
# 在最终链接成 binary file 的时候这个命令较常执行
# -lm 指的是 libm.so 或 libm.a 这个函数库文件
# -L 后面接的路径是刚刚上面那个函数库的搜索目录
# -I 后面接的是源码内的 include 文件的所在目录

# 将编译的结果生成某个特定文件
[root@RHEL6 ~]# gcc -o hello hello.c
# -o 后面接的是要输出的 binary file 文件名

# 在编译的时候，输出较多的信息说明
[root@RHEL6 ~]# gcc -o hello hello.c -Wall
# 加入 -Wall 之后，程序的编译会变得较为严谨一点，所以警告信息也会显示出来
```

我们通常称-Wall 或者-O 这些非必要的参数为标志（FLAGS），因为我们使用的是 C 程序语言，所以有时候也会简称这些标志为 CFLAGS，这些变量偶尔会被使用，尤其会在后面介绍的 make 相关用法中被使用。

9.3 任务 3 使用 make 进行宏编译

在项目 9 一开始处我们提到过 make 的功能是可以简化编译过程里面所下达的命令，同时还具有很多很方便的功能！那么下面我们就来使用 make 简化下达编译命令的流程。

9.3.1 子任务 1 为什么要用 make

先来想像一个案例，假设我的执行文件里面包含了 4 个源码文件，分别是 main.c、haha.c、sin_value.c 和 cos_value.c 这四个文件，这四个文件的功能如下所示。

- main.c：主要的目的是让用户输入角度数据与调用其他 3 个子程序。
- haha.c：输出一堆信息。
- sin_value.c：计算用户输入的角度（360）正弦数值。
- cos_value.c：计算用户输入的角度（360）余弦数值。

这四个文件在光盘中。

由于这四个文件里面包含了相关性，并且还用到数学函数式，所以如果想要让这个程序可以运行，那么就需要进行编译。

① 先进行目标文件的编译，最终会有四个*.o 的文件名出现。

```
[root@RHEL6 ~]# gcc -c main.c
[root@RHEL6 ~]# gcc -c haha.c
[root@RHEL6 ~]# gcc -c sin_value.c
[root@RHEL6 ~]# gcc -c cos_value.c
```

② 再链接形成可执行文件 main，并加入 libm 的数学函数，以生成 main 可执行文件。

```
[root@RHEL6 ~]# gcc -o main main.o haha.o sin_value.o cos_value.o \
 -lm -L/usr/lib -L/lib
```

③ 本程序的运行结果，必须输入姓名、360 度角的角度值来计算。

```
[root@RHEL6 ~]# ./main
Please input your name: Bobby  <==这里先输入名字
Please enter the degree angle (ex> 90): 30   <==输入以 360 度角为主的角度
Hi, Dear Bobby, nice to meet you.    <==这三行为输出的结果
The Sin is:  0.50
The Cos is:  0.87
```

编译的过程需要进行好多操作。而且如果要重新编译，则上述的流程需要重新重复一遍，光是找出这些命令就够烦人的了。如果可以的话，能不能一个步骤就全部完成上面所有的操作呢？那就是利用 make 这个工具。先试着在这个目录下创建一个名为 makefile 的文件，代码如下。

```
#  先编辑 makefile 这个规则文件，内容是制作出 main 这个可执行文件
[root@RHEL6 ~]# vim makefile
```

```
main: main.o haha.o sin_value.o cos_value.o
        gcc -o main main.o haha.o sin_value.o cos_value.o -lm
# 注意：第二行的 gcc 之前是 Tab 按键产生的空格

#. 尝试使用 makefile 制订的规则进行编译
[root@RHEL6 ~]# rm  -f  main  *.o    <==先将之前的目标文件删除
[root@RHEL6 ~]# make
cc    -c -o main.o main.c
cc    -c -o haha.o haha.c
cc    -c -o sin_value.o sin_value.c
cc    -c -o cos_value.o cos_value.c
gcc -o main main.o haha.o sin_value.o cos_value.o -lm
# 此时 make 会去读取 makefile 的内容，并根据内容直接去编译相关的文件

#  在不删除任何文件的情况下，重新运行一次编译的动作
[root@RHEL6 ~]# make
make: `main' is up to date.
# 看到了吧！是否很方便呢？！只进行了更新（update）的操作
```

9.3.2 子任务 2 了解 makefile 的基本语法与变量

make 的语法可是相当多而复杂的，有兴趣的话可以到 GNU 去查阅相关的说明，这里仅列出一些基本的守则，重点在于让读者们未来在接触原始码时不会太紧张！好了，基本的 makefile 守则是这样的：

```
目标(target)：目标文件 1  目标文件 2
<tab>    gcc  -o  欲创建的可执行文件 目标文件 1  目标文件 2
```

目标（target）就是我们想要创建的信息，而目标文件就是具有相关性的 object files，那创建可执行文件的语法就是以 Tab 按键开头的那一行，要特别留意，命令列必须要以 Tab 按键作为开头才行。语法规则如下：

- 在 makefile 当中的#代表注解；
- Tab 需要在命令行（例如 GCC 这个编译器命令）的第一个字节；
- 目标（target）与相关文件（就是目标文件）之间需以“:”隔开。

同样的，我们以上一个小节的范例做进一步说明，如果想要有两个以上的执行操作时，例如执行一个命令就直接清除掉所有的目标文件与可执行文件，那该如何制作 makefile 文件呢？

```
#  先编辑 makefile 来建立新的规则，此规则的目标名称为 clean
[root@RHEL6 ~]# vim  makefile
main: main.o haha.o sin_value.o cos_value.o
      gcc -o main main.o haha.o sin_value.o cos_value.o -lm
clean:
      rm -f main main.o haha.o sin_value.o cos_value.o
#  以新的目标（clean）测试，看看执行 make 的结果
```

```
[root@RHEL6 ~]# make  clean  <==就是这里！通过 make 以 clean 为目标
rm -rf main main.o haha.o sin_value.o cos_value.o
```

如此一来，我们的 makefile 里面就具有至少两个目标，分别是 main 与 clean，如果我们想要创建 main 的话，输入“make main”，如果想要清除信息，输入“make clean”即可。而如果想要先清除目标文件再编译 main 这个程序，就可以这样输入：“make clean main”，如下所示：

```
[root@RHEL6 ~]# make  clean  main
rm -rf main main.o haha.o sin_value.o cos_value.o
cc    -c -o main.o main.c
cc    -c -o haha.o haha.c
cc    -c -o sin_value.o sin_value.c
cc    -c -o cos_value.o cos_value.c
gcc -o main main.o haha.o sin_value.o cos_value.o -lm
```

不过，makefile 里面重复的数据还是有点多。我们可以再通过 shell script 的“变量”来简化 makefile ：

```
[root@RHEL6 ~]# vim  makefile
LIBS = -lm
OBJS = main.o haha.o sin_value.o cos_value.o
main: ${OBJS}
	gcc -o main ${OBJS} ${LIBS}
clean:
	rm -f main ${OBJS}
```

与 bash shell script 的语法有点不太相同，变量的基本语法如下。

- 变量与变量内容以“=”隔开，同时两边可以有空格。
- 变量左边不可以有<tab>，例如上面范例的第一行 LIBS 左边不可以是<tab>。
- 变量与变量内容在“=”两边不能具有“:”。
- 习惯上，变量最好是以“大写字母”为主。
- 运用变量时，使用${变量}或$(变量)。
- 该 shell 的环境变量是可以被套用的，例如提到的 CFLAGS 这个变量。
- 在命令行模式也可以定义变量。

由于 GCC 在进行编译的行为时，会主动地去读取 CFLAGS 这个环境变量，所以，你可以直接在 shell 定义这个环境变量，也可以在 makefile 文件里面去定义，或者在命令行当中定义。例如：

```
[root@RHEL6 ~]# CFLAGS="-Wall" make clean main
# 这个操作在 make 上进行编译时，会取用 CFLAGS 的变量内容
```

也可以这样：

```
[root@RHEL6 ~]# vim  makefile
LIBS = -lm
OBJS = main.o haha.o sin_value.o cos_value.o
```

```
CFLAGS = -Wall
main: ${OBJS}
      gcc -o main ${OBJS} ${LIBS}
clean:
      rm -f main ${OBJS}
```

可以利用命令行进行环境变量的输入，也可以在文件内直接指定环境变量。但万一这个 CFLAGS 的内容在命令行与 makefile 里面并不相同时，以哪个方式的输入为主呢？环境变量使用的规则是这样的：

- make 命令行后面加上的环境变量优先；
- makefile 里面指定的环境变量第二；
- shell 原本具有的环境变量第三。

此外，还有一些特殊的变量需要了解。$@代表目前的目标（target）。

所以也可以将 makefile 改成：

```
[root@RHEL6 ~]# vim  makefile
LIBS = -lm
OBJS = main.o haha.o sin_value.o cos_value.o
CFLAGS = -Wall
main: ${OBJS}
      gcc -o $@ ${OBJS} ${LIBS}   <==那个 $@ 就是 main
clean:
      rm -f main ${OBJS}
```

9.4 练习题

一、填空题

1. 源码其实大多是________文件，需要通过________操作后，才能够制作出 Linux 系统能够认识的可运行的________。
2. ________可以加速软件的升级速度，让软件效能更快、漏洞修补更及时。
3. 在 Linux 系统当中，最标准的 C 语言编译器为________。
4. 在编译的过程当中，可以通过其他软件提供的________来使用该软件的相关机制与功能。
5. 为了简化编译过程当中复杂的命令输入，可以通过________与________规则定义来简化程序的升级、编译与链接等操作。

二、简答题

简述 Bug 的分类。

9.5 超级链接

点击 http://linux.sdp.edu.cn/kcweb，http://www.icourses.cn/coursestatic/course_2843.html 访问学习网站中学习情境的相关内容。

学习情境四　网络服务器配置与管理

项目十
配置与管理 Samba 服务器

项目导入

是谁最先搭起 Windows 和 Linux 沟通的桥梁，并且提供不同系统间的共享服务，还能拥有强大的打印服务功能？答案就是 Samba。这些使得它的应用环境非常广泛。当然 Samba 的魅力还远远不止这些。

职业能力目标和要求

- 了解 Samba 环境及协议。
- 掌握 Samba 的工作原理。
- 掌握主配置文件 Samba.conf 的主要配置。
- 掌握 Samba 服务密码文件。
- 掌握 Samba 文件和打印共享的设置。
- 掌握 Linux 和 Windows 客户端共享 Samba 服务器资源的方法。

10.1　任务 1　认识 Samba

对于接触 Linux 的用户来说，听得最多的就是 Samba 服务，为什么是 Samba 呢？原因是 Samba 最先在 Linux 和 Windows 两个平台之间架起了一座桥梁，正是由于 Samba 的出现，我们可以在 Linux 系统和 Windows 系统之间互相通信，比如拷贝文件、实现不同操作系统之间的资源共享等，我们可以将其架设成一个功能非常强大的文件服务器，也可以将其架设成打印服务器提供本地和远程联机打印，甚至我们可以使用 Samba Server 完全取代 NT/2K/2K3 中的域控制器，做域管理工作，使用也非常方便。

10.1.1 子任务 1 了解 Samba 应用环境

- 文件和打印机共享：文件和打印机共享是 Samba 的主要功能，SMB 进程实现资源共享，将文件和打印机发布到网络之中，以供用户可以访问。
- 身份验证和权限设置：smbd 服务支持 user mode 和 domain mode 等身份验证和权限设置模式，通过加密方式可以保护共享的文件和打印机。
- 名称解析：Samba 通过 nmbd 服务可以搭建 NBNS（NetBIOS Name Service）服务器，提供名称解析，将计算机的 NetBIOS 名解析为 IP 地址。
- 浏览服务：局域网中，Samba 服务器可以成为本地主浏览服务器（LMB），保存可用资源列表，当使用客户端访问 Windows 网上邻居时，会提供浏览列表，显示共享目录、打印机等资源。

10.1.2 子任务 2 了解 SMB 协议

SMB（Server Message Block）通信协议可以看作是局域网上共享文件和打印机的一种协议。它是 Microsoft 和 Intel 在 1987 年制定的协议，主要是作为 Microsoft 网络的通信协议，而 Samba 则是将 SMB 协议搬到 UNIX 系统上来使用。通过"NetBIOS over TCP/IP"使用 Samba 不但能与局域网络主机共享资源，也能与全世界的计算机共享资源。因为互联网上千千万万的主机所使用的通信协议就是 TCP/IP。SMB 是在会话层和表示层以及小部分的应用层的协议，SMB 使用了 NetBIOS 的应用程序接口 API。另外，它是一个开放性的协议，允许协议扩展，这使得它变得庞大而复杂，大约有 65 个最上层的作业，而每个作业都超过 120 个函数。

10.1.3 子任务 3 掌握 Samba 工作原理

Samba 服务功能强大，这与其通信基于 SMB 协议有关。SMB 不仅提供目录和打印机共享，还支持认证、权限设置。在早期，SMB 运行于 NBT 协议（NetBIOS over TCP/IP）上，使用 UDP 协议的 137、138 及 TCP 协议的 139 端口，后期 SMB 经过开发，可以直接运行于 TCP/IP 协议上，没有额外的 NBT 层，使用 TCP 协议的 445 端口。

1. Samba 工作流程。

当客户端访问服务器时，信息通过 SMB 协议进行传输，其工作过程可以分成 4 个步骤。

（1）协议协商。客户端在访问 Samba 服务器时，发送 negprot 指令数据包，告诉目标计算机其支持的 SMB 类型。Samba 服务器根据客户端的情况，选择最优的 SMB 类型并做出回应，如图 10-1 所示。

（2）建立连接。当 SMB 类型确认后，客户端会发送 session setup 指令数据包，提交账号和密码，请求与 Samba 服务器建立连接，如果客户端通过身份验证，Samba 服务器会对 session setup 报文做出回应，并为用户分配唯一的 UID，在客户端与其通信时使用，如图 10-2 所示。

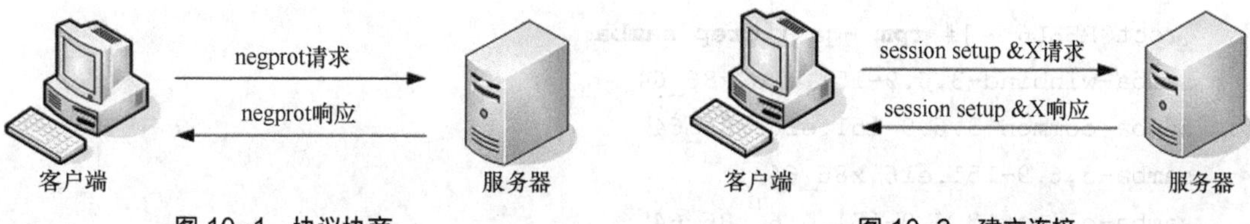

图 10-1 协议协商　　　　图 10-2 建立连接

（3）访问共享资源。客户端访问 Samba 共享资源时，发送 tree connect 指令数据包，通知服务器需要访问的共享资源名，如果设置允许，Samba 服务器会为每个客户端与共享资源连接分配 TID，客户端即可访问需要的共享资源。如图 10-3 所示。

（4）断开连接。共享使用完毕，客户端向服务器发送 tree disconnect 报文关闭共享，与服务器断开连接，如图 10-4 所示。

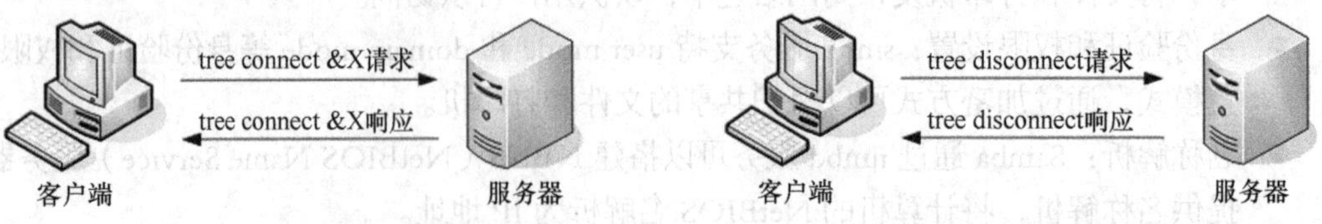

图 10-3 访问共享资源　　图 10-4 断开连接

2. Samba 相关进程。

Samba 服务是由两个进程组成，分别是 nmbd 和 smbd。

（1）nmbd：其功能是进行 NetBIOS 名解析，并提供浏览服务显示网络上的共享资源列表。

（2）smbd：其主要功能就是用来管理 Samba 服务器上的共享目录、打印机等，主要是针对网络上的共享资源进行管理的服务。当要访问服务器时，要查找共享文件，这时我们就要依靠 smbd 这个进程来管理数据传输。

10.2 任务 2 配置 Samba 服务

10.2.1 子任务 1 安装 Samba 服务

建议在安装 samba 服务之前，使用 rpm -qa |grep samba 命令检测系统是否安装了 samba 相关性软件包：

```
[root@RHEL6 ~]#rpm -qa |grep samba
```

如果系统还没有安装 samba 软件包，我们可以使用 yum 命令安装所需软件包。

① 挂载 ISO 安装镜像。

② 制作用于安装的 yum 源文件。

③ 使用 yum 命令查看 samba 软件包的信息，如下所示。

```
[root@RHEL6 ~]# yum info samba
```

④ 使用 yum 命令安装 samba 服务。

```
[root@RHEL6 ~]# yum clean all                    //安装前先清除缓存
[root@RHEL6 ~]# yum install samba -y
```

所有软件包安装完毕之后，可以使用 rpm 命令再一次进行查询：rpm -qa | grep samba。

```
[root@RHEL6 ~]# rpm -qa | grep samba
samba-winbind-3.6.9-151.el6.x86_64
samba-common-3.6.9-151.el6.x86_64
samba-3.6.9-151.el6.x86_64
samba-client-3.6.9-151.el6.x86_64
samba4-libs-4.0.0-55.el6.rc4.x86_64
samba-winbind-clients-3.6.9-151.el6.x86_64
```

10.2.2 子任务 2 启动与停止 Samba 服务

samba 服务的启动/停止/重启/重新加载如下所示：

```
[root@RHEL6 ~]# service smb start/stop/restart/reload
//或者
[root@RHEL6 ~]# /etc/rc.d/init.d/smb start/stop/restart/reload
```

注意

Linux 服务中，当我们更改配置文件后，一定要记得重启服务，让服务重新加载配置文件，这样新的配置才可以生效。

自动加载 samba 服务

我们可以使用 chkconfig 命令自动加载 smb 服务，如图 10-5 所示。

```
[root@RHEL6 ~]# chkconfig --level 3 smb on          #运行级别 3 自动加载
[root@RHEL6 ~]# chkconfig --level 3 smb off         #运行级别 3 不自动加载
```

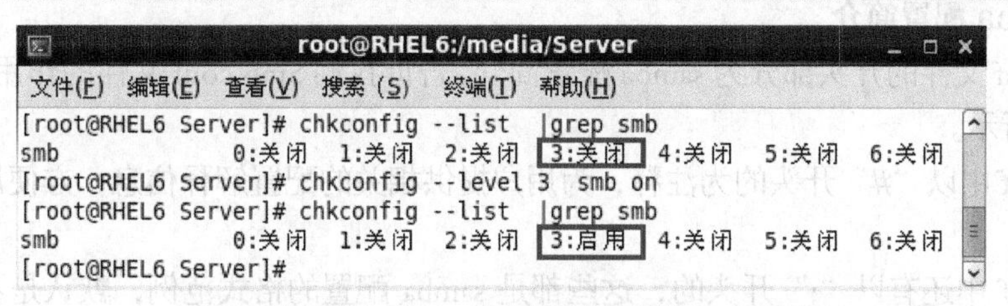

图 10-5 使用 chkconfig 命令自动加载 smb 服务

10.2.3 子任务 3 了解 Samba 服务器配置的工作流程

在 Samba 服务安装完毕之后，并不是直接可以使用 Windows 或 Linux 的客户端访问 Samba 服务器，我们还必须对服务器进行设置：告诉 Samba 服务器将哪些目录共享出来给客户端进行访问，并根据需要设置其他选项，比如添加对共享目录内容的简单描述信息和访问权限等具体设置。

基本的 Samba 服务器的搭建流程主要分为 4 个步骤。

（1）编辑主配置文件 smb.conf，指定需要共享的目录，并为共享目录设置共享权限。

（2）在 smb.conf 文件中指定日志文件名称和存放路径。

（3）设置共享目录的本地系统权限。

（4）重新加载配置文件或重新启动 SMB 服务，使配置生效。

（5）关闭防火墙，同时设置 SELinux 为允许。

Samba 工作流程如图 10-6 所示。

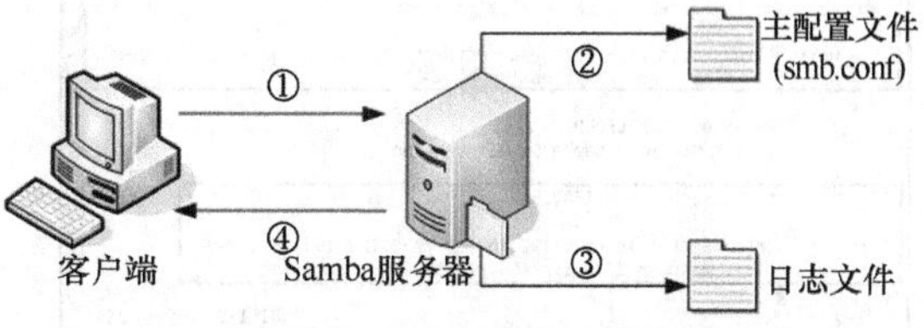

图 10-6 Samba 工作流程示意图

① 客户端请求访问 Samba 服务器上的 Share 共享目录。

② Samba 服务器接收到请求后，会查询主配置文件 smb.conf，看是否共享了 Share 目录，如果共享了这个目录则查看客户端是否有权限访问。

③ Samba 服务器会将本次访问信息记录在日志文件之中，日志文件的名称和路径都需要

我们设置。

④ 如果客户端满足访问权限设置，则允许客户端进行访问。

10.2.4 子任务 4 配置主要配置文件 smb.conf

samba 的配置文件一般就放在/etc/samba 目录中，主配置文件名为 smb.conf。

使用 ll 命令查看 smb.conf 文件属性，并使用命令：vim /etc/samba/smb.conf 查看文件的详细内容，如图 10-7 所示。

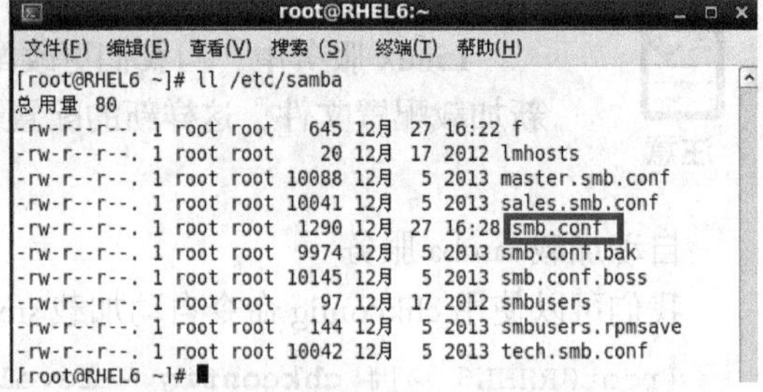

图 10-7 查看 smb.conf 配置文件

smb.conf 配置文件有 299 行内容，配置也相对比较复杂，不过我们不用担心，samba 开发组按照功能不同，对 smb.conf 文件进行了分段划分，条理非常清楚。

下面我们来具体看下 smb.conf 的内容，smb.conf 大致分为 3 个部分，我们来了解一下，其中经常要使用到的字段我们将以实例解释。

1. samba 配置简介

Smb.conf 文件的开头部分为 samba 配置简介，告诉我们 Smb.conf 文件的作用及相关信息，如图 10-8 所示。

smb.conf 中以“#”开头的为注释，为用户提供相关的配置解释信息，方便用户参考，不用修改它。

smb.conf 中还有以“;”开头的，这些都是 samba 配置的格式范例，默认是不生效的，可以通过去掉前面的“;”并加以修改来设置想使用的功能。

2. Global Settings

Global Settings 设置为全局变量区域。那什么是全局变量呢？全局变量就是说我们只要在 global 时进行设置，那么该设置项目就是针对所有共享资源生效的。这与以后我们学习的很多服务器配置文件相似，请读者一定谨记。

该部分以[global]开始，如图 10-9 所示。

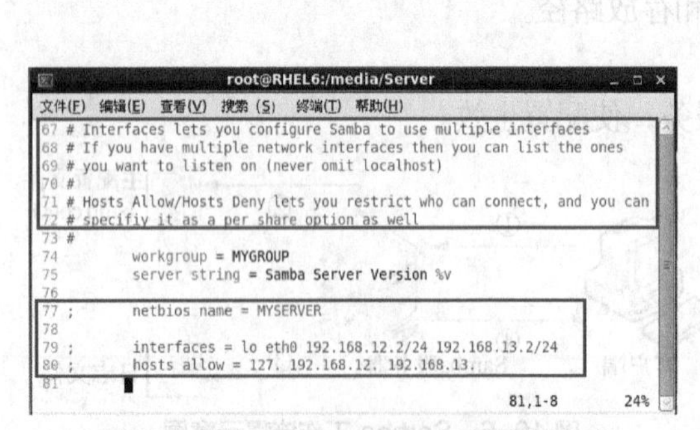

图 10-8 smb.conf 主配置文件的简介部分

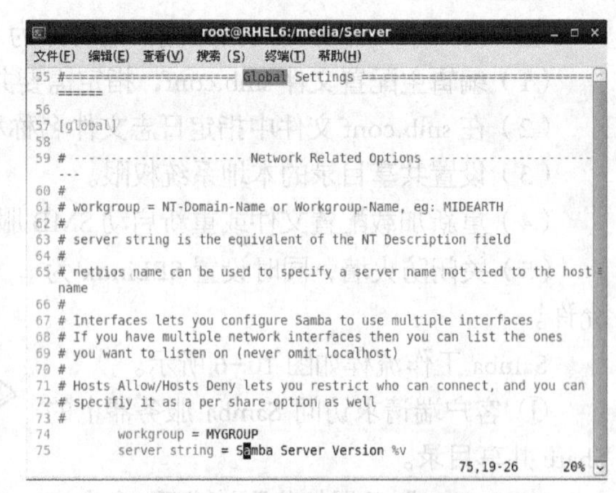

图 10-9 Global Setting 设置

smb.conf 配置通用格式，对相应功能进行设置：字段=设定值。

[global]常用字段及设置方法如下所示。

（1）设置工作组或域名称。

工作组是网络中地位平等的一组计算机，可以通过设置 workgroup 字段来对 samba 服务器所在工作组或域名进行设置。例如：workgroup=SmileGroup。

（2）服务器描述。

服务器描述实际上类似于备注信息，在一个工作组中，可能存在多台服务器，为了方便用户浏览，我们可以在 server string 配置相应描述信息，这样用户就可以通过描述信息知道自己要登录哪台服务器了。例如：server string=samba Server One。

（3）设置 samba 服务器安全模式。

samba 服务器有 share、user、server、domain 和 ads 5 种安全模式，用来适应不同的企业服务器的需求。例如：security=share。

① share 安全级别模式。客户端登录 samba 服务器，不需要输入用户名和密码就可以浏览 samba 服务器的资源，适用于公共的共享资源，安全性差，需要配合其他权限设置，保证 samba 服务器的安全性。

② user 安全级别模式。客户端登录 samba 服务器，需要提交合法账号和密码，经过服务器验证才可以访问共享资源，服务器默认为此级别模式。

③ server 安全级别模式。客户端需要将用户名和密码提交到指定的一台 samba 服务器上进行验证，如果验证出现错误，客户端会用 user 级别访问。

④ domain 安全级别模式。如果 samba 服务器加入 Windows 域环境中，验证工作将由 Windows 域控制器负责，domain 级别的 samba 服务器只是成为域的成员客户端，并不具备服务器的特性，samba 早期的版本就是使用此级别登录 Windows 域的。

⑤ ads 安全级别模式。当 samba 服务器使用 ads 安全级别加入到 Windows 域环境中，就具备了 domain 安全级别模式中所有的功能并可以具备域控制器的功能。

技巧

为了配置方便，可以将配置文件中的注释和空行去掉，但一定先备份原始配置文件。操作如下。

```
[root@RHEL6 ~]# cd /etc/samba
[root@RHEL6 samba]# ls
[root@RHEL6 samba]# mv smb.conf  smb.conf.bak
[root@RHEL6 samba]# ls
[root@RHEL6  samba]#cat  smb.conf.bak|grep  -v  "#"|grep  -v  "^;"|grep  -v
"^$">>smb.conf
[root@RHEL6 samba]# vim smb.conf
```

3. Share Definitions 共享服务的定义

Share Definitions 设置对象为共享目录和打印机，如果我们想发布共享资源，需要对 Share Definitions 部分进行配置。Share Definitions 字段非常丰富，设置灵活。

我们先来看一下几个最常用的字段。

（1）设置共享名。

共享资源发布后，必须为每个共享目录或打印机设置不同的共享名，供网络用户访问时使用，并且共享名可以与原目录名不同。

共享名设置非常简单，格式如下：

```
[共享名]
```

【例 10-1】 samba 服务器中有个目录为/share，需要发布该目录成为共享目录，定义共享名为 public，设置如图 10-10 所示。

在 Windows 7 下测试时出现错误界面，如图 10-11 所示。

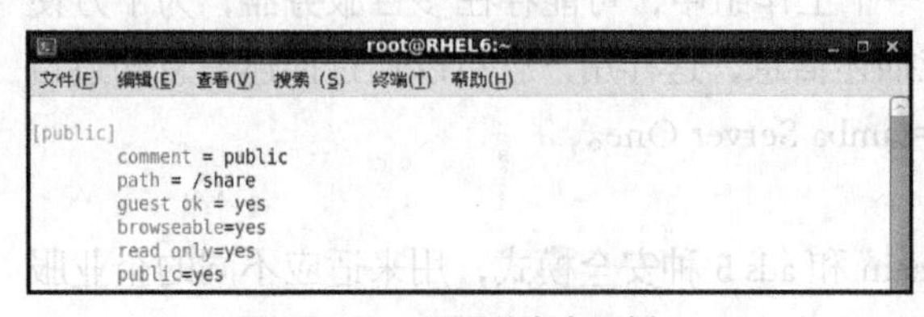

图 10-10 设置共享名示例

图 10-11 Windows 7 下测试时出现错误界面

错误原因：Selinux 设置成了强制（Enforcing）。解决方法：将 SELinux 设置成允许（Permissive）。该设置重启计算机后失效！需要重新设置。

```
[root@RHEL6 ~]# getenforce
Enforcing
[root@RHEL6 ~]# setenforce 0
[root@RHEL6 ~]# getenforce
Permissive
```

特别注意

如果需要设置共享目录为可写，请一定将本地权限设置为可写。例如：

```
[root@RHEL6 ~]# chmod 777 /share
```

（2）共享资源描述。

网络中存在各种共享资源，为了方便用户识别，可以为其添加备注信息，以方便用户查看时知道共享资源的内容是什么。

格式：

```
comment = 备注信息
```

（3）共享路径。

共享资源的原始完整路径，可以使用 path 字段进行发布，务必正确指定。

格式：

```
path = 绝对地址路径
```

（4）设置匿名访问。

设置是否允许对共享资源进行匿名访问，可以更改 public 字段。

格式：

```
public = yes      #允许匿名访问
public = no       #禁止匿名访问
```

（5）设置访问用户。

如果共享资源存在重要数据的话，需要对访问用户审核，我们可以使用 valid users 字段进行设置。

格式：

```
valid users = 用户名
valid users = @组名
```

【例 10-2】samba 服务器/share/tech 目录存放了公司技术部数据，只允许技术部员工和经理访问，技术部组为 tech，经理账号为 manger。

```
[tech]
        comment=tecch
        path=/share/tech
        valid users=@tech,manger
```

（6）设置目录只读。

共享目录如果限制用户的读写操作，我们可以通过 read only 实现。

格式：

```
read only = yes     #只读
read only = no      #读写
```

【例 10-3】samba 服务器公共目录/public 存放大量共享数据，为保证目录安全我们只允许读取，禁止写入。

```
[public]
        comment=public
        path=/public
        public=yes
        read only=yes
```

（7）设置目录可写。

如果共享目录允许用户写操作，可以使用 writable 或 write list 两个字段进行设置。

writable 格式：

```
writable = yes      #读写
writable = no       #只读
```

write list 格式：

```
write list = 用户名
write list = @组名
```

[homes]为特殊共享目录，表示用户主目录。[printers]表示共享打印机。

10.2.5 子任务 5 Samba 服务的日志文件和密码文件

1. samba 服务日志文件

日志文件对于 samba 非常重要，它存储着客户端访问 samba 服务器的信息，以及 samba 服务的错误提示信息等，可以通过分析日志，帮助解决客户端访问和服务器维护等问题。

在/etc/samba/smb.conf文件中，log file为设置samba日志的字段。如下所示：

```
log file = /var/log/samba/log.%m
```

samba服务的日志文件默认存放在/var/log/samba/中，其中samba会为每个连接到samba服务器的计算机分别建立日志文件。

我们使用`/etc/rc.d/init.d/smb start`命令启动smb服务，使用`ls -a /var/log/samba`命令查看日志的所有文件。

当客户端通过网络访问samba服务器后，会自动添加客户端的相关日志。所以，Linux管理员可以根据这些文件来查看用户的访问情况和服务器的运行情况。另外当samba服务器工作异常时，也可以通过/var/log/samba/下的日志进行分析。

2. samba服务密码文件

samba服务器发布共享资源后，客户端访问samba服务器，需要提交用户名和密码进行身份验证，验证合格后才可以登录。samba服务为了实现客户身份验证功能，将用户名和密码信息存放在/etc/samba/smbpasswd中，在客户端访问时，将用户提交的资料与smbpasswd存放的信息进行比对，如果相同，并且samba服务器其他安全设置允许，客户端与samba服务器连接才能建立成功。

那如何建立samba账号呢？首先，samba账号并不能直接建立，需要先建立Linux同名的系统账号。例如，如果要建立一个名为yy的samba账号，那Linux系统中必须提前存在一个同名的yy系统账号。

samba中添加账号命令为smbpasswd，命令格式：

```
smbpasswd -a 用户名
```

【例10-4】在samba服务器中添加samba账号reading。

① 建立Linux系统账号reading。

```
[root@RHEL6 ~]# useradd reading
[root@RHEL6 ~]# passwd reading
```

② 添加reading用户的samba账户。

```
[root@RHEL6 ~]# smbpasswd -a reading
```

samba账号添加完毕。如果在添加samba账号时输入完两次密码后出现错误信息：Failed to modify password entry for user amy，则是因为Linux本地用户里没有reading这个用户，在Linux系统里面添加一下就可以了。

务必要注意在建立samba账号之前，一定要先建立一个与samba账号同名的系统账号。

经过上面的设置，再次访问samba共享文件时就可以使用reading账号访问了。

10.3 任务3 share服务器实例解析

上面已经对samba的相关配置文件简单介绍，现在通过实例来掌握如何搭建samba服务器。

【例 10-5】某公司需要添加 samba 服务器作为文件服务器，工作组名为 Workgroup，发布共享目录/share，共享名为 public，这个共享目录允许所有公司员工访问。

分析：这个案例属于 samba 的基本配置，可以使用 share 安全级别模式。既然允许所有员工访问，则需要为每个用户建立一个 samba 账号，那么如果公司拥有大量用户呢？如 1 000 个用户，100 000 个用户，一个个设置会非常麻烦，可以通过配置 security=share 来让所有用户登录时采用匿名账户 nobody 访问，这样实现起来非常简单。

① 建立 share 目录，并在其下建立测试文件。

```
[root@RHEL6 ~]# mkdir  /share
[root@RHEL6 ~]# touch  /share/test_share.tar
```

② 修改 samba 主配置文件 smb.conf。

```
[root@RHEL6 ~]# vim  /etc/samba/smb.conf
```

修改配置文件，并保存结果。

```
[global]
        workgroup=Workgroup   #设置 samba 服务器工作组名为 Workgroup
        server string=File Server  #添加 samba 服务器注释信息为 File Server
        security=share        #设置 samba 安全级别为 share 模式，允许用户匿名访问

[public]                      #设置共享目录的共享名为 public
        comment=public
        path=/share           #设置共享目录的绝对路径为/share
        guest ok=yes          #允许匿名访问
        public=yes            #最后设置允许匿名访问
```

③ 重新加载配置。

Linux 为了使新配置生效，需要重新加载配置，可以使用 restart 重新启动服务或者使用 reload 重新加载配置。

```
[root@RHEL6 ~]# service smb reload
//或者
[root@RHEL6 ~]# /etc/rc.d/init.d/smb reload
```

注意

重启 samba 服务，虽然可以让配置生效，但是 restart 是先关闭 samba 服务再开启服务，这样如果在公司网络运营过程中肯定会对客户端员工的访问造成影响，建议使用 reload 命令重新加载配置文件使其生效，这样不需要中断服务就可以重新加载配置。

samba 服务器通过以上设置，用户就可以不需要输入账号和密码直接登录 samba 服务器并访问 public 共享目录。但是如果出现错误，最大的可能是防火墙和 SELinux。

④ 关闭防火墙，同时设置 SELinux 为允许。

关闭防火墙的方法是选择“系统→管理→防火墙”，打开防火墙设置对话框。单击“禁

用”→“应用”将防火墙关闭，如图 10-12 所示。

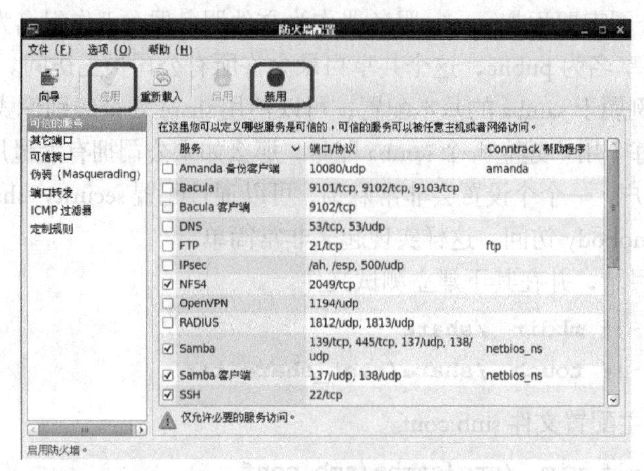

图 10-12　关闭防火墙

特别提示

为了使后面几个章节中不再出现类似错误，请一定将 SELinux 设置为允许。更改当前的 SELinux 值，后面可以跟 Enforcing、Permissive 或者 1、0。

```
[root@RHEL6 桌面]# getenforce
Enforcing
[root@RHEL6 桌面]# setenforce Permissive
```

或者

```
[root@RHEL6 桌面]# setenforce 0
[root@RHEL6 桌面]# getenforce
Permissive
[root@RHEL6 桌面]# sestatus  -v
SELinux status:                 enabled
SELinuxfs mount:                /selinux
<以下省略...>
```

注意

① 利用 setenforce 设置 SELinux 值，重启系统后失效。② 如果想长期有效，请编辑修改/etc/sysconfig/selinux 文件，按需要赋予 SELINUX 相应的值（Enforcing|Permissive，或者“0”|“1”）。③本书多次提到防火墙和 SELinux，请读者一定注意，后面不再一一叙述。对于重启后失效的情况也要了如指掌。

10.4　任务 4　配置 Samba 客户端

1. Linux 客户端访问 Samba 共享

Linux 客户端访问服务器主要有以下两种方法。

（1）使用 smbclient 命令

在 Linux 中，samba 客户端使用 smbclint 这个程序来访问 samba 服务器时，先要确保客户端已经安装了 samba-client 这个 rpm 包。

```
[root@RHEL6 ~]# rpm  -qa|grep  samba
```

默认已经安装，如果没有安装可以用前面讲过的命令来安装。

smbclient 可以列出目标主机共享目录列表。smbclient 命令格式：

smbclient -L 目标 IP 地址或主机名 -U 登录用户名%密码

当查看 RHEL6（192.168.1.30）主机的共享目录列表时，提示输入密码，这时候可以不输入密码，而直接按 Enter 键，这样表示匿名登录，然后就会显示匿名用户可以看到的共享目录列表。

```
[root@RHEL6 ~]# smbclient  -L  192.168.1.30
```

若想使用 samba 账号查看 samba 服务器端共享的目录，可以加上-U 参数，后面跟上用户名%密码。下面的命令显示只有 sale2 账号（其密码为 123456）才有权限浏览和访问的 sales 共享目录：

```
[root@RHEL6 ~]# smbclient  -L  192.168.1.30  -U  sale2%123456
```

注意

不同用户使用 smbclient 浏览的结果可能是不一样的，这要根据服务器设置的访问控制权限而定。

还可以使用 smbclient 命令行共享访问模式浏览共享的资料。

smbclient 命令行共享访问模式命令格式：

```
smbclient  //目标 IP 地址或主机名/共享目录  -U  用户名%密码
```

下面命令运行后，将进入交互式界面（输入“？”号可以查看具体命令）。

```
[root@RHEL6 ~]# smbclient  //192.168.1.30/sales  -U  sale2%123456
```

另外，smbclient 登录 samba 服务器后，可以使用 help 查询所支持的命令。

（2）使用 mount 命令挂载共享目录

mount 命令挂载共享目录格式：

```
mount -t cifs //目标 IP 地址或主机名/共享目录名称 挂载点 -o username=用户名
```

下面的命令结果为挂载 192.168.1.30 主机上的共享目录 sales 到/mnt/sambadata 目录下，cifs 是 samba 所使用的文件系统。

```
[root@RHEL6 ~]# mkdir -p /mnt/sambadata
[root@RHEL6 ~]# mount -t cifs //192.168.1.30/sales /mnt/sambadata/ -o
 username=sale2%123456
[root@RHEL6 ~]# cd /mnt/sambadata
[root@RHEL6 sambadata]# ls
test_share.tar  新建文件夹  新建文件夹 (2)
```

2. Windows 客户端访问 samba 共享

① 依次选择“开始”→“运行”命令，使用 UNC 路径直接进行访问。例如：\\192.168.1.

30\sales。

② 映射网络驱动器访问 samba 服务器共享目录。双击打开“我的电脑”，再依次选择“工具”→“映射网络驱动器”命令，在“映射网络驱动器”对话框中选择 Z 驱动器，并输入 tech 共享目录的地址，如\\192.168.1.30\sales。单击“完成”按钮，在接下来的对话框中输入可以访问 tech 共享目录的 samba 账号和密码。

再次打开“我的电脑”，驱动器 Z 就是共享目录 tech，可以很方便地访问了。

10.5 项目实录

1. 录像位置

随书光盘中\随书项目实录\配置与管理 Samba 服务器.exe。

2. 项目背景

某公司有 system、develop、productdesign 和 test 4 个小组，个人办公机操作系统为 Windows Server 2000/XP/ 2003，少数开发人员采用 Linux 操作系统，服务器操作系统为 RHEL 5，需要设计一套建立在 RHEL 5 之上的安全文件共享方案。每个用户都有自己的网络磁盘，develop 组到 test 组有共用的网络硬盘，所有用户（包括匿名用户）有一个只读共享资料库；所有用户（包括匿名用户）要有一个存放临时文件的文件夹。网络拓扑如图 10-13 所示。

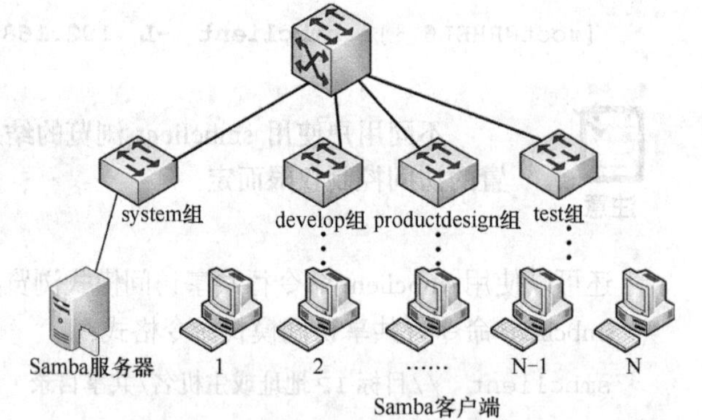

图 10-13 Samba 服务器搭建网络拓扑

3. 项目目标

（1）System 组具有管理所有 Samba 空间的权限。

（2）各部门的私有空间：各小组拥有自己的空间，除了小组成员及 system 组有权限以外，其他用户不可访问（包括列表、读和写）。

（3）资料库：所有用户（包括匿名用户）都具有读权限而不具有写入数据的权限。

（4）develop 组与 test 组的共享空间，develop 组与 test 组之外的用户不能访问。

（5）公共临时空间：让所有用户可以读取、写入、删除。

4. 深度思考

在观看录像时思考以下几个问题。

（1）用 mkdir 命令建立共享目录，可以同时建立多个目录？

（2）各目录的共享属性是怎样的？

（3）组账户、用户账户、Samba 账户等的建立过程是怎样的？

（4）useradd 的各类选项：-g、-G、-d、-s、-M 的含义分别是什么？

（5）权限 700 和 755 是什么含义？请查找相关权限表示的资料，也可以参见“文件权限管理”录像。

（6）注意不同用户登录后权限的变化。

5. 做一做

根据项目要求及录像内容，将项目完整无缺地完成。

10.6 练习题

一、填空题

1. Samba 服务功能强大，使用________协议，英文全称是________。
2. SMB 经过开发，可以直接运行于 TCP/IP 上，使用 TCP 的________端口。
3. Samba 服务是由两个进程组成，分别是________和________。
4. Samba 服务软件包包括________、________、________和________（不要求版本号）。
5. Samba 的配置文件一般就放在________目录中，主配置文件名为________。
6. Samba 服务器有________、________、________、________和________五种安全模式，默认级别是________。

二、选择题

1. 用 Samba 共享了目录，但是在 Windows 网络邻居中却看不到它，应该在/etc/Samba/smb.conf 中怎样设置才能正确工作？（ ）

A. AllowWindowsClients=yes　　B. Hidden=no
C. Browseable=yes　　D. 以上都不是

2. 请选择一个正确的命令来卸载 Samba-3.0.33-3.7.el5.i386.rpm。（ ）

A. rpm -D Samba-3.0.33-3.7.el5　　B. rpm -i Samba-3.0.33-3.7.el5
C. rpm -e Samba-3.0.33-3.7.el5　　D. rpm -d Samba-3.0.33-3.7.el5

3. 哪个命令可以允许 198.168.0.0/24 访问 Samba 服务器？（ ）

A. hosts enable = 198.168.0.　　B. hosts allow = 198.168.0.
C. hosts accept = 198.168.0.　　D. hosts accept = 198.168.0.0/24

4. 启动 Samba 服务，哪些是必须运行的端口监控程序？（ ）

A. nmbd　　B. lmbd　　C. mmbd　　D. smbd

5. 下面所列出的服务器类型中哪一种可以使用户在异构网络操作系统之间进行文件系统共享？（ ）

A. FTP　　B. Samba　　C. DHCP　　D. Squid

6. Samba 服务密码文件是（ ）。

A. smb.conf　　B. Samba.conf　　C. smbpasswd　　D. smbclient

7. 利用（ ）命令可以对 Samba 的配置文件进行语法测试。

A. smbclient　　B. smbpasswd　　C. testparm　　D. smbmount

8. 可以通过设置条目（ ）来控制访问 Samba 共享服务器的合法主机名。

A. allow hosts　　B. valid hosts　　C. allow　　D. publicS

9. Samba 的主配置文件中不包括（ ）。

A. global 参数　　B. directory shares 部分
C. printers shares 部分　　D. applications shares 部分

三、简答题

1. 简述 Samba 服务器的应用环境。
2. 简述 Samba 的工作流程。
3. 简述基本的 Samba 服务器搭建流程的四个主要步骤。
4. 简述 Samba 服务故障排除的方法。

10.7 实践习题

1. 公司需要配置一台 Samba 服务器。工作组名为 smile，共享目录为/share，共享名为 public，该共享目录只允许 192.168.0.0/24 网段员工访问。请给出实现方案并上机调试。

2. 如果公司有多个部门，因工作需要，必须分门别类地建立相应部门的目录。要求将技术部的资料存放在 Samba 服务器的/companydata/tech/目录下集中管理，以便技术人员浏览，并且该目录只允许技术部员工访问。请给出实现方案并上机调试。

3. 配置 Samba 服务器，要求如下：Samba 服务器上有个 tech1 目录，此目录只有 boy 用户可以浏览访问，其他人都不可以浏览和访问。请灵活使用独立配置文件，给出实现方案并上机调试。

4. 上机完成企业实战案例的 Samba 服务器配置及调试工作。

10.8 超级链接

点击 http://linux.sdp.edu.cn/kcweb，http://www.icourses.cn/coursestatic/course_2843.html 访问学习网站中学习情境的相关内容。

关于“配置与管理 samba 服务器”的更详细的配置、更多的企业服务器实例、故障排除方法，请读者参见作者的“十二五”职业教育国家规划教材《网络服务器搭建、配置与管理——Linux（第 2 版）》（人民邮电出版社，杨云、马立新主编）。

项目十一
配置与管理 DHCP 服务器

项目导入

在一个计算机比较多的网络中，如果要为整个企业每个部门的上百台机器逐一进行 IP 地址的配置绝不是一件轻松的工作。为了更方便、简捷地完成这些工作，很多时候会采用动态主机配置协议（Dynamic Host Configuration Protocol，DHCP）来自动为客户端配置 IP 地址、默认网关等信息。

在完成该项目之前，首先应当对整个网络进行规划，确定网段的划分以及每个网段可能的主机数量等信息。

职业能力目标和要求

- 了解 DHCP 服务器在网络中的作用。
- 理解 DHCP 的工作过程。
- 掌握 DHCP 服务器的基本配置。
- 掌握 DHCP 客户端的配置和测试。

11.1　DHCP 相关知识

11.1.1　DHCP 服务概述

在一个计算机比较多的网络中，如果要为整个企业每个部门的上百台机器逐一进行 IP 地址的配置绝不是一件轻松的工作。为了更方便、简捷地完成这些工作，很多时候会采用动态主机配置协议（Dynamic Host Configuration Protocol，DHCP）来自动为客户端配置 IP 地址。

DHCP 基于客户/服务器模式，当 DHCP 客户端启动时，它会自动与 DHCP 服务器通信，要求提供自动分配 IP 地址的服务，而安装了 DHCP 服务软件的服务器则会响应要求。

DHCP（Dynamic Host Configuration Protocol，动态主机配置协议）是一个简化主机 IP 地址分配管理的 TCP/IP 标准协议，用户可以利用 DHCP 服务器管理动态的 IP 地址分配及其他相关的环境配置工作，如：DNS 服务器、WINS 服务器、Gateway（网关）的设置。

在 DHCP 机制中可以分为服务器和客户端两个部分，服务器使用固定的 IP 地址，在局域网中扮演着给客户端提供动态 IP 地址、DNS 配置和网管配置的角色。客户端与 IP 地址相关的配置，都在启动时由服务器自动分配。

11.1.2 DHCP 工作过程

DHCP 客户端和服务器端申请 IP 地址、获得 IP 地址的过程一般分为 4 个阶段，如图 11-1 所示。

1. DHCP 客户机发送 IP 租约请求

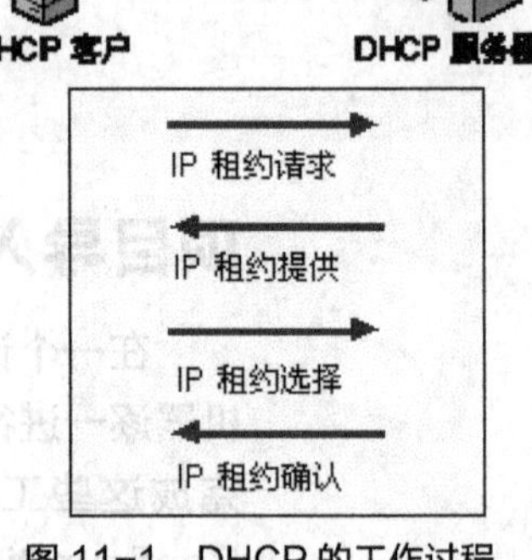

图 11-1 DHCP 的工作过程

当客户端启动网络时，由于在 IP 网络中的每台机器都需要有一个地址，因此，此时的计算机 TCP/IP 地址与 0.0.0.0 绑定在一起。它会发送一个“DHCP Discover（DHCP 发现）”广播信息包到本地子网，该信息包发送给 UDP 端口 67，即 DHCP/BOOTP 服务器端口的广播信息包。

2. DHCP 服务器提供 IP 地址

本地子网的每一个 DHCP 服务器都会接收“DHCP Discover”信息包。每个接收到请求的 DHCP 服务器都会检查它是否有提供给请求客户端的有效空闲地址，如果有，则以“DHCP Offer（DHCP 提供）”信息包作为响应，该信息包包括有效的 IP 地址、子网掩码、DHCP 服务器的 IP 地址、租用期限，以及其他的有关 DHCP 范围的详细配置。所有发送 DHCP Offer 信息包的服务器将保留它们提供的这个 IP 地址（该地址暂时不能分配给其他的客户端）。“DHCP Offer”信息包广播发送到 UDP 端口 68，即 DHCP/BOOTP 客户端端口。响应是以广播的方式发送的，因为客户端没有能直接寻址的 IP 地址。

3. DHCP 客户机进行 IP 租用选择

客户端通常对第一个提议产生响应，并以广播的方式发送“DHCP Request（DHCP 请求）”信息包作为回应。该信息包告诉服务器“是的，我想让你给我提供服务。我接收你给我的租用期限”。而且，一旦信息包以广播方式发送以后，网络中所有的 DHCP 服务器都可以看到该信息包，那些提议没有被客户端承认的 DHCP 服务器将保留的 IP 地址返回给它的可用地址池。客户端还可利用 DHCP Request 询问服务器其他的配置选项，如 DNS 服务器或网关地址。

4. DHCP 服务器 IP 租用认可

当服务器接收到“DHCP Request”信息包时，它以一个“DHCP Acknowledge（DHCP 确认）”信息包作为响应，该信息包提供了客户端请求的任何其他信息，并且也是以广播方式发送的。该信息包告诉客户端“一切准备好。记住你只能在有限时间内租用该地址，而不能永久占据！好了，以下是你询问的其他信息”。

注意

客户端执行 DHCP DISCOVER 后，如果没有 DHCP 服务器响应客户端的请求，客户端会随机使用 169.254.0.0/16 网段中的一个 IP 地址配置本机地址。

11.1.3 DHCP 服务器分配给客户端的 IP 地址类型

在客户端向 DHCP 服务器申请 IP 地址时，服务器并不是总给它一个动态的 IP 地址，而是根据实际情况决定。

11.1.3　DHCP 服务器分配给客户端的 IP 地址类型

在客户端向 DHCP 服务器申请 IP 地址时，服务器并不是总给它一个动态的 IP 地址，而是根据实际情况决定。

1. 动态 IP 地址

客户端从 DHCP 服务器那里取得的 IP 地址一般都不是固定的，而是每次都可能不一样。在 IP 地址有限的单位内，动态 IP 地址可以最大化地达到资源的有效利用。它利用并不是每个员工都会同时上线的原理，优先为上线的员工提供 IP 地址，离线之后再收回。

2. 静态 IP 地址

客户端从 DHCP 服务器那里取得的 IP 地址也并不总是动态的。比如，有的单位除了员工用计算机外，还有数量不少的服务器，这些服务器如果也使用动态 IP 地址，不但不利于管理，而且客户端访问起来也不方便。该怎么办呢？我们可以设置 DHCP 服务器记录特定计算机的 MAC 地址，然后为每个 MAC 地址分配一个固定的 IP 地址。

至于如何查询网卡的 MAC 地址，根据网卡是本机还是远程计算机，采用的方法也有所不同。

什么是 MAC 地址？MAC 地址也叫作物理地址或硬件地址，是由网络设备制造商生产时写在硬件内部的（网络设备的 MAC 地址都是唯一的）。在 TCP/IP 网络中，表面上看来是通过 IP 地址进行数据的传输，实际上最终是通过 MAC 地址来区分不同的节点的。

（1）查询本机网卡的 MAC 地址。

这个很简单，用 ifconfig 命令就可以轻松完成，前面项目 1 已经讲过。

（2）查询远程计算机网卡的 MAC 地址。

既然 TCP/IP 网络通信最终要用到 MAC 地址，那么使用 ping 命令当然也可以获取对方的 MAC 地址信息，只不过它不会显示出来，我们要借助其他的工具来完成。

```
[root@RHEL6 ~]# ping c 1 192.168.0.186 //ping 远程计算机 192.168.0.186 一次
[root@RHEL6 ~]# arp -n                 //查询缓存在本地的远程计算机中的 MAC 地址
```

11.2　项目设计及准备

11.2.1　项目设计

部署 DHCP 之前应该先进行规划，明确哪些 IP 地址用于自动分配给客户端（即作用域中应包含的 IP 地址），哪些 IP 地址用于手工指定给特定的服务器。例如，在项目中，IP 地址段为 192.168.1.1～192.168.1.254，子网掩码是 255.255.255.0，网关为 192.168.1.1，192.168.1.2～192.168.1.30 网段地址是服务器的固定地址，客户端可以使用的地址段为 192.168.1.100～192.168.1.200，其余剩下的 IP 地址为保留地址。

用于手工配置的 IP 地址，一定要排除掉保留或者是地址池之外的地址，否则会造成 IP 地址冲突。请思考，为什么？

（1）安装 Linux 企业服务器版，用作 DHCP 服务器。

（2）DHCP 服务器的 IP 地址、子网掩码、DNS 服务器等 TCP/IP 参数必须手工指定，否则将不能为客户端分配 IP 地址。

（3）DHCP 服务器必须要拥有一组有效的 IP 地址，以便自动分配给客户端。

11.3 项目实施

11.3.1 任务 1 安装 DHCP 服务器

（1）首先检测下系统是否已经安装了 DHCP 相关软件。

```
[root@RHEL6 ~]# rpm -qa | grep  dhcp
```

（2）如果系统还没有安装 dhcp 软件包，可以使用 yum 命令安装所需软件包。

① 挂载 ISO 安装镜像。

```
//挂载光盘到 /iso 下
[root@rhel6 ~]# mkdir  /iso
[root@rhel6 ~]# mount  /dev/cdrom  /iso
```

② 制作用于安装的 yum 源文件。

```
[root@rhel6 ~]# vim  /etc/yum.repos.d/dvd.repo
```

③ 使用 yum 命令查看 dhcp 软件包的信息。

```
[root@rhel6 ~]# yum  info dhcp
```

④ 使用 yum 命令安装 dhcp 服务。

```
[root@RHEL6 ~]# yum clean all                    //安装前先清除缓存
[root@rhel6 ~]# yum  install  dhcp  -y
```

软件包安装完毕之后，可以使用 rpm 命令再一次进行查询：rpm –qa | grep dhcp。结果如下。

```
[root@RHEL6 iso]# rpm -qa | grep dhcp
dhcp-4.1.1-34.P1.el6.x86_64
dhcp-common-4.1.1-34.P1.el6.x86_64
```

11.3.2 任务 2 DHCP 常规服务器配置

基本的 DHCP 服务器搭建流程如下所示。

（1）编辑主配置文件/etc/dhcp/dhcpd.conf，指定 IP 作用域（指定一个或多个 IP 地址范围）。

（2）建立租约数据库文件。

（3）重新加载配置文件或重新启动 dhcpd 服务使配置生效。

DHCP 工作流程，如图 11-2 所示。

① 客户端发送广播向服务器申请 IP 地址。

② 服务器收到请求后查看主配置文件 dhcpd.conf，先根据客户端的 MAC 地址查看是否为客户端设置了固定 IP 地址。

③ 如果为客户端设置了固定 IP 地址则将该 IP 地址发送给客户端。如果没有设置固定 IP 地址，则将地址池中的 IP 地址发送给客户端。

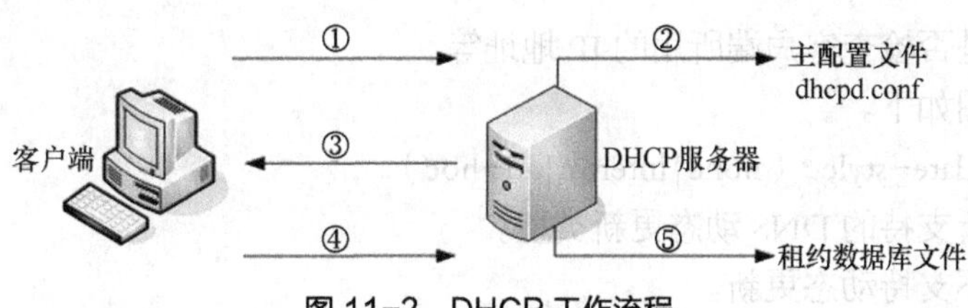

图 11-2　DHCP 工作流程

④ 客户端收到服务器回应后，客户端给予服务器回应，告诉服务器已经使用了分配的 IP 地址。

⑤ 服务器将相关租约信息存入数据库。

1. 主配置文件 dhcpd. conf

（1）复制样例文件到主配置文件

默认主配置文件（/etc/dhcp/dhcpd.conf）没有任何实质内容，打开查阅，发现里面有一句话“ see /usr/share/doc/dhcp*/dhcpd.conf.sample”。将该样例文件复制到主配置文件。

```
[root@RHEL6 ~]# cp /usr/share/doc/dhcp*/dhcpd.conf.sample  /etc/dhcp/dhcpd.conf
```

（2）dhcpd.conf 主配置文件组成部分

- parameters（参数）
- declarations（声明）
- option（选项）

（3）dhcpd.conf 主配置文件整体框架

dhcpd.conf 包括全局配置和局部配置。

全局配置可以包含参数或选项，该部分对整个 DHCP 服务器生效。

局部配置通常由声明部分来表示，该部分仅对局部生效，比如只对某个 IP 作用域生效。

dhcpd.conf 文件格式：

```
#全局配置
参数或选项;                    #全局生效
#局部配置
声明 {
      参数或选项;              #局部生效
      }
```

dhcp 范本配置文件内容包含了部分参数、声明以及选项的用法，其中注释部分可以放在任何位置，并以“#”号开头，当一行内容结束时，以“;”号结束，大括号所在行除外。如图 11-3 所示。

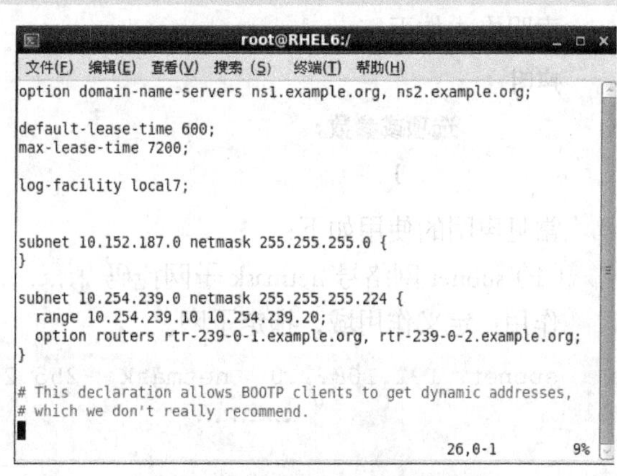

图 11-3　dhcp 范本文件内容

可以看出整个配置文件分成全局和局部两个部分。但是并不容易看出哪些属于参数，哪些属于声明和选项。

2. 常用参数介绍

参数主要用于设置服务器和客户端的动作或者是否执行某些任务，比如设置 IP

地址租约时间、是否检查客户端所用的 IP 地址等。

常见参数使用如下。

（1）ddns-update-style （none|interim|ad-hoc）

作用：定义所支持的 DNS 动态更新类型。

none：表示不支持动态更新。

interim：表示 DNS 互动更新模式。

ad-hoc：表示特殊 DNS 更新模式。

这个选项是必选参数，配置文件中必须包含这一个参数并且要放在第一行。

（2）ignore client-updates

作用：忽略客户端更新。

这个参数只能在服务器端使用。

（3）default-lease-time number（数字）

作用：定义默认 IP 租约时间。

```
default-lease-time  21600;
```

（4）max-lease-time number（数字）

作用：定义客户端 IP 租约时间的最大值。

```
max-lease-time  43200;
```

（3）、（4）都是以秒为单位的租约时间，该项参数可以作用在全局配置中，也可以作用在局部配置中。

3. 常用声明介绍

声明一般用来指定 IP 作用域、定义为客户端分配的 IP 地址池等。

声明格式如下：

```
声明 {
        选项或参数;
        }
```

常见声明的使用如下：

（1）subnet 网络号 netmask 子网掩码 {……….}

作用：定义作用域，指定子网。

```
subnet  192.168.1.0   netmask   255.255.255.0  {
                …………
                                              }
```

网络号必须与 DHCP 服务器的网络号相同。

（2）range dynamic-bootp　起始 IP 地址　结束 IP 地址

作用：指定动态 IP 地址范围。

```
range dynamic-bootp   192.168.1.100   192.168.1.200
```

可以在 subnet 声明中指定多个 range，但多个 range 所定义的 IP 范围不能重复。

4. 常用选项介绍

选项通常用来配置 DHCP 客户端的可选参数，比如定义客户端的 DNS 地址、默认网关等。选项内容都是以 option 关键字开始的。

常见选项使用如下。

（1）option routers　IP 地址

作用：为客户端指定默认网关。

```
option routers   192.168.0.1
```

（2）option subnet-mask　子网掩码

作用：设置客户端的子网掩码。

```
option subnet-mask   192.168.0.1
```

（3）option domain-name-servers　IP 地址

作用：为客户端指定 DNS 服务器地址。

```
option  domain-name-servers   192.168.0.3
```

（1）（2）（3）选项可以用在全局配置中，也可以用在局部配置中。

5. 租约数据库文件

租约数据库文件用于保存一系列的租约声明，其中包含客户端的主机名、MAC 地址、分配到的 IP 地址，以及 IP 地址的有效期等相关信息。这个数据库文件是可编辑的 ASCII 格式文本文件。每当发生租约变化的时候，都会在文件结尾添加新的租约记录。

DHCP 刚安装好后租约数据库文件 dhcpd.leases 是个空文件。

当 DHCP 服务正常运行后就可以使用 cat 命令查看租约数据库文件内容了。

```
cat   /var/lib/dhcpd/dhcpd.leases
```

6. 简单配置应用案例

技术部有 60 台计算机，DHCP 服务器和 DNS 服务器的地址都是 192.168.1.1/24，有效 IP 地址段为 192.168.1.1 ~ 192.168.1.254，子网掩码是 255.255.255.0，网关为 192.168.1.254，192.168.1.1 ~ 192.168.1.30 网段地址是服务器的固定地址，客户端可以使用的地址段为

192.168.1.100～192.168.1.200，其余剩下的 IP 地址为保留地址。

（1）使用 VMware 部署该环境。

2 台安装好 RHEL 6.4 的计算机，连网方式都设为 host only（VMnet0），一台作为服务器，一台作为客户端使用。

（2）服务器端配置。

① 定制全局配置和局部配置，局部配置需要把 192.168.1.0/24 网段声明出来，然后在该声明中指定一个 IP 地址池，范围为 192.168.1.100～192.168.1.200，分配给客户端使用，最后重新启动 dhcpd 服务让配置生效。配置文件内容如下所示。

```
ddns-update-style none;
log-facility local7;
subnet 192.168.1.0 netmask 255.255.255.0 {
  range 192.168.1.100 192.168.1.200;
  option domain-name-servers 192.168.1.1;
  option domain-name "internal.example.org";
  option routers 192.168.1.254;
  option broadcast-address 192.168.1.255;
  default-lease-time 600;
  max-lease-time 7200;
}
```

② 配置完后保存退出并重启 dhcpd 服务。

```
[root@RHEL6 ~]# service dhcpd restart
```

如果启动 DHCP 失败，可以使用“dhcpd”命令进行排错，一般启动失败的原因如下。

① 配置文件有问题。

- 内容不符合语法结构，例如少个分号。
- 声明的子网和子网掩码不符合。

② 主机 IP 地址和声明的子网不在同一网段。

③ 主机没有配置 IP 地址。

④ 配置文件路径出问题，比如在 RHEL6 以下的版本中，配置文件保存在了/etc/dhcpd.conf，但是在 rhel6 及以上版本中，却保存在了/etc/dhcp/dhcpd.conf。

（3）在客户端进行测试。

如果在真实网络中，应该不会出问题。但如果您用的是 VMWare 7.0 或其他类似版本，虚拟机中的 Windows 客户端可能会获取到 192.168.79.0 网络中的一个地址，与我们的预期目标相背。这种情况，需要关闭 VMnet8 和 VMnet1 的 DHCP 服务功能。解决方法如下。（本项目的服务器和客户机的网络连接都使用 VMnet1。）

在 VMWare 主窗口中，依次打开 “Edit” → “Virtual Network Editor”，打开虚拟网络编辑器窗口，选中 VMnet1 或 VMnet8，去掉对应的 DHCP 服务启用选项，如图 11-4 所示。

① 以 root 用户身份登录名为 RHEL6.4-1 的 Linux 计算机，利用网络卡配置文件设置使用 DHCP 服务器获取 IP 地址。修改后的配置文件内容如图 11-5 所示。

```
[root@RHEL6 ~]# vim /etc/sysconfig/network-scripts/ifcfg-eth0
```

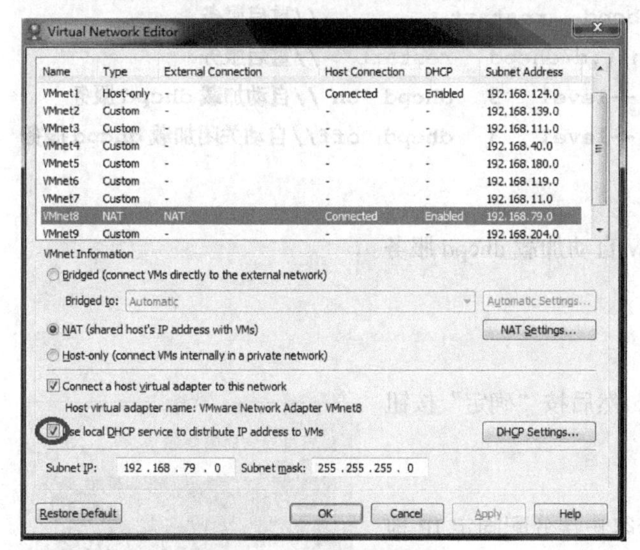

图 11-4 虚拟网络编辑器

```
DEVICE=eth0
TYPE=Ethernet
UUID=ae96daeb-809e-445b-98e7-6a8db5aaf89f
ONBOOT=yes
NM_CONTROLLED=yes
BOOTPROTO=dhcp
DEFROUTE=yes
IPV4_FAILURE_FATAL=yes
IPV6INIT=no
NAME="System eth0"
LAST_CONNECT=1386361775
```

图 11-5 客户端网卡配置文件

注意

在该配置文件中，“IPADDR=192.168.1.1、PREFIX=24、NETMASK=255.255.255.0、HWADDR=00:0C:29:A2:BA:98” 等条目删除，将 “BOOTPROTO=none” 改为 “BOOTPROTO=dhcp”。

② 重启网卡，使用命令查看是否获得了 IP 地址等信息。

```
[root@RHEL6 ~]# service network restart
[root@RHEL6 ~]# ifconfig eth0
```

（4）在服务器端查看租约数据库文件，如图 4-6 所示。

```
[root@RHEL6 ~]# cat /var/lib/dhcpd/dhcpd.leases
```

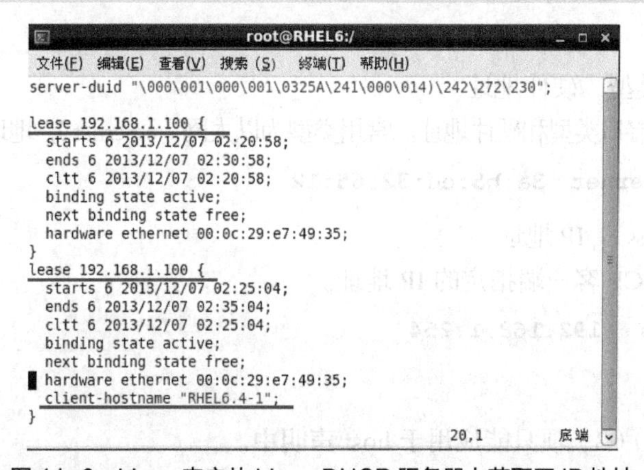

```
server-duid "\000\001\000\001\0325A\241\000\014)\242\272\230";

lease 192.168.1.100 {
  starts 6 2013/12/07 02:20:58;
  ends 6 2013/12/07 02:30:58;
  cltt 6 2013/12/07 02:20:58;
  binding state active;
  next binding state free;
  hardware ethernet 00:0c:29:e7:49:35;
}
lease 192.168.1.100 {
  starts 6 2013/12/07 02:25:04;
  ends 6 2013/12/07 02:35:04;
  cltt 6 2013/12/07 02:25:04;
  binding state active;
  next binding state free;
  hardware ethernet 00:0c:29:e7:49:35;
  client-hostname "RHEL6.4-1";
}
```

图 11-6 Linux 客户从 Linux DHCP 服务器上获取了 IP 地址

7. DHCP 的启动、停止、重启、自动加载

```
[root@RHEL6 ~]# service  dhcpd  start                //启动服务
[root@RHEL6 ~]# /etc/rc.d/init.d/dhcpd  start        //停止服务
[root@RHEL6 ~]# services  dhcpd  stop                //停止服务
[root@RHEL6 ~]# /etc/rc.d/init.d/dhcpd  stop         //停止服务
[root@RHEL6 ~]# service  dhcpd  restart              //重启服务
[root@RHEL6 ~]# /etc/rc.d/init.d/dhcpd  restart      //重启服务
[root@RHEL6 ~]# chkconfig  --level  3  dhcpd  on //自动加载 dhcpd 服务
[root@RHEL6 ~]# chkconfig  --level  3  dhcpd  off//自动关闭加载 dhcpd 服务
```

提示

也可经使用命令 ntsysv 自动加载 dhcpd 服务。

```
[root@RHEL6 ~]# ntsysv
```

如图 11-7 所示，选中 dhcpd 选项，然后按“确定”按钮完成设置。

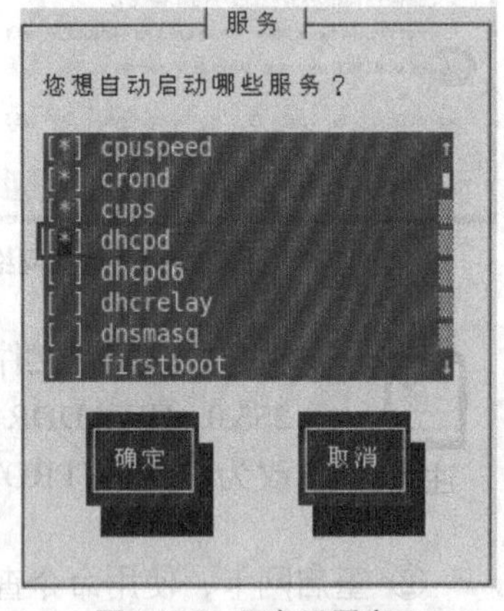

图 11-7　服务设置窗口

8. IP 地址绑定

在 DHCP 中的 IP 地址绑定用于给客户端分配固定 IP 地址。比如服务器需要使用固定 IP 地址就可以使用 IP 地址绑定，通过 MAC 地址与 IP 地址的对应关系为指定的物理地址计算机分配固定 IP 地址。

整个配置过程需要用到 host 声明和 hardware、fixed-address 参数。

（1）host　主机名 {......}

作用：用于定义保留地址。例如

```
host  computer1
```

注意

该项通常搭配 subnet 声明使用。

（2）hardware 类型　硬件地址

作用：定义网络接口类型和硬件地址。常用类型为以太网（ethernet），地址为 MAC 地址。例如

```
hardware  ethernet  3a:b5:cd:32:65:12
```

（3）fixed-address　IP 地址

作用：定义 DHCP 客户端指定的 IP 地址。

```
fixed-address  192.168.1.254
```

注意

（2）（3）项只能应用于 host 声明中。

9. 保留地址配置应用案例

销售部有 200 台计算机，采用 192.168.1.0/24 网段，路由器 IP 地址为 192.168.1.254，DNS 服务器 IP 地址为 192.168.1.1，DHCP 服务器为 192.168.1.1，客户端地址范围为 192.168.1.100 ~ 192.168.1.200，子网掩码为 255.255.255.0，技术总监 CIO 使用的固定 IP 地址为 192.168.1.88，部门经理使用的固定 IP 地址为 192.168.1.66。

要保证使用固定 IP 地址的话，就要在 subnet 声明中嵌套 host 声明，目的是要单独为总监和经理的主机设置固定 IP 地址，并在 host 声明中加入 IP 地址和 MAC 地址绑定的选项以申请固定 IP 地址。

提示

在实施该部署前要先查到 CTO 和 Manager 的真实 MAC 地址。（Linux 下使用 ifconfig，Windows 下使用 ipconfig）。

（1）使用 VMware 部署该环境

3 台安装好 RHEL 6.4 的计算机，连网方式都设为 host only（VMnet0），一台作为服务器，另 2 台作为客户端使用。

（2）在服务器端配置

① 编辑主配置文件/etc/dhcp/dhcpd.conf。完整的配置文件内容如下。

```
ddns-update-style none;
log-facility local7;
subnet 192.168.1.0 netmask 255.255.255.0 {
       range 192.168.1.100 192.168.1.200;
       option domain-name-servers 192.168.1.1;
       option domain-name "internal.example.org";
       option routers 192.168.1.254;
       option broadcast-address 192.168.1.255;
       default-lease-time 600;
       max-lease-time 7200;
}
host   CTO{
       hardware ethernet 00:0C:29:E7:49:35;
       fixed-address 192.168.1.88;
}

host   manager{
       hardware ethernet 00:0C:29:BA:E1:1D;
       fixed-address 192.168.1.66;
}
```

注意

（1）在实际配置过程中，一定要使用要保留的那两台计算机的真实 MAC 地址。
（2）客户端的 DNS 地址、默认网关等的设置本例中未详述，请参见上例。

② 重启 dhcpd 服务。

（3）在客户端上测试验证

① 分别在 CTO 和 Manager 两台 Linux 计算机上编辑网卡配置文件，设置成 DHCP 自动获取，然后重启网络，使用命令 ifconfig eth0 可以查看到正确获得了保留的 IP 地址。

```
[root@RHEL6 ~]#  vim /etc/sysconfig/network-scripts/ifcfg-eth0
 [root@RHEL6 ~]#  service network restart
[root@RHEL6 ~]# ifconfig  eth0
```

② 如果是 Windows 客户机，则将要测试的计算机的 IP 地址获取方式改为自动获取，然后用 ipconfig /renew 进行测试即可。

11.3.3 任务 3 配置 DHCP 客户端

1. Linux 客户端配置

配置 Linux 客户端需要修改网卡配置文件，将 BOOTPROTO 项设置为 BOOTPROTO= dhcp。

（1）将 BOOTPROTO=none 修改为 BOOTPROTO=dhcp，启用客户端 DHCP 功能。一定保证 ONBOOT=yes。

```
[root@Client ~]# vim   /etc/sysconfig/network-scripts/ifcfg-eth0
```

（2）重新启动网卡或者使用 dhclient 命令，重新发送广播申请 IP 地址。

```
[root@Client ~]# ifdown    eth0;  ifup  eth0
#或者
[root@Client ~]dhclient    eth0
```

（3）使用 ifconfig 命令测试。

```
[root@Client ~]# ifconfig    eth0
```

2. Windows 客户端配置

（1）Windows 客户端没什么好讲的，这个比较简单，设置两个自动获取就可以。

（2）在 Windows 命令提示符下，利用 ipconfig 可以释放 IP 地址后，重新获取 IP 地址。

释放 IP 地址：**ipconfig /release**

重新申请 IP 地址：**ipconfig /renew**

11.4 项目实录

1. 录像位置

随书光盘中\随书项目实录\实训项目 配置与管理 DHCP 服务器.exe。

2. 项目背景

某企业计划构建一台 DHCP 服务器来解决 IP 地址动态分配的问题，要求能够分配 IP 地址以及网关、DNS 等其他网络属性信息。同时要求 DHCP 服务器为 DNS、Web、Samba 服务器分配固定 IP 地址。该公司网络拓扑图如图 11-8 所示。

企业 DHCP 服务器 IP 地址为 192.168.1.2。DNS 服务器的域名为 dns.jnrp.cn，IP 地址为 192.168.1.3；Web 服务器 IP 地址为 192.168.1.10；Samba 服务器 IP 地址为 192.168.1.5；网关地址为 192.168.1.254；地址范围为 192.168.1.3 到 192.168.1.150，掩码为 255.255.255.0。

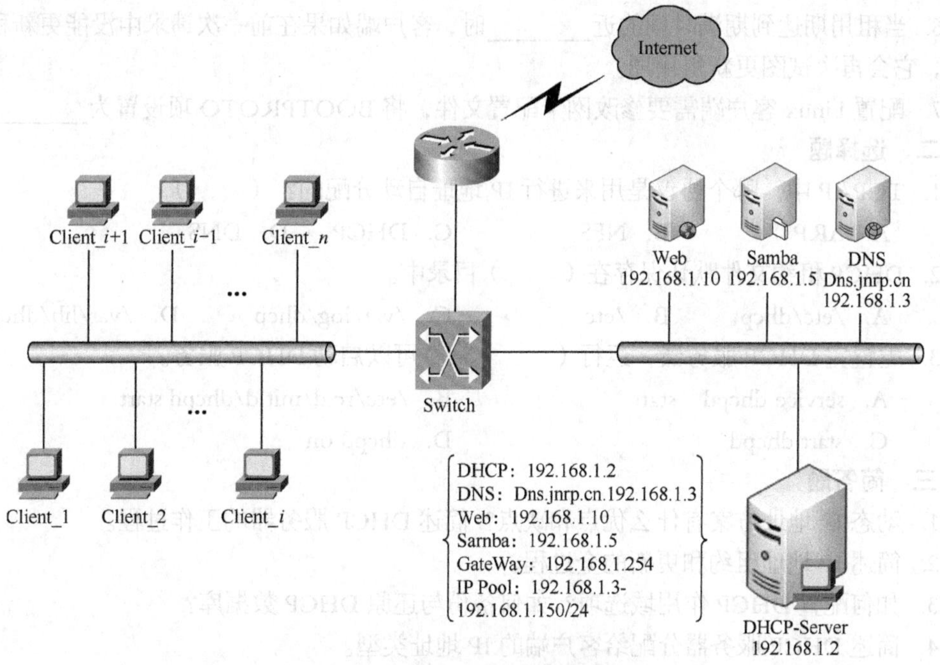

图 11-8　DHCP 服务器搭建网络拓扑

3. 深度思考

在观看录像时思考以下几个问题。

（1）DHCP 软件包中哪些是必需的？哪些是可选的？

（2）DHCP 服务器的范本文件如何获得？

（3）如何设置保留地址？进行“host”声明的设置时有何要求？

（4）ifdown 与 ifup 的作用是什么？

（5）route -n 命令的作用是什么？

（6）网卡 eth0 的配置文件的位置在哪？为了测试 DHCP 服务器，如何设置配置文件？

4. 做一做

根据项目要求及录像内容，将项目完整无误地完成。

11.5　练习题

一、填空题

1. DHCP 工作过程包括________、________、________、________4 种报文。

2. 如果 DHCP 客户端无法获得 IP 地址，将自动从________地址段中选择一个作为自己的地址。

3. 在 Windows 环境下，使用________命令可以查看 IP 地址配置，释放 IP 地址使用________命令，续租 IP 地址使用________命令。

4. DHCP 是一个简化主机 IP 地址分配管理的 TCP/IP 标准协议，英文全称是________，中文名称为________。

5. 当客户端注意到它的租用期到了________以上时，就要更新该租用期。这时它发送一个________信息包给它所获得原始信息的服务器。

6. 当租用期达到期满时间的近________时，客户端如果在前一次请求中没能更新租用期的话，它会再次试图更新租用期。

7. 配置 Linux 客户端需要修改网卡配置文件，将 BOOTPROTO 项设置为________。

二、选择题

1. TCP/IP 中，哪个协议是用来进行 IP 地址自动分配的？（　　）

A. ARP　　B. NFS　　C. DHCP　　D. DNS

2. DHCP 租约文件默认保存在（　　）目录中。

A. /etc/dhcp　　B. /etc　　C. /var/log/dhcp　　D. /var/lib/dhcp

3. 配置完 DHCP 服务器，运行（　　）命令可以启动 DHCP 服务。

A. service dhcpd　start　　B. /etc/rc.d/init.d/dhcpd start

C. start dhcpd　　D. dhcpd on

三、简答题

1. 动态 IP 地址方案有什么优点和缺点？简述 DHCP 服务器的工作过程。
2. 简述 IP 地址租约和更新的全过程。
3. 如何配置 DHCP 作用域选项？如何备份与还原 DHCP 数据库？
4. 简述 DHCP 服务器分配给客户端的 IP 地址类型。

11.6 实践习题

1. 建立 DHCP 服务器，为子网 A 内的客户机提供 DHCP 服务。具体参数如下。

- IP 地址段：192.168.11.101~192.168.11.200；子网掩码：255.255.255.0。
- 网关地址：192.168.11.254。
- 域名服务器：192.168.0.1。
- 子网所属域的名称：jnrp.edu.cn。
- 默认租约有效期：1 天；最大租约有效期：3 天。

请写出详细解决方案，并上机实现。

2. DHCP 服务器超级作用域配置习题。

企业内部建立 DHCP 服务器，网络规划采用单作用域的结构，使用 192.168.8.0/24 网段的 IP 地址。随着公司规模扩大，设备数量增多，现有的 IP 地址无法满足网络的需求，需要添加可用的 IP 地址。这时我们可以使用超级作用域完成增加 IP 地址的目的，在 DHCP 服务器上添加新的作用域，使用 192.168.9.0/24 和 192.168.9.0/24 网段扩展网络地址的范围。

请写出详细解决方案，并上机实现。

11.7 超级链接

点击 http://linux.sdp.edu.cn/kcweb，http://www.icourses.cn/coursestatic/course_2843.html 访问学习网站中学习情境的相关内容。

关于“配置与管理 DHCP 服务器”的更详细的配置、更多的企业服务器实例、更多的企业服务器实例、故障排除方法，请读者参见作者的“十二五”职业教育国家规划教材《网络服务器搭建、配置与管理——Linux》（人民邮电出版社，杨云、马立新主编）。

项目十二
配置与管理 DNS 服务器

项目导入

某高校组建了校园网，为了使校园网中的计算机简单快捷地访问本地网络及 Internet 上的资源，需要在校园网中架设 DNS 服务器，用来提供域名转换成 IP 地址的功能。在完成该项目之前，首先应当确定网络中 DNS 服务器的部署环境，明确 DNS 服务器的各种角色及其作用。

职业能力目标和要求

- 了解 DNS 服务器的作用及其在网络中的重要性。
- 理解 DNS 的域名空间结构。
- 掌握 DNS 查询模式。
- 掌握 DNS 域名解析过程。
- 掌握常规 DNS 服务器的安装与配置。
- 掌握辅助 DNS 服务器的配置。
- 掌握子域概念及区域委派配置过程。
- 掌握转发服务器和缓存服务器的配置。

12.1 任务 1 了解 DNS 服务

DNS（Domain Name Service，域名服务）是 Internet/Intranet 中最基础也是非常重要的一项服务，它提供了网络访问中域名和 IP 地址的相互转换。

12.1.1 子任务 1 认识域名空间

DNS 是一个分布式数据库，命名系统采用层次的逻辑结构，如同一棵倒置的树，这个逻辑的树形结构称为域名空间，由于 DNS 划分了域名空间，所以各机构可以使用自己的域名空间创建 DNS 信息。如图 12-1 所示。

注意

DNS 域名空间中，树的最大深度不得超过 127 层，树中每个节点最长可以存储 63 个字符。

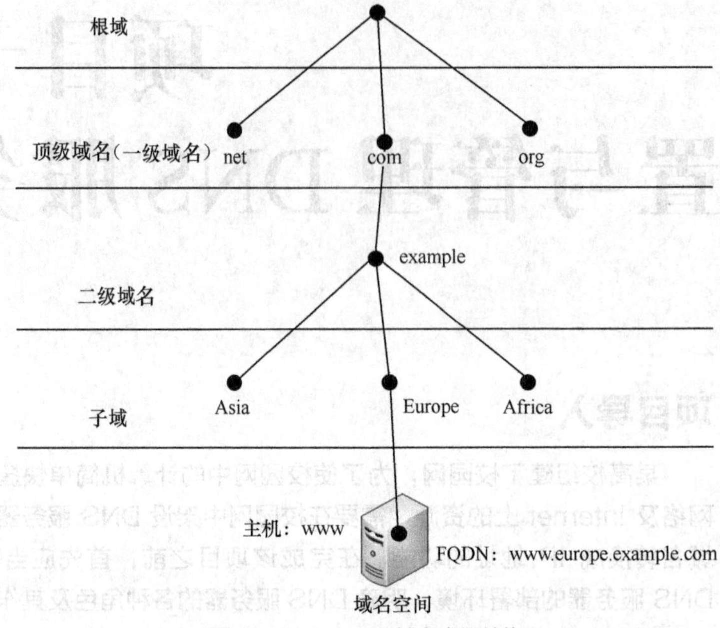

图 12-1 Internet 域名空间结构

1. 域和域名

DNS 树的每个节点代表一个域，通过这些节点，对整个域名空间进行划分，成为一个层次结构。域名空间的每个域的名字通过域名进行表示。域名通常由一个完全正式域名（FQDN）标识。FQDN 能准确表示出其相对于 DNS 域树根的位置，也就是节点到 DNS 树根的完整表述方式，从节点到树根采用反向书写，并将每个节点用“.”分隔，对于 DNS 域 163 来说，其完全正式域名（FQDN）163.com。

一个 DNS 域可以包括主机和其他域（子域），每个机构都拥有名称空间的某一部分的授权，负责该部分名称空间的管理和划分，并用它来命名 DNS 域和计算机。例如，163 为 com 域的子域，其表示方法为 163.com，而 www 为 163 域中的 Web 主机，可以使用 www.163.com 表示。

通常，FQDN 有严格的命名限制，长度不能超过 256 字节，只允许使用字符 a～z、0～9、A～Z 和减号（-）。点号（.）只允许在域名标志之间（例如“163.com”）或者 FQDN 的结尾使用。域名不区分大小。

2. Internet 域名空间

Internet 域名空间结构为一棵倒置的树，并进行层次划分，如图 5-1 所示。由树根到树枝，也就是从 DNS 根到下面的节点，按照不同的层次，进行了统一的命名。域名空间最顶层，DNS 根称为根域（root）。根域的下一层为顶级域，又称为一级域。其下层为二级域，再下层为二级域的子域，按照需要进行规划，可以为多级。所以对域名空间整体进行划分，由最顶层到下层，可以分成：根域、顶级域、二级域、子域。并且域中能够包含主机和子域。主机 www 的 FQDN 从最下层到最顶层根域进行反写，表示为 www.europe.example.com。

Internet 域名空间的最顶层是根域（root），其记录着 Internet 的重要 DNS 信息，由 Internet 域名注册授权机构管理，该机构把域名空间各部分的管理责任分配给连接到 Internet 的各个组织。

DNS 根域下面是顶级域，也由 Internet 域名注册授权机构管理。共有 3 种类型的顶级域。

- 组织域：采用 3 个字符的代号，表示 DNS 域中所包含的组织的主要功能或活动。比如 com 为商业机构组织，edu 为教育机构组织，gov 为政府机构组织，mil 为军事机构组织，net 为网络机构组织，org 为非营利机构组织，int 为国际机构组织。
- 地址域：采用两个字符的国家或地区代号。如 cn 为中国，kr 为韩国，us 为美国。
- 反向域：这是个特殊域，名字为 in-addr.arpa，用于将 IP 地址映射到名字（反向查询）。

对于顶级域的下级域，Internet 域名注册授权机构授权给 Internet 的各种组织。当一个组织获得了对域名空间某一部分的授权后，该组织就负责命名所分配的域及其子域，包括域中的计算机和其他设备，并管理分配的域中主机名与 IP 地址的映射信息。

组成 DNS 系统的核心是 DNS 服务器，它是回答域名服务查询的计算机，它为连接 Intranet 和 Internet 的用户提供并管理 DNS 服务，维护 DNS 名字数据并处理 DNS 客户端主机名的查询。DNS 服务器保存了包含主机名和相应 IP 地址的数据库。

3. 区

区（Zone）是 DNS 名称空间的一个连续部分，其包含了一组存储在 DNS 服务器上的资源记录。每个区都位于一个特殊的域节点，但区并不是域。DNS 域是名称空间的一个分支，而区一般是存储在文件中的 DNS 名称空间的某一部分，可以包括多个域。一个域可以再分成几部分，每个部分或区可以由一台 DNS 服务器控制。使用区的概念，DNS 服务器可负责关于自己区中主机的查询，以及该区的授权服务器问题。

12.1.2 子任务 2 了解 DNS 服务器分类

DNS 服务器分为以下 4 类。

1. 主 DNS 服务器

主 DNS 服务器（Master 或 Primary）负责维护所管辖域的域名服务信息。它从域管理员构造的本地磁盘文件中加载域信息，该文件（区文件）包含着该服务器具有管理权的一部分域结构的最精确信息。配置主域服务器需要一整套的配置文件，包括主配置文件（/etc/named.conf）、正向域的区文件、反向域的区文件、高速缓存初始化文件（/var/named/named.ca）和回送文件（/var/named/named.local）。

2. 辅助 DNS 服务器

辅助 DNS 服务器（Slave 或 Secondary）用于分担主 DNS 服务器的查询负载。区文件是从主服务器中转移出来的，并作为本地磁盘文件存储在辅助服务器中。这种转移称为“区文件转移”。在辅助 DNS 服务器中有一个所有域信息的完整复制，可以有权威地回答对该域的查询请求。配置辅助 DNS 服务器不需要生成本地区文件，因为可以从主服务器下载该区文件。因而只需配置主配置文件、高速缓存文件和回送文件就可以了。

3. 转发 DNS 服务器

转发 DNS 服务器（Forwarder Name Server）可以向其他 DNS 转发解析请求。当 DNS 服务器收到客户端的解析请求后，它首先会尝试从其本地数据库中查找；若未能找到，则需要向其他指定的 DNS 服务器转发解析请求；其他 DNS 服务器完成解析后会返回解析结果，转发 DNS 服务器将该解析结果缓存在自己的 DNS 缓存中，并向客户端返回解析结果。在缓存期内，如果客户端请求解析相同的名称，则转发 DNS 服务器会立即回应客户端；否则，将会再次发生转发解析的过程。

目前网络中所有的DNS服务器均被配置为转发DNS服务器，向指定的其他DNS服务器或根域服务器转发自己无法完成的解析请求。

4. 唯高速缓存DNS服务器

供本地网络上的客户机用来进行域名转换。它通过查询其他DNS服务器并将获得的信息存放在它的高速缓存中，为客户机查询信息提供服务。唯高速缓存DNS服务器（Caching-only DNS server）不是权威性的服务器，因为它提供的所有信息都是间接信息。

12.1.3 子任务3 掌握DNS查询模式

1. 递归查询

当收到DNS工作站的查询请求后，DNS服务器在自己的缓存或区域数据库中查找。如果DNS服务器本地没有存储查询的DNS信息，那么，该服务器会询问其他服务器，并将返回的查询结果提交给客户机。

2. 转寄查询（又称迭代查询）

当收到DNS工作站的查询请求后，如果在DNS服务器中没有查到所需数据，该DNS服务器便会告诉DNS工作站另外一台DNS服务器的IP地址，然后，再由DNS工作站自行向此DNS服务器查询，依此类推直到查到所需数据为止。如果到最后一台DNS服务器都没有查到所需数据，则通知DNS工作站查询失败。“转寄”的意思就是，若在某地查不到，该地就会告诉你其他地方的地址，让你转到其他地方去查。一般在DNS服务器之间的查询请求便属于转寄查询（DNS服务器也可以充当DNS工作站的角色）。

12.1.4 子任务4 掌握域名解析过程

1. DNS域名解析的工作原理

DNS域名解析的工作过程如图12-2所示。

假设客户机使用电信ADSL接入Internet，电信为其分配的DNS服务器地址为210.111.110.10，域名解析过程如下（见图12-2）。

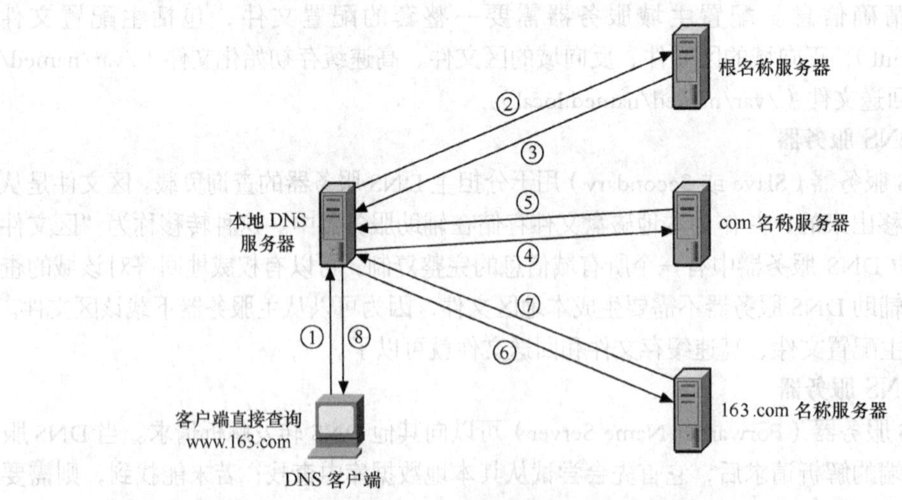

图12-2 DNS域名解析的工作过程

① 客户端向本地DNS服务器210.111.110.10直接查询www.163.com的域名。

② 本地DNS无法解析此域名，它先向根域服务器发出请求，查询.com的DNS地址。

③ 根域DNS管理.com、.net、.org等顶级域名的地址解析，它收到请求后把解析结果返

回给本地的 DNS。

④ 本地 DNS 服务器 210.111.110.10 得到查询结果后接着向管理.com 域的 DNS 服务器发出进一步的查询请求，要求得到 163.com 的 DNS 地址。

⑤ .com 域把解析结果返回给本地 DNS 服务器 210.111.110.10。

⑥ 本地 DNS 服务器 210.111.110.10 得到查询结果后接着向管理 163.com 域的 DNS 服务器发出查询具体主机 IP 地址的请求（www），要求得到满足要求的主机 IP 地址。

⑦ 163.com 把解析结果返回给本地 DNS 服务器 210.111.110.10。

⑧ 本地 DNS 服务器得到了最终的查询结果，它把这个结果返回给客户端，从而使客户端能够和远程主机通信。

2. 正向解析与反向解析

（1）正向解析。正向解析是指域名到 IP 地址的解析过程。

（2）反向解析。反向解析是从 IP 地址到域名的解析过程。反向解析的作用为服务器的身份验证。

12.2 任务 2 安装 DNS 服务

Linux 下架设 DNS 服务器通常使用 BIND（Berkeley Internet Name Domain）程序来实现，其守护进程是 named。

12.2.1 子任务 1 认识 BIND

BIND 是一款实现 DNS 服务器的开放源码软件。BIND 原本是美国 DARPA 资助研究伯克里大学（Berkeley）开设的一个研究生课题，经过多年的变化发展已经成为世界上使用最为广泛的 DNS 服务器软件，目前 Internet 上绝大多数的 DNS 服务器都是用 BIND 来架设的。

BIND 经历了第 4 版、第 8 版和最新的第 9 版，第 9 版修正了以前版本的许多错误，并提升了执行时的效能，BIND 能够运行在当前大多数的操作系统平台之上。目前，BIND 软件由 Internet 软件联合会（Internet Software Consortium，ISC）这个非营利性机构负责开发和维护。

12.2.2 子任务 2 安装 BIND 软件包

1. bind 软件包简介

BIND 是一款实现 DNS 服务器的开放源码软件。BIND 原本是美国 DARPA 资助研究伯克里大学（Berkeley）开设的一个研究生课题，后来经过多年的变化发展已经成为世界上使用最为广泛的 DNS 服务器软件，目前 Internet 上绝大多数的 DNS 服务器都是用 BIND 来架设的。

BIND 经历了第 4 版、第 8 版和最新的第 9 版，第 9 版修正了以前版本的许多错误，并提升了执行时的效能，BIND 能够运行在当前大多数的操作系统平台之上。目前 BIND 软件由 Internet 软件联合会（Internet Software Consortium，ISC）这个非营利性机构负责开发和维护。

2. 安装 bind 软件包

（1）使用 yum 命令安装 bind 服务。（光盘挂载、yum 源的制作请参考项目 9 中的“9.2.1 子任务安装 GCC”的相关内容。）

```
[root@RHEL6 ~]# yum clean all                        //安装前先清除缓存
[root@rhel6 ~]# yum  install  bind -y
```

（2）安装完后再次查询，发现已安装成功。

```
[root@RHEL6 桌面]# rpm -qa|grep bind
PackageKit-device-rebind-0.5.8-21.el6.x86_64
samba-winbind-3.6.9-151.el6.x86_64
ypbind-1.20.4-30.el6.x86_64
rpcbind-0.2.0-11.el6.x86_64
bind-9.8.2-0.17.rc1.el6.x86_64
bind-libs-9.8.2-0.17.rc1.el6.x86_64
bind-utils-9.8.2-0.17.rc1.el6.x86_64
samba-winbind-clients-3.6.9-151.el6.x86_64
```

12.2.3 子任务3 安装 chroot 软件包

chroot 也就是 Change Root，用于改变程序执行时的根目录位置。早期的很多系统程序，默认所有程序执行的根目录都是"/"，这样黑客或者其他的不法分子就很容易通过/etc/passwd 绝对路径来窃取系统机密。有了 chroot，比如 BIND 的根目录就被改变到了/var/named/chroot，这样即使黑客突破了 BIND 账号，也只能访问/var/named/chroot，能把攻击对系统的危害降低到最小。

安装过程如下：

```
[root@RHEL6 ~]# yum clean all
[root@RHEL6 ~]# yum install bind-chroot -y
```

12.2.4 子任务4 DNS 服务的启动、停止与重启

```
[root@RHEL6 ~]# service  named  start
[root@RHEL6 ~]# service  named  stop
[root@RHEL6 ~]# service  named  restart
```

需要注意的是，像上面那样启动的 DNS 服务只能运行到计算机关机之前，下一次系统重新启动后就又需要重新启动它了。能不能让它随系统启动而自动运行呢？答案是肯定的，而且操作起来还很简单。（读者是否还记得"ntsysv"命令？）

```
[root@RHEL6 ~]# chkconfig  named  on
```

在 Red Hat Enterprise Linux 6 中启动/停止/重启一个服务有很多种不同的方法，比如我们可以如此来完成：

```
[root@RHEL6 ~]# /etc/init.d/named  start
[root@RHEL6 ~]# /etc/init.d/named  stop
[root@RHEL6 ~]# /etc/init.d/named  restart
```

12.3 任务3 掌握 BIND 配置文件

一般的 DNS 配置文件分为全局配置文件、主配置文件和正反向解析区域声明文件。下面介绍各配置文件的配置方法。

12.3.1 子任务 1 认识全局配置文件

全局配置文件位于/etc 目录下，安装 chroot 后该目录定位到/var/named/chroot/etc。

```
[root@RHEL6 etc]# pwd
/var/named/chroot/etc
[root@RHEL6 etc]# cat /var/named/chroot/etc/named.conf
//
……………………略

options {
  listen-on port 53 { 127.0.0.1; };       //指定 BIND 侦听的 DNS 查询请求的本
                                          //机 IP 地址及端口
   listen-on-v6 port 53 { ::1; };         //限于 IPv6
   directory "/var/named";                //指定区域配置文件所在的路径
dump-file   "/var/named/data/cache_dump.db";
   statistics-file "/var/named/data/named_stats.txt";
   memstatistics-file "/var/named/data/named_mem_stats.txt";
   allow-query { localhost; };            //指定接收 DNS 查询请求的客户端
recursion yes;
dnssec-enable yes;
dnssec-validation yes;
dnssec-lookaside auto;

/* Path to ISC DLV key */
bindkeys-file "/etc/named.iscdlv.key";

managed-keys-directory "/var/named/dynamic";
};
//以下用于指定 BIND 服务的日志参数

logging {
        channel default_debug {
                file "data/named.run";
                severity dynamic;
        };
};

zone "." IN {                  //用于指定根服务器的配置信息，一般不能改动。
 type hint;
 file "named.ca";
};

include "/etc/named.zones";    //指定主配置文件，一定根据实际修改!!
include "/etc/named.root.key";
```

options 配置段属于全局性的设置，常用配置项命令及功能如下。

- directory：用于指定 named 守护进程的工作目录，各区域正反向搜索解析文件和 DNS 根服务器地址列表文件（named.ca）应放在该配置项指定的目录中。
- allow-query{}与 allow-query{localhost;}功能相同。另外，还可使用地址匹配符来表达允许的主机。例如，any 可匹配所有的 IP 地址，none 不匹配任何 IP 地址，localhost 匹配本地主机使用的所有 IP 地址，localnets 匹配同本地主机相连的网络中的所有主机。例如，若仅允许 127.0.0.1 和 192.168.1.0/24 网段的主机查询该 DNS 服务器，则命令为

```
allow-query{127.0.0.1;192.168.1.0/24;}。
```

- listen-on：设置 named 守护进程监听的 IP 地址和端口。若未指定，默认监听 DNS 服务器的所有 IP 地址的 53 号端口。当服务器安装有多块网卡，有多个 IP 地址时，可通过该配置命令指定所要监听的 IP 地址。对于只有一个地址的服务器，不必设置。例如若要设置 DNS 服务器监听 192.168.1.2 这个 IP 地址，端口使用标准的 5353 号，则配置命令为

```
listen-on  5353{192.168.1.2;}。
```

- forwarders{}：用于定义 DNS 转发器。当设置了转发器后，所有非本域的和在缓存中无法找到的域名查询，可由指定的 DNS 转发器来完成解析工作并做缓存。forward 用于指定转发方式，仅在 forwarders 转发器列表不为空时有效，其用法为“forward first | only ；”。forward first 为默认方式，DNS 服务器会将用户的域名查询请求先转发给 forwarders 设置的转发器，由转发器来完成域名的解析工作，若指定的转发器无法完成解析或无响应，则再由 DNS 服务器自身来完成域名的解析。若设置为“forward only；”，则 DNS 服务器仅将用户的域名查询请求转发给转发器，若指定的转发器无法完成域名解析或无响应，DNS 服务器自身也不会试着对其进行域名解析。例如，某地区的 DNS 服务器为 61.128.192.68 和 61.128.128.68，若要将其设置为 DNS 服务器的转发器，则配置命令为

```
options{
        forwarders {61.128.192.68;61.128.128.68;};
        forward first;
};
```

12.3.2　子任务 2　认识主配置文件

主配置文件位于/var/named/chroot/etc 目录下。可将 named.rfc1912.zones 复制为全局配置文件中指定的主配置文件，本书中是**/etc/named.zones**。

```
[root@RHEL6 ~]# cd /var/named/chroot/etc
[root@RHEL6 etc]# cp -p named.rfc1912.zones  named.zones
[root@RHEL6 etc]# cat /var/named/chroot/etc/named.rfc1912.zones

zone "localhost.localdomain" IN {
 type master;                                    //主要区域
 file "named.localhost";                         //指定正向查询区域配置文件
 allow-update { none; };
```

```
};

zone "localhost" IN {
 type master;
 file "named.localhost";
 allow-update { none; };
};

zone
"1.0.0.0.0.0.0.0.0.0.0.0.0.0.0.0.0.0.0.0.0.0.0.0.0.0.0.0.0.0.0.0.ip6.arpa"
IN {
 type master;
 file "named.loopback";
 allow-update { none; };
};

zone "1.0.0.127.in-addr.arpa" IN {         //反向解析区域
 type master;
 file "named.loopback";                    //指定反向解析区域配置文件
 allow-update { none; };
};

zone "0.in-addr.arpa" IN {
 type master;
 file "named.empty";
 allow-update { none; };
};
```

1. Zone 区域声明

① 主域名服务器的正向解析区域声明格式为（样本文件为 named.localhost）

```
zone  "区域名称" IN {
   type master ;
   file  "实现正向解析的区域文件名";
   allow-update {none;};
};
```

② 从域名服务器的正向解析区域声明格式为

```
zone  "区域名称" IN {
   type slave ;
   file  "实现正向解析的区域文件名";
   masters {主域名服务器的 IP 地址;};
};
```

反向解析区域的声明格式与正向相同，只是 file 所指定要读的文件不同，另外就是区域的名称不同。若要反向解析 x.y.z 网段的主机，则反向解析的区域名称应设置为 z.y.x.in-addr.arpa。（反向解析区域样本文件为 named.loopback）

2. 根区域文件/var/named/chroot /var/named/named.ca

/var/named/chroot/var/named/named.ca 是一个非常重要的文件，该文件包含了 Internet 的顶级域名服务器的名字和地址。利用该文件可以让 DNS 服务器找到根 DNS 服务器，并初始化 DNS 的缓冲区。当 DNS 服务器接到客户端主机的查询请求时，如果在 Cache 中找不到相应的数据，就会通过根服务器进行逐级查询。/var/named/chroot/var/named/named.ca 文件的主要内容如图 12-3 所示。

```
文件(F)  编辑(E)  查看(V)  搜索(S)  终端(T)  帮助(H)
; <<>> DiG 9.5.0b2 <<>> +bufsize=1200 +norec NS . @a.root-servers.net
;; global options:  printcmd
;; Got answer:
;; ->>HEADER<<- opcode: QUERY, status: NOERROR, id: 34420
;; flags: qr aa; QUERY: 1, ANSWER: 13, AUTHORITY: 0, ADDITIONAL: 20

;; OPT PSEUDOSECTION:
; EDNS: version: 0, flags:; udp: 4096
;; QUESTION SECTION:
;.                              IN      NS

;; ANSWER SECTION:
.                       518400  IN      NS      M.ROOT-SERVERS.NET.
.                       518400  IN      NS      A.ROOT-SERVERS.NET.
.                       518400  IN      NS      B.ROOT-SERVERS.NET.
.                       518400  IN      NS      C.ROOT-SERVERS.NET.
.                       518400  IN      NS      D.ROOT-SERVERS.NET.
.                       518400  IN      NS      E.ROOT-SERVERS.NET.
.                       518400  IN      NS      F.ROOT-SERVERS.NET.
.                       518400  IN      NS      G.ROOT-SERVERS.NET.
.                       518400  IN      NS      H.ROOT-SERVERS.NET.
.                       518400  IN      NS      I.ROOT-SERVERS.NET.
.                       518400  IN      NS      J.ROOT-SERVERS.NET.
.                       518400  IN      NS      K.ROOT-SERVERS.NET.
.                       518400  IN      NS      L.ROOT-SERVERS.NET.

;; ADDITIONAL SECTION:
A.ROOT-SERVERS.NET.     3600000 IN      A       198.41.0.4
A.ROOT-SERVERS.NET.     3600000 IN      AAAA    2001:503:ba3e::2:30
B.ROOT-SERVERS.NET.     3600000 IN      A       192.228.79.201
C.ROOT-SERVERS.NET.     3600000 IN      A       192.33.4.12
D.ROOT-SERVERS.NET.     3600000 IN      A       128.8.10.90
E.ROOT-SERVERS.NET.     3600000 IN      A       192.203.230.10
F.ROOT-SERVERS.NET.     3600000 IN      A       192.5.5.241
                                                        1,1          顶端
```

图 12-3　named.ca 文件

说明

① 以“;”开始的行都是注释行。

② 其他每两行都和某个域名服务器有关，分别是 NS 和 A 资源记录。

行“. 518400 IN NS A.ROOT-SERVERS.NET.”的含义是：“.”表示根域；518400 是存活期；IN 是资源记录的网络类型，表示 Internet 类型；NS 是资源记录类型；“A.ROOT-SERVERS.NET.”是主机域名。

行“A.ROOT-SERVERS.NET. 3600000 IN A 198.41.0.4” 的含义是：A 资源记录用于指定根域服务器的 IP 地址。A.ROOT-SERVERS.NET.是主机名；3600000 是存活期；A 是资源记录类型；最后对应的是 IP 地址。

③ 其他各行的含义与上面两项基本相同。

由于 named.ca 文件经常会随着根服务器的变化而发生变化，所以建议最好从国际互联网络信息中心（InterNIC）的 FTP 服务器下载最新的版本，下载地址为 ftp://ftp.internic.net/domain/，文件名为 named.root。

12.4 任务 4 配置 DNS 服务器

本节将结合具体实例介绍缓存 DNS、主 DNS、辅助 DNS 等各种 DNS 服务器的配置。

12.4.1 子任务 1 缓存 DNS 服务器的配置

缓存域名服务器配置很简单，不需要区域文件，配置好/var/named/chroot/etc/named.conf 就可以了。一般电信的 DNS 都是缓存域名服务器。重要的是配置好以下两项内容。

① forward only;指明这个服务器是缓存域名服务器。

② forwarders { 转发 dns 请求到那个服务器 IP;};是转发 dns 请求到那个服务器。

这样，一个简单的缓存域名服务器就架设成功了，一般缓存域名服务器都是 ISP 或者大公司才会使用。

12.4.2 子任务 2 主 DNS 服务器的配置

下面以建立一个主区域 long.com 为例，讲解 DNS 主服务器的配置。

【例 12-1】某校园网要架设一台 DNS 服务器负责 long.com 域的域名解析工作。DNS 服务器的 FQDN 为 dns.long.com，IP 地址为 192.168.1.2。要求为以下域名实现正反向域名解析服务：

dns.long.com		192.168.1.2
mail.long.com	MX 记录	192.168.0.3
slave.long.com		192.168.1.4
forward.long.com	⟷	192.168.0.6
www.long.com		192.168.0.5
computer.long.com		192.168.22.98
ftp.long.com		192.168.0.11
stu.long.com		192.168.10.22

另外，为 www.long.com 设置别名为 web.long.com。

1. 编辑 named.conf 文件

该文件在/var/named/chroot/etc 目录下。把 options 选项中的侦听 IP127.0.0.1 改成 any，把允许查询网段 allow-query 后面的 localhost 改成 any。在“include”语句中指定主配置文件为 named.zones。修改后相关内容如下：

```
[root@RHEL6 named]# vim /var/named/chroot/etc/named.conf

    listen-on port 53 { any; };
        listen-on-v6 port 53 { ::1; };
        directory       "/var/named";
        dump-file       "/var/named/data/cache_dump.db";
        statistics-file "/var/named/data/named_stats.txt";
        memstatistics-file "/var/named/data/named_mem_stats.txt";
        allow-query     { any; };
        recursion yes;
```

```
…………………<省略>…………
zone "." IN {
        type hint;
        file "named.ca";
};

include "/etc/named.zones";                          //必须更改!!
include "/etc/named.root.key";
```

2. 配置主配置文件 named.zones

在/var/named/chroot/etc 目录下，使用 vim named.zones 编辑增加以下内容：

```
[root@RHEL6 named]# vim /var/named/chroot/etc/named.zones

zone "long.com" IN {
        type master;
        file "long.com.zone";
        allow-update { none; };
};

zone "168.192.in-addr.arpa" IN {
        type master;
        file "192.168.zone";
        allow-update { none; };
};
```

3. 修改 bind 的区域配置文件

（1）创建 long.com.zone 正向区域文件

位于/var/named/chroot/var/named 目录下，为编辑方便可先将样本文件 named.localhost 复制到 long.com.zone，再对 long.com.zone 编辑修改。

```
[root@RHEL6 ~]# cd /var/named/chroot/var/named
[root@RHEL6 named]# cp -p named.localhost long.com.zone
[root@RHEL6 named]# vim /var/named/chroot/var/named/long.com.zone

$TTL 1D
@       IN SOA  @ root.long.com. (
                                        0       ; serial
                                        1D      ; refresh
                                        1H      ; retry
                                        1W      ; expire
                                        3H )    ; minimum
```

```
@               IN        NS                dns.long.com.
@               IN        MX        10      mail.long.com.

dns             IN        A                 192.168.1.2
mail            IN        A                 192.168.0.3
slave           IN        A                 192.168.1.4
www             IN        A                 192.168.0.5
forward         IN        A                 192.168.0.6
computer        IN        A                 192.168.22.98
ftp             IN        A                 192.168.0.11
stu             IN        A                 192.168.10.22
web             IN        CNAME             www.long.com.
```

（2）创建 192.168.zone 反向区域文件

位于/var/named/chroot/var/named 目录，为编辑方便可先将样本文件 named.loopback 复制到 192.168.zone，再对 192.168.zone 编辑修改，编辑修改如下。

```
[root@RHEL6 named]# cp -p named.loopback 192.168.zone
[root@RHEL6 named]# vim /var/named/chroot/var/named/192.168.zone

$TTL 1D
@     IN SOA  @   root.long.com. (
                                    0       ; serial
                                    1D      ; refresh
                                    1H      ; retry
                                    1W      ; expire
                                    3H )    ; minimum

@           IN NS       dns.long.com.
@           IN MX   10  mail.long.com.

2.1         IN PTR      dns.long.com.
3.0         IN PTR      mail.long.com.
4.1         IN PTR      slave.long.com.
5.0         IN PTR      www.long.com.
6.0         IN PTR      forward.long.com.
98.22       IN PTR      computer.long.com.
11.0        IN PTR      ftp.long.com.
22.10       IN PTR      stu.long.com.
```

4. 重新启动 DNS 服务

```
[root@RHEL6 ~]# service named restart
```

或者：

```
[root@RHEL6 ~]# service named reload
```

5. 测试（详见任务6）

说明如下。

① 主配置文件的名称一定要与/var/named/chroot/etc/named.conf 文件中指定的文件名一致。本书中是 named.zones。

② 正反向区域文件的名称一定要与/var/named/chroot/etc/named.zones 文件中 zone 区域声明中指定的文件名一致。

③ 正反向区域文件的所有记录行都要顶头写，前面不要留有空格。否则可导致DNS服务不能正常工作。

④ 第一个有效行为 SOA 资源记录。该记录的格式如下：

```
@            IN SOA  origin. contact. (
                                 1997022700        ; serial
                                 28800             ; refresh
                                 14400             ; retry
                                 3600000              ; expiry
                                 86400                ; minimum
)
```

- @是该域的替代符，例如 long.com.zone 文件中的@代表 long.com。所以上面例子中SOA有效行（@ IN SOA @ root.long.com.）可以改为（@ IN SOA long.com. root.long.com.）。
- IN 表示网络类型。
- SOA 表示资源记录类型。
- origin 表示该域的主域名服务器的 FQDN，用“.”结尾表示这是个绝对名称。例如，long.com.zone 文件中的 origin 为 dns.long.com.。
- contact 表示该域的管理员的电子邮件地址。它是正常 E-mail 地址的变通，将@变为“.”。例如，long.com.zone 文件中的 contact 为 mail.long.com.。
- serial 为该文件的版本号，该数据是辅助域名服务器和主域名服务器进行时间同步的，每次修改数据库文件后，都应更新该序列号。习惯上用 yyyymmddnn，即年月日后加两位数字，表示一日之中第几次修改。
- refresh 为更新时间间隔。辅助 DNS 服务器根据此时间间隔周期性地检查主 DNS 服务器的序列号是否改变，如果改变则更新自己的数据库文件。
- retry 为重试时间间隔。当辅助 DNS 服务器没有能够从主 DNS 服务器更新数据库文件时，在定义的重试时间间隔后重新尝试。

expiry 为过期时间。如果辅助 DNS 服务器在所定义的时间间隔内没有能够与主 DNS 服务器或另一台 DNS 服务器取得联系，则该辅助 DNS 服务器上的数据库文件被认为无效，不再响应查询请求。

⑤ TTL 为最小时间间隔，单位是秒。对于没有特别指定存活周期的资源记录，默认取 minimum 的值为 1 天，即 86400 秒。

⑥ 行“@　IN　NS　dns.long.com.”说明该域的域名服务器，至少应该定义一个。

⑦ 行“@　IN　MX　10　mail.long.com.”用于定义邮件交换器，其中 10 表示优先级别，数字越小，优先级别越高。

⑧ 类似于行“www　IN　A　192.168.0.5”是一系列的主机资源记录，表示主机名和 IP 地址的对应关系。

⑨ 行“web　IN　CNAME　www.long.com.”定义的是别名资源记录，表示 web.long.com.是 www.long.com.的别名。

⑩ 类似于行“98.22　IN PTR　computer.long.com.”是指针资源记录，表示 IP 地址与主机名称的对应关系。其中，PTR 使用相对域名，如 98.22 表示 98.22.168.192.in-addr.arpa，它表示 IP 地址为 192.168.22.98。

12.5　任务 5　配置 DNS 客户端

DNS 客户端的配置非常简单，假设本地首选 DNS 服务器的 IP 地址为 192.168.1.2，备用 DNS 服务器的 IP 地址为 192.168.0.9，DNS 客户端的设置如下所示。

1. 配置 Windows 客户端

打开“Internet 协议（TCP/IP）”属性对话框，在如图 12-4 所示的对话框中输入首选和备用 DNS 服务器的 IP 地址即可。

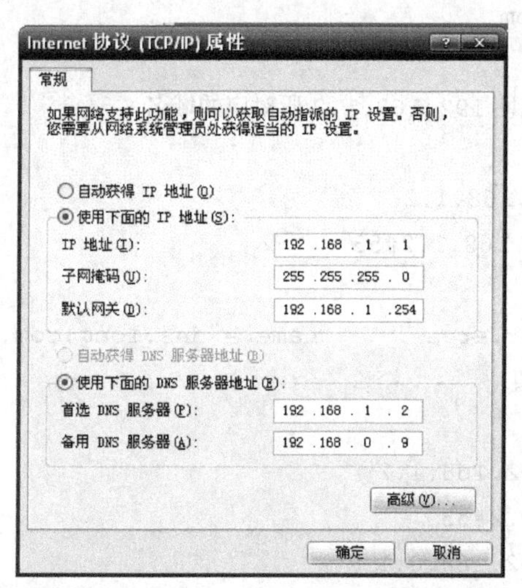

图 12-4　Windows 系统中 DNS 客户端配置

2. 配置 Linux 客户端

在 Linux 系统中可以通过修改/etc/resolv.conf 文件来设置 DNS 客户端，如下所示。

```
[root@RHEL6 ~]# vim /etc/resolv.conf
  nameserver 192.168.1.2
  nameserver 192.168.0.9
  search  long.com
```

其中 nameserver 指明域名服务器的 IP 地址，可以设置多个 DNS 服务器，查询时按照文件中指定的顺序进行域名解析，只有当第一个 DNS 服务器没有响应时才向下面的 DNS 服务器发出域名解析请求。search 用于指明域名搜索顺序，当查询没有域名后缀的主机名时，将会自动附加由 search 指定的域名。

在 Linux 系统的图形界面下也可以利用网络配置工具（可以利用 system-config-network 命令打开）进行设置。

12.6 任务 6 使用 nslookup 测试 DNS

BIND 软件包提供了 3 个 DNS 测试工具：nslookup、dig 和 host。其中 dig 和 host 是命令行工具，而 nslookup 命令既可以使用命令行模式也可以使用交互模式。

1. nslookup 命令

下面举例说明 nslookup 命令的使用方法。

```
//运行 nslookup 命令
[root@RHEL6 ~]# nslookup
//正向查询，查询域名 www.long.com 所对应的 IP 地址
> www.long.com
Server:         192.168.1.2
Address:        192.168.1.2#53

Name:   www.long.com
Address: 192.168.0.5
//反向查询，查询 IP 地址 192.168.1.2 所对应的域名
> 192.168.1.2
Server:         192.168.1.2
Address:        192.168.1.2#53

2.1.168.192.in-addr.arpa       name = dns.long.com.
//显示当前设置的所有值
> set all
Default server: 192.168.1.2
Address: 192.168.1.2#53
Default server: 192.168.0.1
Address: 192.168.0.1#53
Default server: 192.168.0.5
Address: 192.168.0.5#53

Set options:
  novc                    nodebug          nod2
  search                  recurse
  timeout=0                   retry=2          port=53
  querytype=A             class=IN
  srchlist=
```

```
//查询 long.com 域的 NS 资源记录配置
> set type=NS    //此行中 type 的取值还可以为 SOA、MX、CNAME、A、PTR 及 any 等
> long.com
Server:         192.168.1.2
Address:        192.168.1.2#53
long.com nameserver=dns.long.com.
```

2. dig 命令

dig（domain information groper）是一个灵活的命令行方式的域名查询工具，常用于从域名服务器获取特定的信息。例如，通过 dig 命令查看域名 www.long.com 的信息。

```
[root@RHEL6 ~]# dig www.long.com

; <<>> DiG 9.8.2rc1-RedHat-9.8.2-0.17.rc1.el6 <<>> www.long.com
;; global options: +cmd
;; Got answer:
;; ->>HEADER<<- opcode: QUERY, status: NOERROR, id: 23171
;; flags: qr aa rd ra; QUERY: 1, ANSWER: 1, AUTHORITY: 1, ADDITIONAL: 1

;; QUESTION SECTION:
;www.long.com.            IN  A

;; ANSWER SECTION:
www.long.com.       86400   IN  A   192.168.0.5

;; AUTHORITY SECTION:
long.com.       86400   IN  NS  dns.long.com.

;; ADDITIONAL SECTION:
dns.long.com.       86400   IN  A   192.168.1.2

;; Query time: 0 msec
;; SERVER: 192.168.1.30#53(192.168.1.30)
;; WHEN: Mon Dec 21 19:56:32 2015
;; MSG SIZE  rcvd: 80
```

3. host 命令

host 命令用来做简单的主机名的信息查询，在默认情况下，host 只在主机名和 IP 地址之间进行转换。下面是一些常见的 host 命令的使用方法。

```
//正向查询主机地址
[root@RHEL6 ~]# host dns.long.com
//反向查询 IP 地址对应的域名
[root@RHEL6 ~]# host 192.168.22.98
```

```
//查询不同类型的资源记录配置，-t 参数后可以为 SOA、MX、CNAME、A、PTR 等
[root@RHEL6 ~]# host -t NS long.com
//列出整个 long.com 域的信息
[root@RHEL6 ~]# host -l long.com 192.168.1.2
//列出与指定的主机资源记录相关的详细信息
[root@RHEL6 ~]# host -a computer.long.com
```

4. DNS 服务器配置中的常见错误

① 配置文件名写错。在这种情况下，运行 nslookup 命令不会出现命令提示符“>”。

② 主机域名后面没有小点“.”。这是最常犯的错误。

③ /etc/resolv.conf 文件中的域名服务器的 IP 地址不正确。在这种情况下，nslookup 命令不出现命令提示符。

④ 回送地址的数据库文件有问题。同样 nslookup 命令不出现命令提示符。

⑤ 在/etc/named.conf 文件中的 zone 区域声明中定义的文件名与/var/named/chroot/var/named 目录下的区域数据库文件名不一致。

12.7 项目实录

1. 录像位置

随书光盘中：\随书项目实录\实训项目 配置与管理 DNS 服务器.exe。

2. 项目实训目的

- 掌握 Linux 系统中主 DNS 服务器的配置。
- 掌握 Linux 下辅助 DNS 服务器的配置。

3. 项目背景

某企业有一个局域网（192.168.1.0/24），网络拓扑如图 12-5 所示。该企业中已经有自己的网页，员工希望通过域名来进行访问，同时员工也需要访问 Internet 上的网站。该企业已经申请了域名 jnrplinux.com，公司需要 Internet 上的用户通过域名访问公司的网页。为了保证可靠，不能因为 DNS 的故障，导致网页不能访问。

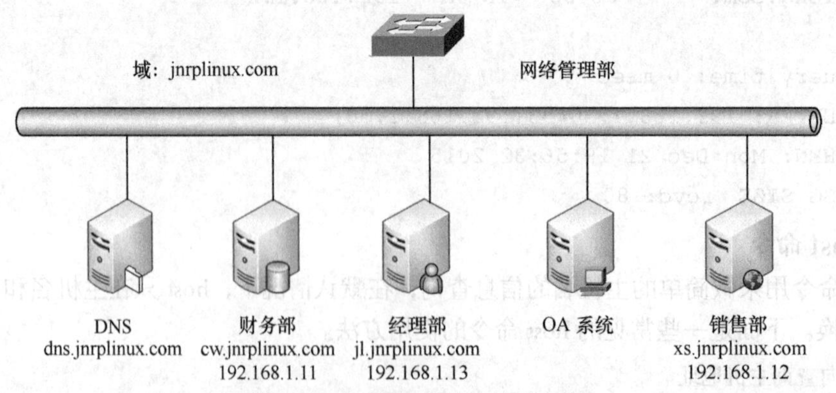

图 12-5 DNS 服务器搭建网络拓扑

要求在企业内部构建一台 DNS 服务器，为局域网中的计算机提供域名解析服务。DNS 服务器管理 jnrplinux.com 域的域名解析，DNS 服务器的域名为 dns.jnrplinux.com，IP 地址为

192.168.1.2。辅助 DNS 服务器的 IP 地址为 192.168.1.3。同时还必须为客户提供 Internet 上的主机的域名解析。要求分别能解析以下域名：财务部（cw.jnrplinux.com：192.168.1.11）、销售部（xs.jnrplinux. com：192.168.1.12）、经理部（jl.jnrplinux.com：192.168.1.13）、OA 系统（oa. jnrplinux.com：192.168.1.13）。

4. 项目实训内容

练习 Linux 系统下主及辅助 DNS 服务器的配置方法。

5. 做一做

根据项目实录录像进行项目的实训，检查学习效果。

12.8 练习题

一、填空题

1. 在 Internet 中计算机之间直接利用 IP 地址进行寻址，因而需要将用户提供的主机名转换成 IP 地址，我们把这个过程称为________。
2. DNS 提供了一个________的命名方案。
3. DNS 顶级域名中表示商业组织的是________。
4. ________表示主机的资源记录，________表示别名的资源记录。
5. 写出可以用来检测 DNS 资源创建的是否正确的两个工具________、________。
6. DNS 服务器的查询模式有________、________。
7. DNS 服务器分为四类：________、________、________、________。
8. 一般在 DNS 服务器之间的查询请求属于________查询。

二、选择题

1. 在 Linux 环境下，能实现域名解析的功能软件模块是（　　）。
   A. apache　　B. dhcpd　　C. BIND　　D. SQUID
2. www.jnrp.edu.cn 是 Internet 中主机的（　　）。
   A. 用户名　　B. 密码　　C. 别名　　D. IP 地址　　E. FQDN
3. 在 DNS 服务器配置文件中 A 类资源记录是什么意思？（　　）
   A. 官方信息　　B. IP 地址到名字的映射
   C. 名字到 IP 地址的映射　　D. 一个 name server 的规范
4. 在 Linux DNS 系统中，根服务器提示文件是（　　）。
   A. /etc/named.ca　　B. /var/named/named.ca
   C. /var/named/named.local　　D. /etc/named.local
5. DNS 指针记录的标志是（　　）。
   A. A　　B. PTR　　C. CNAME　　D. NS
6. DNS 服务使用的端口是（　　）。
   A. TCP 53　　B. UDP 53　　C. TCP 54　　D. UDP 54
7. 以下哪个命令可以测试 DNS 服务器的工作情况？（　　）。
   A. dig　　B. host　　C. nslookup　　D. named-checkzone
8. 下列哪个命令可以启动 DNS 服务？（　　）
   A. service named start　　B. /etc/init.d/named start

C. service dns start　　D. /etc/init.d/dns　start

9. 指定域名服务器位置的文件是（　　）。

A. /etc/hosts　　B. /etc/networks

C. /etc/resolv.conf　　D. /.profile

12.9　超级链接

点击 http://linux.sdp.edu.cn/kcweb，http://www.icourses.cn/coursestatic/course_2843.html 访问学习网站中学习情境的相关内容。

关于“配置与管理 DNS 服务器”的更详细的配置、更多的企业服务器实例、更多的企业服务器实例、故障排除方法，请读者参见作者的“十二五”职业教育国家规划教材《网络服务器搭建、配置与管理——Linux》(人民邮电出版社，杨云、马立新主编)。

项目十三 配置与管理 Apache 服务器

项目导入

某学院组建了校园网，建设了学院网站。现需要架设 Web 服务器来为学院网站安家，同时在网站上传和更新时，需要用到文件上传和下载，因此还要架设 FTP 服务器，为学院内部和互联网用户提供 WWW、FTP 等服务。本单元先实践配置与管理 Apache 服务器。

职业能力目标和要求

- 认识 Apache。
- 掌握 Apache 服务的安装与启动。
- 掌握 Apache 服务的主配置文件。
- 掌握各种 Apache 服务器的配置。
- 学会创建 Web 网站和虚拟主机。

13.1 Web 服务的概述

由于能够提供图形、声音等多媒体数据，再加上可以交互的动态 Web 语言的广泛普及，WWW（World Wide Web）早已经成为 Internet 用户最喜欢的访问方式。一个最重要的证明就是，当前的绝大部分 Internet 流量都是由 WWW 浏览产生的。

WWW（World Wide Web）服务是解决应用程序之间相互通信的一项技术。严格地说，WWW 服务是描述一系列操作的接口，它使用标准的、规范的 XML 描述接口。这一描述中包括了与服务进行交互所需要的全部细节，包括消息格式、传输协议和服务位置。而在对外的接口中隐藏了服务实现的细节，仅提供一系列可执行的操作，这些操作独立于软、硬件平台和编写服务所用的编程语言。WWW 服务既可单独使用，也可同其他 WWW 服务一起使用，实现复杂的商业功能。

1. Web 服务简介

WWW 是 Internet 上被广泛应用的一种信息服务技术。WWW 采用的是客户/服务器结构，整理和储存各种 WWW 资源，并响应客户端软件的请求，把所需的信息资源通过浏览器传送给用户。

Web 服务通常可以分为两种：静态 Web 服务和动态 Web 服务。

2. HTTP

HTTP（Hypertext Transfer Protocol，超文本传输协议）可以算得上是目前国际互联网基础上的一个重要组成部分。而 Apache、IIS 服务器是 HTTP 协议的服务器软件，微软的 Internet Explorer 和 Mozilla 的 Firefox 则是 HTTP 协议的客户端实现。

（1）客户端访问 Web 服务器的过程。

一般客户端访问 Web 内容要经过 3 个阶段：在客户端和 Web 服务器间建立连接、传输相关内容、关闭连接。

① Web 浏览器使用 HTTP 命令向服务器发出 Web 请求（一般是使用 GET 命令要求返回一个页面，但也有 POST 等命令）。

② 服务器接收到 Web 页面请求后，就发送一个应答并在客户端和服务器之间建立连接。如图 13-1 所示为建立连接示意图。

③ Web 服务器查找客户端所需文档，若 Web 服务器查找到所请求的文档，就会将所请求的文档传送给 Web 浏览器。若该文档不存在，则服务器会发送一个相应的错误提示文档给客户端。

④ Web 浏览器接收到文档后，就将它解释并显示在屏幕上。如图 13-2 所示为传输相关内容示意图。

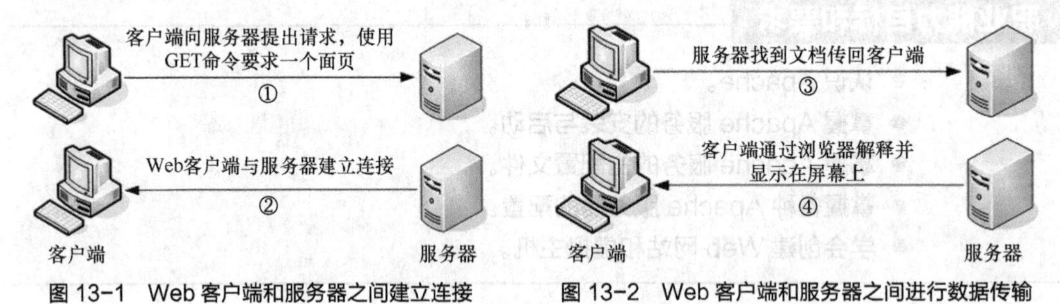

图 13-1　Web 客户端和服务器之间建立连接　　图 13-2　Web 客户端和服务器之间进行数据传输

⑤ 当客户端浏览完成后，就断开与服务器的连接。图 13-3 所示为关闭连接示意图。

（2）端口。

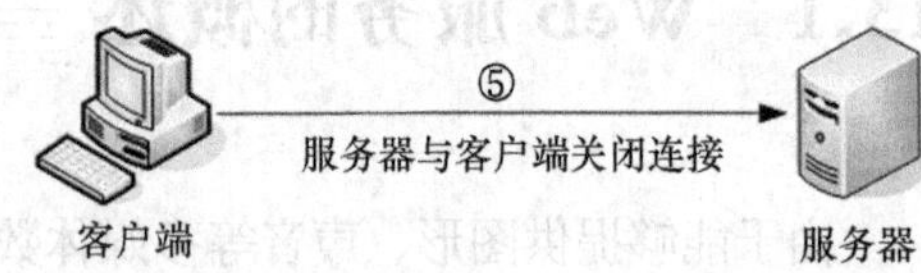

图 13-3　Web 客户端和服务器之间关闭连接

HTTP 请求的默认端口是 80，但是也可以配置某个 Web 服务器使用另外一个端口（如 8080）。这就能让同一台服务器上运行多个 Web 服务器，每个服务器监听不同的端口。但是要注意，访问端口是 80 的服务器，由于是默认设置，所以不需要写明端口号，如果访问的一个服务器是 8080 端口，那么端口号就不能省略，它的访问方式就变成了：

```
http://www.smile.com:8080/
```

当 Apache 在 1995 年初开发的时候，它是由当时最流行的 HTTP 服务器 NCSA HTTPd 1.3 的代码修改而成的，因此是“一个修补的（a patchy）”服务器。然而在服务器官方网站的 FAQ 中是这么解释的：“‘Apache’这个名字是为了纪念名为 Apache（印地语）的美洲印第安人土著的一支，众所周知他们拥有高超的作战策略和无穷的耐性”。

读者如果有兴趣的话，可以到 http://www.netcraft.com 去查看 Apache 最新的市场份额占有率，你还可以在这个网站查询某个站点使用的服务器情况。

13.2 任务 1 安装、启动与停止 Apache 服务

13.2.1 子任务 1 安装 Apache 相关软件

```
[root@RHEL6 桌面]# rpm -q httpd
[root@RHEL6 桌面]# mkdir /iso
[root@RHEL6 桌面]# mount /dev/cdrom /iso
[root@RHEL6 桌面]# yum clean all                 //安装前先清除缓存
[root@RHEL6 桌面]# yum install httpd -y
[root@RHEL6 桌面]# yum install firefox -y        //安装浏览器
[root@RHEL6 桌面]# rpm -qa|grep httpd            //检查安装组件是否成功
```

注意

一般情况下，httpd 默认已经安装，浏览器有可能在安装时未安装，需要根据情况而定。

13.2.2 子任务 2 测试 httpd 服务是否安装成功

安装完 Apache 服务器后，执行以下命令启动它。

```
[root@RHEL6 桌面]# /etc/init.d/httpd  start
Starting  httpd:                [确定]
```

然后在客户端的浏览器中输入 Apache 服务器的 IP 地址，即可进行访问。如果看到如图 13-4 所示的提示信息，则表示 Apache 服务器已安装成功。

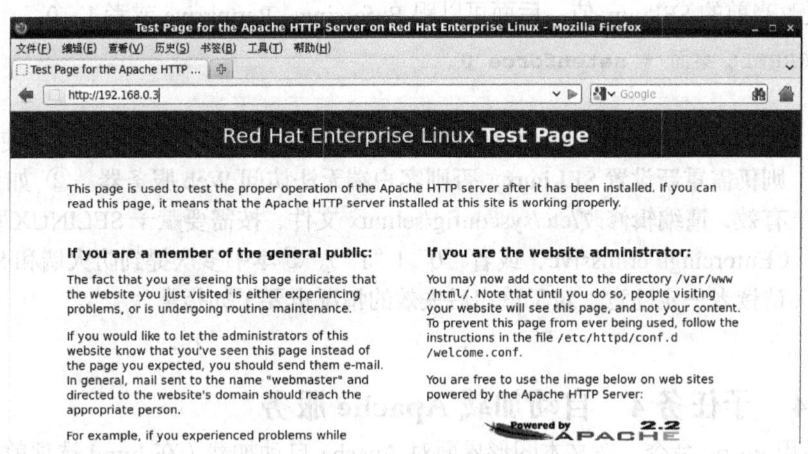

图 13-4 Apache 服务器运行正常

启动或重新启动、停止 Apache 服务命令如下：

```
[root@RHEL6 桌面]# service  httpd   start
[root@RHEL6 桌面]# service  httpd   restart
[root@RHEL6 桌面]# service  httpd  stop
```

13.2.3 子任务 3 让防火墙放行，并设置 SELinux 为允许

需要注意的是，Red Hat Enterprise Linux 6 采用了 SELinux 这种增强的安全模式，在默认的配置下，只有 SSH 服务可以通过。像 Apache 这种服务，在安装、配置、启动完毕后，还需要为它放行才行。

（1）在命令行控制台窗口，输入“setup”命令打开 Linux 配置工具选择窗口，如图 13-5 所示。

（2）选中其中的“防火墙配置”选项，按下“运行工具”按钮来打开“防火墙配置”窗口，如图 13-6 所示。按空格键将“启用”前面的“*”去掉。也可按“定制”按钮，把需要运行的服务前面都打上“*”号标记（选中该条目后，按下空格键）。

图 13-5 Red Hat Enterprise Linux 6 配置工具

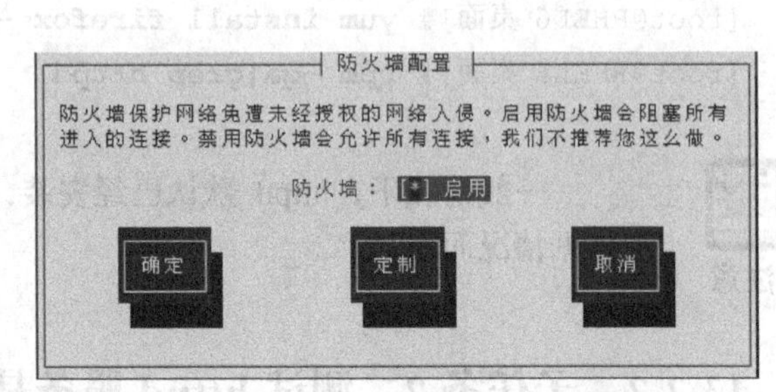

图 13-6 关闭防火墙

初学者可以直接关闭防火墙，避免未知的错误。熟悉后再逐渐开放防火墙相关端口。

（3）更改当前的 SELinux 值，后面可以跟 Enforcing、Permissive 或者 1、0。

```
[root@RHEL6 桌面]# setenforce 0
```

① 利用 setenforce 设置 SELinux 值，重启系统后失效，如果再次使用 httpd，则仍需重新设置 SELinux，否则客户端无法访问 Web 服务器。② 如果想长期有效，请编辑修改/etc/sysconfig/selinux 文件，按需要赋予 SELINUX 相应的值（Enforcing|Permissive，或者“0”|“1”）。③本书多次提到防火墙和 SELinux，请读者一定注意，对于重启后失效的情况也要了如指掌。

13.2.4 子任务 4 自动加载 Apache 服务

（1）使用 ntsysv 命令，在文本图形界面对 Apache 自动加载（在 httpd 选项前按空格，加上“*”）。

（2）使用 chkconfig 命令自动加载。

```
[root@RHEL6 桌面]# chkconfig --level 3 httpd on     #运行级别 3 自动加载
[root@RHEL6 桌面]# chkconfig --level 3 httpd off    #运行级别 3 不自动加载
```

13.3　任务 2　认识 Apache 服务器的主配置文件

Apache 服务器的主配置文件是 httpd.conf，该文件通常存放在/etc/httpd/conf 目录下。文件看起来很复杂，其实很多是注释内容。本节先作大略介绍，后面的章节将给出实例，非常容易理解。

httpd.conf 文件不区分大小写，在该文件中以“#”开始的行为注释行。除了注释和空行外,服务器把其他的行认为是完整的或部分的指令。指令又分为类似于 shell 的命令和伪 HTML 标记。指令的语法为“配置参数名称　参数值”。伪 HTML 标记的语法格式如下：

```
<Directory />
    Options FollowSymLinks
    AllowOverride None
</Directory>
```

该文件主要由全局环境配置、主服务器配置和虚拟主机配置 3 部分组成。

1. 全局环境配置（Global Environment）

这一部分的指令将影响整个 Apache 服务器，例如它所能处理的并发请求数或者它在哪里能够找到其配置文件等。

（1）ServerRoot "/etc/httpd"。

此为 Apache 的根目录。配置文件、记录文件、模块文件都在该目录下。

（2）PidFile run/httpd.pid。

此文件保存着 Apache 父进程 ID。

（3）Timeout 120。

设定超时时间。如果客户端超过 120s 还没有连接上服务器，或者服务器超过 120 s 还没有传送信息给客户端，则强制断线。

（4）KeepAlive Off。

不允许客户端同时提出多个请求，设为 on 表示允许。

（5）MaxKeepAliveRequests　100。

每次联系允许的最大请求数目，数字越大，效率越高。0 表示不限制。

（6）KeepAliveTimeout 15。

客户端的请求如果 15s 还没有发出，则断线。

（7）MinSpareServers 5 和 MaxSpareServers 20。

- MinSpareServers 5 表示最少会有 5 个闲置 httpd 进程来监听用户的请求。如果实际的闲置数目小于 5，则会增加 httpd 进程。
- MaxSpareServers 20 表示最大的闲置 httpd 进程为 20。如果网站访问量很大，可以将这个数目设置大一些。

（8）StartServers 8。

启动时打开的 httpd 进程数目。

（9）MaxClients 256。

限制客户端的同时最大连接数目。一旦达到此数目，客户端就会收到“用户太多，拒绝访问”的错误提示。该数目不应该设置得太小。

（10）MaxRequestsPerChild 4 000。

限制每个 httpd 进程可以完成的最大任务数目。

（11）#Listen 12.34.56.78：80。

设置 Apache 服务的监听端口。一般在使用非 80 端口时设置。

（12）LoadModule auth_basic_module modules/mod_auth_basic.so。

加载 DSO 模块。DSO（Dynamic Shared Object）很像 Windows 的 DLL（Dynamic Link Library，动态链接库）。

（13）#ExtendedStatus On。

用于检测 Apache 的状态信息，预设为 Off。

（14）User apache。

Group apache

设置 Apache 工作时使用的用户和组。

2. 主服务器配置（Main server configuration）

本部分主要用于配置 Apache 的主服务器。

（1）ServerAdmin root@localhost

管理员的电子邮件地址。如果 Apache 有问题，则会寄信给管理员。

（2）#ServerName www.example.com:80

此处为主机名称，如果没有申请域名，使用 IP 地址也可以。

（3）DocumentRoot "/var/www/html"

设置 Apache 主服务器网页存放地址。

（4）<Directory/>

```
        Options FollowSymLinks
        AllowOverride None
</ Directory>
```

设置 Apache 根目录的访问权限和访问方式。

（5）<Directory "/var/www/html">

```
        Options Indexes FollowSymLinks
        AllowOverride None
        Order allow, deny
        Allow from all
</ Directory>
```

设置 Apache 主服务器网页文件存放目录的访问权限。

（6）<IfModule mod_userdir.c>

```
        UserDir disable
        #UserDir public_html
</ IModule>
```

设置用户是否可以在自己的目录下建立 public_html 目录来放置网页。如果设置为“UserDir Public_html”，则用户就可以通过：

```
http://服务器 IP 地址：端口/~用户名称
```

来访问其中的内容。

（7）DirectoryIndex index.htrnl index.html.var

设置预设首页，默认是 index.html。设置以后，用户通过“http://服务器 IP 地址：端口/”访问的其实就是“http://服务器 IP 地址：端口/index.html”。

（8）Access FileName.htaccess

设置 Apache 目录访问权限的控制文件，预设为.htaccess，也可以是其他名字。

（9）<Files ~"^\.ht">

Order allow,deny

Denyfrom all

</Files>

防止用户看到以“.ht”开头的文件，保护.htaccess、.htpasswd 的内容。主要是为了防止其他人看到预设可以访问相关内容的用户名和密码。

（10）TypesConfig /etc/mime/types

指定存放 MIME 文件类型的文件。可以自行编辑 mime.types 文件。

（11）DefaultType text/plain

当 Apache 不能识别某种文件类型时，将自动将它当成文本文件处理。

（12）<IfModule rood mime_magic.c>

\# MIMEMagicFile /usr/share/magic.mime

MIMEMagicFile conf/magic

</IfMOdule>

mod_mime_magic.c 块可以使 Apache 由文件内容决定其 MIME 类型。只有载入了 rood_mime_magic.c 模块时，才会处理 MIMEMagicFile 文件声明。

（13）HostnameLookups Off

如果设置为 On，则每次都会向 DNS 服务器要求解析该 IP，这样会花费额外的服务器资源，并且降低服务器端响应速度，所以一般设置为 Off

（14）ErrorLog logs/error_log

指定错误发生时记录文件的位置。对于在<VirtualHost>段特别指定的虚拟主机来说，本处声明会被忽略。

（15）LogLevel warn

指定警告及其以上等级的信息会被记录在案。各等级及其说明如表 13-1 所示。

表 13-1 各等级及其说明

等 级	说 明	等 级	说 明
debug	Debug 信息	error	错误信息
info	一般信息	crit	致命错误
notice	通知信息	alert	马上需要处理的信息
Warn	警告信息	emerg	系统马上要死机了

（16）LogFormat "%h%l%u%t\"%r\"%>s%b\"%{Referer}i\"%{User-Agent}i\""combined

LogFormat "%h%l%u%t\"%r\"%>s%b\" common

LogFormat "%{Referer}i->%U\" referer

LogFormat "%{User-agent}i " agent

设置记录文件存放信息的模式。自定义 4 种：combined、common、referer 和 agent。

（17）CustomLog logs/access_log combined

设置存取文件记录采用 combined 模式

（18）ServerSignature On

设置为 On 时，由于服务器出错所产生的网页会显示 Apache 的版本号、主机、连接端口等信息；如果设置为 E-mail，则会有“mailto:”的超链接。

（19）Alias /icons/ "/var/www/icons/":

```
<Directory "/var/www/icons/">
Options Indexes MultiViews
AllowOverride None
Order allow,deny
Allow from all
</ Directory>
```

定义一个图标虚拟目录，并设置访问权限。

（20）ScriptAlias /cgi-bin/ "/var/www/cgi-bin/":

```
<Directory "/var/www/cgi-bin/">
AllowOverride None
Options None
Order allow,deny
Allow from all
</ Directory>
```

同 Alias，只不过设置的是脚本文件目录。

（21）IndexOptions FancyIndexing VersionSort NameWidth=*HTMLTable

采用更好看的带有格式的文件列表方式。

（22）AddIconByEncoding （CMP,/icons/compressed.gif）x-compress x-gzip

```
AddlconByType(TXT,/icons/text.gif)text/*
……
DefaultIcon /icons/unknown.gif
```

设置显示文件列表时，各种文件类型对应的图标显示。

（23）#AddDescription "GZIP compressed document".gz

```
#AddDescription "tar archive".tar
#AddDescription "GZIP compressed tar archive".tgz
```

在显示文件列表时，各种文件后面显示的注释文件。其格式为

```
AddDescription    "说明文字"    文件类型
```

（24）ReadmeName README.html

```
HeaderName HEADER.html
```

显示文件清单时，分别在页面的最下端和上端显示的内容。

（25）IndexIgnore.??** ~*#HEADER* README* RCS CVS,V*,t

忽略这些类型的文件，在文件列表清单中不显示出来。

（26）DefaultLanguage nl

设置页面的默认语言。

（27）AddLanguage ca.ca

AddLanguage zh-CN.zh-cn

设置页面语言。

（28）LanguagePriority en ca cs da de el eo es et fr he hr itja ko ltz nl nn rio pl pt pt-BR ru sv zh-CN zh-TW

设置页面语言的优先级。

（29）AddType application/x-compress.Z

AddType application/x-gzip.gz.tgz

增加 MIME 类型。

（30）AddType text/html.shtml

AddOutputFilter INCLUDES.shtml

使用动态页面。

（31）#ErrorDocument 500 "The server made a boo boo. "

#ErrorDocument 404 /missing.html

#ErrorDocument 404 "/cgi-bin/missing_handler.pl"

#ErrorDocument 402 http://www.example.com/subscription_info.html

Apache 支持 3 种格式的错误信息显示方式：纯文本、内部链接和外部链接。其中，内部链接又包括 html 和 script 两种格式。

（32）BrowserMatch "Mozilla/2" nokeepalive

BrowserMatch "MSIE 4\.0b2; " nokeepalive downgrade-1.0 force-response-1.0

如果浏览器符合这两种类型，则不提供 keepalive 支持。

（33）BrowserMatch "RealPlayer 4\.0" force-response-1.0

BrowserMatch "Java/1\.0" force-response-1.0

BrowserMatch "JDK/1\.0" force-response-1.0

如果浏览器是这 3 种类型，则使用“HTTP/1.0”回应。

3. 虚拟主机配置（Virtual Hosts）

通过配置虚拟主机，可以在单个服务器上运行多个 Web 站点。对于访问量不大的站点来说，这样做可以降低单个站点的运营成本。虚拟主机可以是基于 IP 地址、主机名或端口号的。基于 IP 地址的虚拟主机需要计算机上配有多个 IP 地址，并为每个 Web 站点分配一个唯一的 IP 地址。基于主机名的虚拟主机要求拥有多个主机名，并且为每个 Web 站点分配一个主机名。基于端口号的虚拟主机，要求不同的 Web 站点通过不同的端口号监听，这些端口号只要系统不用就可以。

下面是虚拟主机部分的默认配置示例，具体配置见后文。

```
NameVirtualHost *:80
<VirtualHost *:80>
    ServerAdmin webmaster@dummy-host.example.com
    DocumentRoot /www/docs/dummy-host.example.com
```

```
    ServerName dummy-host.example.com
    ErrorLog logs/dummy-host.example.com-error_log
    CustomLog logs/dummy-host.example.com-access_log common
</VirtualHost>
```

13.4 任务3 常规设置 Apache 服务器

1. 根目录设置（ServerRoot）

配置文件中的 ServerRoot 字段用来设置 Apache 的配置文件、错误文件和日志文件的存放目录。并且该目录是整个目录树的根节点，如果下面的字段设置中出现相对路径，那么就是相对于这个路径的。默认情况下根路径为/etc/httpd，可以根据需要进行修改。

【例 13-1】设置根目录为/usr/local/httpd。

```
ServerRoot   "/usr/local/httpd"
```

2. 超时设置

Timeout 字段用于设置接受和发送数据时的超时设置。默认时间单位是秒。如果超过限定的时间客户端仍然无法连接上服务器，则予以断线处理。默认时间为 120 秒，可以根据环境需要予以更改。

【例 13-2】设置超时时间为 300 秒。

```
Timeout   300
```

3. 客户端连接数限制

客户端连接数限制就是指在某一时刻内，www 服务器允许多少客户端同时进行访问。允许同时访问的最大数值就是客户端连接数限制。

（1）为什么要设置连接数限制？

讲到这里不难提出这样的疑问，网站本来就是提供给别人访问的，何必要限制访问数量，将人拒之门外呢？如果搭建的网站为一个小型的网站，访问量较小，则对服务器响应速度没有影响，不过如果网站访问用户突然过多，一时间点击率猛增，一旦超过某一数值很可能导致服务器瘫痪。而且，就算是门户级网站，例如百度、新浪、搜狐等大型网站，它们所使用的服务器硬件实力相当雄厚，可以承受同一时刻成千甚至上万的单击量，但是，硬件资源还是有限的，如果遇到大规模的 DDOS（分布式拒绝服务攻击），仍然可能导致服务器过载而瘫痪。作为企业内部的网络管理者应该尽量避免类似的情况发生，所以限制客户端连接数是非常有必要的。

（2）实现客户端连接数限制。

在配置文件中，MaxClients 字段用于设置同一时刻内最大的客户端访问数量，默认数值是 256。对于小型的网站来说已经够用了。如果是大型网站，可以根据实际情况进行修改。

【例 13-3】设置客户端连接数为 500。

```
<IfModule  prefork.c>
  StartServers          8
  MinSpareServers       5
  MaxSpareServers       20
```

```
ServerLimit           500
MaxClients            500
MaxRequestSPerChild   4000
</IfModule>
```

注意

MaxClients 字段出现的频率可能不止一次，请注意这里的 MaxClients 是包含在<IfModule prefork.c> </IfModule>这个容器当中的。

4. 设置管理员邮件地址

当客户端访问服务器发生错误时，服务器通常会将带有错误提示信息的网页反馈给客户端，并且上面包含管理员的 E-mail 地址，以便解决出现的错误。

如果需要设置管理员的 E-mail 地址，可以使用 ServerAdmin 字段来设置。

【例 13-4】设置管理员的 E-mail 地址为 root@smile.com。

```
ServerAdmin    root@smile.com
```

5. 设置主机名称

ServerName 字段定义了服务器名称和端口号，用以标明自己的身份。如果没有注册 DNS 名称，可以输入 IP 地址。当然，可以在任何情况下输入 IP 地址，这也可以完成重定向工作。

【例 13-5】设置服务器主机名称及端口号。

```
ServerName    www.example.com:80
```

技巧

正确使用 ServerName 字段设置服务器的主机名称或 IP 地址后，在启动服务时则不会出现 Could not reliably determine the server's fully qualified domain name，using 127.0.0.1 for ServerName 的错误提示了。

6. 设置文档目录

文档目录是一个较为重要的设置，一般来说，网站上的内容都保存在文档目录中。在默认情形下，所有的请求都从这里开始，除了记号和别名将改指它处以外。

【例 13-6】设置文档目录为/usr/local/html。

```
DocumentRoot    "/usr/local/html"
```

7. 设置首页

相信很多人对首页一词并不陌生，打开网站时所显示的页面即该网站的首页（主页）。首页的文件名是由 DirectoryIndex 字段来定义的。在默认情况下，Apache 的默认首页名称为 index.html。当然也可以根据实际情况进行更改。

【例 13-7】设置首页名称为 index.html。

```
DirectoryIndex    index.html
```

也可以同时设置多个首页名称，但需要将各个文件名之间用空格分开。例如：

```
DirectoryIndex    index.html   smile.php
```

如果按照以上设置，Apache 会根据文件名的先后顺序查找在文档目录中是否有 index.html

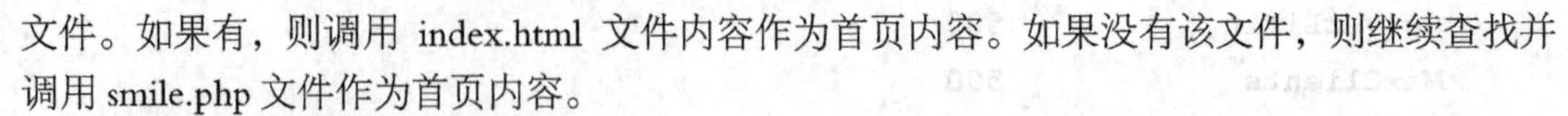

文件。如果有，则调用 index.html 文件内容作为首页内容。如果没有该文件，则继续查找并调用 smile.php 文件作为首页内容。

8. 网页编码设置

由于地域的不同，中国和外国，或者说亚洲地区和欧美地区所采用的网页编码也不同，如果出现服务器端的网页编码和客户端的网页编码不一致，就会导致我们看到的是乱码，这和各国人民所使用的母语不同道理一样，这样会带来交流的障碍。如果想正常显示网页的内容，则必须使用正确的编码。

httpd.conf 中使用 AddDefaultCharset 字段来设置服务器的默认编码。在默认情况下服务器编码采用 UTF-8。而汉字的编码一般是 GB2312，国家强制标准是 GB18030。具体使用哪种编码要根据网页文件里的编码来决定，要保持和这些文件所采用的编码是一致的就可以正常显示。

【例 13-8】设置服务器默认编码为 GB2312。

```
AddDefaultCharset  GB2312
```

技巧

若清楚该使用哪种编码，则可以把 AddDefaultCharset 字段注释掉，表示不使用任何编码，这样让浏览器自动去检测当前网页所采用的编码是什么，然后自动进行调整。对于多语言的网站搭建，最好采用注释掉 AddDefaultCharset 字段的这种方法。

9. 用户个人主页

现在许多网站（例如，www.163.com）都允许用户拥有自己的主页空间，而用户可以很容易地管理自己的主页空间。Apache 可以实现用户的个人主页。客户端在浏览器中浏览个人主页的 URL 地址格式一般为

```
http://域名/~username
```

其中，"~username" 在利用 Linux 系统中的 Apache 服务器来实现时，是 Linux 系统的合法用户名（该用户必须在 Linux 系统中存在）。

用户的主页存放的目录由 Apache 服务器的主配置文件 httpd.conf 文件中的主要设置参数 UserDir 设定。下面是 httpd.conf 文件中关于用户主页的存放目录及目录访问权限的设置。

（1）设置 Linux 系统用户个人主页的目录。

Linux 系统用户个人主页的目录由<IfModule mod_userdir.c>容器实现，默认情况下，UserDir 的取值为 disable，表示不为 Linux 系统用户设置个人主页。如果想为 Linux 系统用户设置个人主页可以修改 UserDir 的取值，一般为 public_html，该目录在用户的家目录下。下面是<IfModule mod_userdir.c>容器的默认配置。

```
<IfModule mod_userdir.c>
      UserDir disable
      #UserDir public_html
</IfModule>
```

（2）设置用户个人主页所在目录的访问权限。

在允许 Linux 系统用户拥有个人主页时，可以利用 Directory 容器为该目录设置访问控制权限。下面是 httpd.conf 文件中对 "/home/*/public_html" 目录的访问控制权限的默认配置，

该 Directory 容器默认是被注释掉的。

```
<Directory /home/*/public_html>
    AllowOverride FileInfo AuthConfig Limit
    Options MultiViews Indexes SymLinksIfOwnerMatch IncludesNoExec
    <Limit GET POST OPTIONS>
        Order allow,deny
        Allow from all
    </Limit>
    <LimitExcept GET POST OPTIONS>
        Order deny,allow
        Deny from all
    </LimitExcept>
</Directory>
```

【例 13-9】在 IP 地址为 192.168.1.30 的 Apache 服务器中，为系统中的 long 用户设置个人主页空间。该用户的家目录为/home/long，个人主页空间所在的目录为 public_html。

① 修改用户的家目录权限，使其他用户具有读取和执行的权限。

```
[root@RHEL6 ~]# useradd long
[root@RHEL6 ~]# passwd long
[root@RHEL6 ~]# chmod 705 /home/long
```

② 创建存放用户个人主页空间的目录。

```
[root@RHEL6 ~]# mkdir /home/long/public_html
```

③ 创建个人主页空间的默认首页文件。

```
[root@RHEL6 ~]# cd /home/long/public_html
[root@RHEL6 public_html]# echo "this is long's web。">>index.html
```

使用 vim 修改/etc/httpd/conf/httpd.conf 文件中<IfModule mod_userdir.c>模块的内容，将 UserDir 的值设置为 public_html，并将<Directory /home/*/public_html>容器的注释符去掉，如下所示：

```
<IfModule mod_userdir.c>
    #UserDir disable
    UserDir public_html
</IfModule>
```

④ 关闭防火墙，SELnux 设置为允许，重启 httpd 服务。

```
[root@RHEL6 ~]# setenforce 0
[root@RHEL6 ~]# service httpd restart
```

⑤ 在客户端的浏览器中输入 http://192.168.1.30/ ~ long，看到的个人空间的访问效果如图 13-7 所示。

注意

一般不为系统的 root 超级用户设置个人空间，可以添加 UserDir disable root 语句实现该功能。

10. 虚拟目录

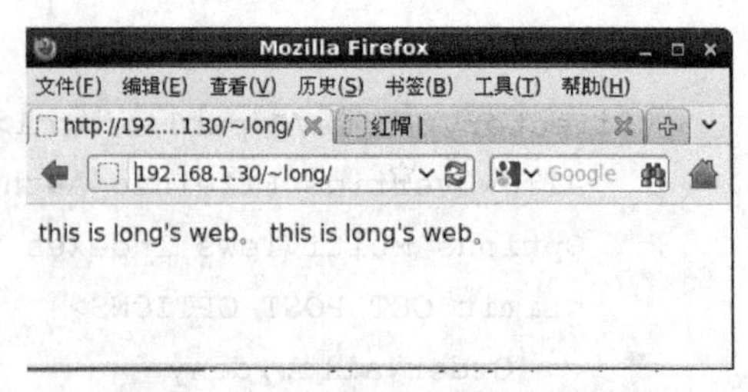

图 13-7 用户个人空间的访问效果图

要从 Web 站点主目录以外的其他目录发布站点，可以使用虚拟目录实现。虚拟目录是一个位于 Apache 服务器主目录之外的目录，它不包含在 Apache 服务器的主目录中，但在访问 Web 站点的用户看来，它与位于主目录中的子目录是一样的。每一个虚拟目录都有一个别名，客户端可以通过此别名来访问虚拟目录。

由于每个虚拟目录都可以分别设置不同的访问权限，因此非常适合于不同用户对不同目录拥有不同权限的情况。另外，只有知道虚拟目录名的用户才可以访问此虚拟目录，除此之外的其他用户将无法访问此虚拟目录。

在 Apache 服务器的主配置文件 httpd.conf 文件中，通过 Alias 指令设置虚拟目录。默认情况下，该文件中已经建立了/icons/和/manual/两个虚拟目录，它们分别对应的物理路径是/var/www/icons/和/var/www/manual/。

【例 13-10】在 IP 地址为 192.168.0.3 的 Apache 服务器中，创建名为/test/的虚拟目录，它对应的物理路径是/virdir/，并在客户端测试。

① 创建物理目录/virdir/。

```
[root@RHEL6 ~]# mkdir -p /virdir/
```

② 创建虚拟目录中的默认首页文件。

```
[root@RHEL6 ~]# cd /virdir/
[root@RHEL6 virdir]# echo "This is Virtual Directory sample。">>index.html
```

③ 修改默认文件的权限，使其他用户具有读和执行权限。

```
[root@RHEL6 virdir]# chmod 705 index.html
```

④ 修改/etc/httpd/conf/httpd.conf 文件，添加下面的语句：

```
Alias /test "/virdir"
```

⑤ 关闭防火墙和 SELnux，重启 httpd 服务。

利用 service httpd restart 命令重新启动服务。在客户端的浏览器中输入："http://192.168.1.30/test"后，看到的虚拟目录的访问效果如图 13-8 所示。

图 13-8 /test 虚拟目录的访问效果图

11. 目录设置

目录设置就是为服务器上的某个目录设置权限。通常在访问某个网站的时候，真正所访问的仅仅是那台 Web 服务器里某个目录下的某个网页文件而已。而整个网站也是由这些零零总总的目录和文件组成。作为网站的管理人员，可能经常需要只对某个目录做出设置，而不是对整个网站做设置。例如，拒绝 192.168.0.100 的客户端访问某个目录内的文件。这时，可以使用<Directory> </Directory>容器来设置。这是一对容器语句，需要成对出现。在每个容器中有 options、AllowOverride、Limit 等指令，它们都是和访问控制相关的。各参数如表 13-2 所示。

表 13-2 Apache 目录访问控制选项

访问控制选项	描　述
Options	设置特定目录中的服务器特性，具体参数选项的取值见表 6-3
AllowOverride	设置如何使用访问控制文件.htaccess，具体参数选项的取值见表 6-4
Order	设置 Apache 缺省的访问权限及 Allow 和 Deny 语句的处理顺序
Allow	设置允许访问 Apache 服务器的主机，可以是主机名也可以是 IP 地址
Deny	设置拒绝访问 Apache 服务器的主机，可以是主机名也可以是 IP 地址

（1）根目录默认设置。

```
<Directory/>
    Options FollowSymLinks                          ①
    AllowOverride None                              ②
</Directory>
```

以上代码中带有序号的两行说明如下。

① Options 字段用来定义目录使用哪些特性，后面的 FollowSymLinks 指令表示可以在该目录中使用符号链接。Options 还可以设置很多功能，常见功能请参考表 13-3 所示。

② AllowOverride 用于设置.htaccess 文件中的指令类型。None 表示禁止使用.htaccess。

表 13-3 Options 选项的取值

可用选项取值	描　述
Indexes	允许目录浏览。当访问的目录中没有 DirectoryIndex 参数指定的网页文件时，会列出目录中的目录清单
Multiviews	允许内容协商的多重视图
All	支持除 Multiviews 以外的所有选项，如果没有 Options 语句，默认为 All
ExecCGI	允许在该目录下执行 CGI 脚本
FollowSysmLinks	可以在该目录中使用符号链接，以访问其他目录
Includes	允许服务器端使用 SSI（服务器包含）技术
IncludesNoExec	允许服务器端使用 SSI（服务器包含）技术，但禁止执行 CGI 脚本
SymLinksIfOwnerMatch	目录文件与目录属于同一用户时支持符号链接

可以使用“+”或“−”号在 Options 选项中添加或取消某个选项的值。如果不使用这两个符号，那么在容器中的 Options 选项的取值将完全覆盖以前的 Options 指令的取值。

（2）文档目录默认设置。

```
<Directory  "/var/www/html">
        Options Indexes FollowSymLinks
        AllowOverride None                          ①
```

```
        Order allow, deny                   ②
        Allow from all                      ③
</Directory>
```

以上代码中带有序号的两行说明如下。

① AllowOverride 所使用的指令组此处不使用认证。

② 设置默认的访问权限与 Allow 和 Deny 字段的处理顺序。

③ Allow 字段用来设置哪些客户端可以访问服务器。与之对应的 Deny 字段则用来限制哪些客户端不能访问服务器。

Allow 和 Deny 字段的处理顺序非常重要，需要详细了解它们的意思和使用技巧。

情况一：**Order allow, deny**

表示默认情况下禁止所有客户端访问，且 Allow 字段在 Deny 字段之前被匹配。如果既匹配 Allow 字段又匹配 Deny 字段，则 Deny 字段最终生效。也就是说 Deny 会覆盖 Allow。

情况二：**Order deny, allow**

表示默认情况下允许所有客户端访问，且 Deny 字段在 Allow 语句之前被匹配。如果既匹配 Allow 字段又匹配 Deny 字段，则 Allow 字段最终生效。也就是说 Allow 会覆盖 Deny。

下面举例来说明 Allow 和 Deny 字段的用法。

【例 13-11】允许所有客户端访问。

```
Order allow, deny
Allow from all
```

【例 13-12】拒绝 IP 地址为 192.168.100.100 和来自.bad.com 域的客户端访问。其他客户端都可以正常访问。

```
Order deny,allow
Deny from  192.168.100.100
Deny from  .bad.com
```

【例 13-13】仅允许 192.168.0.0/24 网段的客户端访问，但其中 192.168.0.100 不能访问。

```
Order allow,deny
Allow from  192.168.0.0/24
Deny from  192.168.0.100
```

为了说明允许和拒绝条目的使用，对照看一下下面的两个例子。

【例 13-14】除了 www.test.com 的主机，允许其他所有人访问 Apache 服务器。

```
Order allow,deny
Allow from  all
Deny from  www.test.com
```

【例 13-15】只允许 10.0.0.0/8 网段的主机访问服务器。

```
Order deny,allow
Deny from all
Allow from 10.0.0.0/255.255.0.0
```

注意

Over、Allow from 和 Deny from 关键词，它们大小写不敏感，但 allow 和 deny 之间以“,”分割，二者之间不能有空格。

技巧

如果仅仅想对某个文件做权限设置，可以使用<Files 文件名></Files>容器语句实现，方法和使用<Directory "目录"></Directory>几乎一样。例如：

```
<Files "/var/www/html/f1.txt">
        Order allow, deny
        Allow from all
</Files>
```

13.5 任务 4 配置虚拟主机

Apache 服务器 httpd.conf 主配置文件中的第 3 部分是关于实现虚拟主机的。前面已经讲过虚拟主机是在一台 Web 服务器上，可以为多个独立的 IP 地址、域名或端口号提供不同的 Web 站点。对于访问量不大的站点来说，这样做可以降低单个站点的运营成本。

13.5.1 子任务 1 配置基于 IP 地址的虚拟主机

基于 IP 地址的虚拟主机的配置需要在服务器上绑定多个 IP 地址，然后配置 Apache，把多个网站绑定在不同的 IP 地址上，访问服务器上不同的 IP 地址，就可以看到不同的网站。

【例 13-16】假设 Apache 服务器具有 192.168.1.32 和 192.168.1.33 两个 IP 地址（提前在服务器中配置这两个 IP 地址）。现需要利用这两个 IP 地址分别创建两个基于 IP 地址的虚拟主机，要求不同的虚拟主机对应的主目录不同，默认文档的内容也不同。配置步骤如下。

① 分别创建/var/www/ip1 和/var/www/ip2 两个主目录和默认文件。

```
[root@RHEL6 ~]# mkdir  /var/www/ip1  /var/www/ip2
[root@RHEL6 ~]# echo "this is 192.168.1.32's web.">>/var/www/ip1/index.html
[root@RHEL6 ~]# echo "this is 192.168.1.33's web.">>/var/www/ip2/index.html
```

② 修改/etc/httpd/conf/httpd.conf 文件。该文件的修改内容如下：

```
//设置基于 IP 地址为 192.168.1.32 的虚拟主机
<Virtualhost 192.168.1.32>
DocumentRoot  /var/www/ip1                    //设置该虚拟主机的主目录
DirectoryIndex  index.html                    //设置默认文件的文件名
ServerAdmin  root@sales.com                   //设置管理员的邮件地址
ErrorLog   logs/ip1-error_log                 //设置错误日志的存放位置
CustomLog  logs/ip1-access_log common         //设置访问日志的存放位置
</Virtualhost>

//设置基于 IP 地址为 192.168.1.33 的虚拟主机
<Virtualhost 192.168.1.33>
```

```
DocumentRoot /var/www/ip2                          //设置该虚拟主机的主目录
DirectoryIndex index.html                          //设置默认文件的文件名
ServerAdmin  root@sales.com                        //设置管理员的邮件地址
ErrorLog    logs/ip2-error_log                     //设置错误日志的存放位置
CustomLog   logs/ip2-access_log common             //设置访问日志的存放位置
</Virtualhost>
```

③ 关闭防火墙和SELnux，重启httpd服务。

④ 在客户端浏览器中可以看到http://192.168.1.32和http://192.168.1.33两个网站的浏览效果。

为了不使后面的实训受到前面虚拟主机设置的影响，做完一个实训后，请将配置文件中添加的内容删除，然后再继续下一个实训。

13.5.2 子任务2 配置基于域名的虚拟主机

基于域名的虚拟主机的配置只需服务器有一个IP地址即可，所有的虚拟主机共享同一个IP，各虚拟主机之间通过域名进行区分。

要建立基于域名的虚拟主机，DNS服务器中应建立多个主机资源记录，使它们解析到同一个IP地址。例如：

```
www.smile.com.      IN   A    192.168.1.30
www.long.com.       IN   A    192.168.1.30
```

【例13-17】假设Apache服务器IP地址为192.168.1.30。在本地DNS服务器中该IP地址对应的域名分别为www1.long.com和www2.long.com。现需要创建基于域名的虚拟主机，要求不同的虚拟主机对应的主目录不同，默认文档的内容也不同。配置步骤如下：

① 分别创建/var/www/smile和/var/www/long两个主目录和默认文件。

```
[root@RHEL6 ~]# mkdir  /var/www/smile  /var/www/long
[root@RHEL6 ~]# echo "this is www1.long.com's web.">>/var/www/smile/ index.html
[root@RHEL6 ~]# echo "this is www2.long.com's web.">>/var/www/long/ index.html
```

② 修改httpd.conf文件。该文件的修改内容如下：

```
NameVirtualhost 192.168.1.30      //指定虚拟主机所使用的IP地址，该IP地址将对应多个
                                  //域名
<Virtualhost 192.168.1.30>        //VirtualHost后面可以跟IP地址或域名
DocumentRoot  /var/www/smile
DirectoryIndex  index.html
ServerName   www1.long.com        //指定该虚拟主机的FQDN
ServerAdmin  admin@long.com
ErrorLog  logs/www1.long.com-error_log
CustomLog  logs/www1.long.com-access_log common
</Virtualhost>

<Virtualhost 192.168.1.30>
```

```
DocumentRoot /var/www/long
DirectoryIndex index.html
ServerName   www2.long.com                    //指定该虚拟主机的 FQDN
ServerAdmin  admin@long.com
ErrorLog     logs/www2.long.com-error_log
CustomLog    logs/www2.long.com-access_log common
</Virtualhost>
```

③ 关闭防火墙和 SELnux，重启 httpd 服务。

注意

在本例的配置中，DNS 的正确配置至关重要，一定确保 smile.com 和 long.com 域名及主机的正确解析，否则无法成功。正向区域配置文件如下（参考）：

```
[root@RHEL6 long]# vim /var/named/long.com.zone
$TTL 1D
@       IN SOA  dns.long.com. mail.long.com. (
                                        0       ; serial
                                        1D      ; refresh
                                        1H      ; retry
                                        1W      ; expire
                                        3H )    ; minimum

@             IN   NS              dns.long.com.
@             IN   MX       10     mail.long.com.

dns           IN   A               192.168.1.30
www1          IN   A               192.168.1.30
www2          IN   A               192.168.1.30
```

13.5.3　子任务 3　基于端口号的虚拟主机的配置

基于端口号的虚拟主机的配置只需服务器有一个 IP 地址即可，所有的虚拟主机共享同一个 IP，各虚拟主机之间通过不同的端口号进行区分。在设置基于端口号的虚拟主机的配置时，需要利用 Listen 语句设置所监听的端口。

【例 13-18】假设 Apache 服务器 IP 地址为 192.168.1.30。现需要创建基于 8080 和 8090 两个不同端口号的虚拟主机，要求不同的虚拟主机对应的主目录不同，默认文档的内容也不同。配置步骤如下。

① 分别创建/var/www/port8080 和/var/www/port8090 两个主目录和默认文件。

```
[root@RHEL6 ~]# mkdir   /var/www/port8080   /var/www/port8090
[root@RHEL6 ~]# echo "this is 8080 ports  web.">>/var/www/port8080/ index.html
[root@RHEL6 ~]# echo "this is 8090 ports  web.">>/var/www/port8090/ index.html
```

② 修改 httpd.conf 文件。该文件的修改内容如下：

```
Listen 8080                        //设置监听端口
Listen 8090
<VirtualHost 192.168.1.30:8080>// VirtualHost 后面跟上 IP 地址和端口号，二者
                                   //之间用冒号分隔
DocumentRoot /var/www/port8080
DirectoryIndex  index.html
ErrorLog   logs/port8080-error_log
CustomLog  logs/port8090-access_log common
</VirtualHost>

<VirtualHost 192.168.1.30:8090>
DocumentRoot /var/www/port8090
DirectoryIndex  index.html
ErrorLog  logs/port8090-error_log
CustomLog  logs/port8090-access_log  common
</VirtualHost>
```

③ 关闭防火墙和允许 SELinux，重启 httpd 服务。

13.6 项目实录

1. 录像位置

随书光盘中\随书项目实录\实训项目 配置与管理 Web 服务器.exe。

2. 项目背景

假如你是某学校的网络管理员，学校的域名为 www.king.com，学校计划为每位教师开通个人主页服务，为教师与学生之间建立沟通的平台。该学校网络拓扑图如图 13-9 所示。

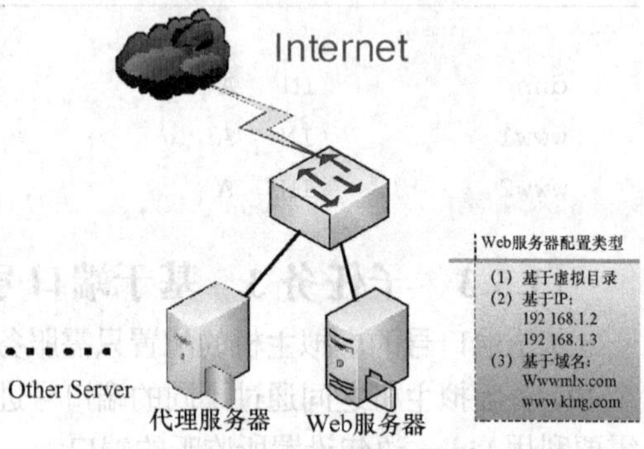

学校计划为每位教师开通个人主页服务，要求实现如下功能。

（1）网页文件上传完成后，立即自动发布，URL 为 http://www.king.com/～用户名。

（2）在 Web 服务器中建立一个名为 private 的虚拟目录，其对应的物理路径是/data/private，并配置 Web 服务器对该虚拟目录启用用户认证，只允许 kingma 用户访问。

图 13-9 Web 服务器搭建与配置网络拓扑

（3）在 Web 服务器中建立一个名为 private 的虚拟目录，其对应的物理路径是/dir1 /test，并配置 Web 服务器仅允许来自网络 jnrp.net 域和 192.168.1.0/24 网段的客户机访问该虚拟目录。

（4）使用 192.168.1.2 和 192.168.1.3 两个 IP 地址，创建基于 IP 地址的虚拟主机。其中 IP 地址为 192.168.1.2 的虚拟主机对应的主目录为/var/www/ip2，IP 地址为 192.168.1.3 的虚拟主机对应的主目录为/var/www/ip3。

（5）创建基于 www.mlx.com 和 www.king.com 两个域名的虚拟主机，域名为 www.mlx.com 的虚

拟主机对应的主目录为/var/www/mlx，域名为 www.king.com 的虚拟主机对应的主目录为/var/www/king。

3. 深度思考

在观看录像时思考以下几个问题。

（1）使用虚拟目录有何好处？

（2）基于域名的虚拟主机的配置要注意什么？

（3）如何启用用户身份认证？

4. 做一做

根据项目要求及录像内容，将项目完整无缺地完成。

13.7 练习题

一、填空题

1. Web 服务器使用的协议是________，英文全称是________，中文名称是________。

2. HTTP 请求的默认端口是________。

3. 在 Linux 平台下，搭建动态网站的组合，采用最为广泛的为________，即________、________、________以及________4 个开源软件构建，取英文第一个字母的缩写命名。

4. Red Hat Enterprise Linux 6 采用了 SELinux 这种增强的安全模式，在默认的配置下，只有________服务可以通过。

5. 在命令行控制台窗口，输入________命令打开 Linux 配置工具选择窗口。

二、选择题

1. 哪个命令可以用于配置 Red Hat Linux 启动时自动启动 httpd 服务？（ ）

A. service　　B. ntsysv　　C. useradd　　D. startx

2. 在 Red Hat Linux 中手工安装 Apache 服务器时，默认的 Web 站点的目录为（ ）。

A. /etc/httpd　　B. /var/www/html　　C. /etc/home　　D. /home/httpd

3. 对于 Apache 服务器，提供的子进程的缺省的用户是（ ）。

A. root　　B. apached　　C. httpd　　D. nobody

4. 世界上排名第一的 Web 服务器是（ ）。

A. apache　　B. IIS　　C. SunONE　　D. NCSA

5. apache 服务器默认的工作方式是（ ）。

A. inetd　　B. xinetd　　C. standby　　D. standalone

6. 用户的主页存放的目录由文件 httpd.conf 的参数（ ）设定。

A. UserDir　　B. Directory　　C. public_html　　D. DocumentRoot

7. 设置 Apache 服务器时，一般将服务的端口绑定到系统的（ ）端口上。

A. 10000　　B. 23　　C. 80　　D. 53

8. 下面（ ）不是 Apahce 基于主机的访问控制指令。

A. allow　　B. deny　　C. order　　D. all

9. 用来设定当服务器产生错误时，显示在浏览器上的管理员的 E-mail 地址的是（ ）。

A. Servername　　B. ServerAdmin

C. ServerRoot　　D. DocumentRoot

10. 在 Apache 基于用户名的访问控制中，生成用户密码文件的命令是（　　）。

A. smbpasswd　　B. htpasswd　　C. passwd　　D. password

13.8 实践习题

1. 建立 Web 服务器，同时建立一个名为/mytest 的虚拟目录，并完成以下设置：

（1）设置 Apache 根目录为/etc/httpd。

（2）设置首页名称为 test.html。

（3）设置超时时间为 240 秒。

（4）设置客户端连接数为 500。

（5）设置管理员 E-mail 地址为 root@smile.com。

（6）虚拟目录对应的实际目录为/linux/apache。

（7）将虚拟目录设置为仅允许 192.168.0.0/24 网段的客户端访问。

（8）分别测试 Web 服务器和虚拟目录。

2. 在文档目录中建立 security 目录，并完成以下设置。

（1）对该目录启用用户认证功能。

（2）仅允许 user1 和 user2 账号访问。

（3）更改 Apache 默认监听的端口，将其设置为 8080。

（4）将允许 Apache 服务的用户和组设置为 nobody。

（5）禁止使用目录浏览功能。

（6）使用 chroot 机制改变 Apache 服务的根目录。

3. 建立虚拟主机，并完成以下设置。

（1）建立 IP 地址为 192.168.0.1 的虚拟主机 1，对应的文档目录为/usr/local/www/web1。

（2）仅允许来自.smile.com.域的客户端可以访问虚拟主机 1。

（3）建立 IP 地址为 192.168.0.2 的虚拟主机 2，对应的文档目录为/usr/local/www/web2。

（4）仅允许来自.long.com.域的客户端访问虚拟主机 2。

4. 配置用户身份认证。参见作者的教材《网络服务器搭建、配置与管理-Linux（第 2 版）》（人民邮电出版社，杨云、马立新主编）的相关部分内容。

13.9 超级链接

点击 http://linux.sdp.edu.cn/kcweb，http://www.icourses.cn/coursestatic/course_2843.html 访问学习网站中学习情境的相关内容。

关于“配置与管理 Apavhe 服务器”的更详细的配置、更多的企业服务器实例、更多的企业服务器实例、故障排除方法，请读者参见作者的“十二五”职业教育国家规划教材《网络服务器搭建、配置与管理——Linux》（人民邮电出版社，杨云、马立新主编）。

项目十四 配置与管理 FTP 服务器

项目导入

某学院组建了校园网，建设了学院网站，架设了 Web 服务器来为学院网站安家，但在网站上传和更新时，需要用到文件上传和下载功能，因此还要架设 FTP 服务器，为学院内部和互联网用户提供 FTP 等服务。本单元先实践配置与管理 Apache 服务器。

职业能力目标和要求

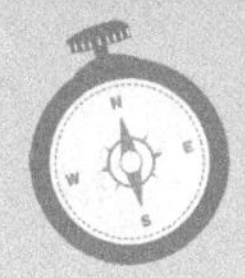

- 掌握 FTP 服务的工作原理。
- 学会配置 vsftpd 服务器。

14.1 相关知识

以 HTTP 为基础的 WWW 服务功能虽然强大，但对于文件传输来说却略显不足。一种专门用于文件传输的 FTP 服务应运而生。

FTP 服务就是文件传输服务，FTP 的全称是 File Transfer Protocol，顾名思义，就是文件传输协议，具备更强的文件传输可靠性和更高的效率。

14.1.1 FTP 工作原理

FTP 大大简化了文件传输的复杂性，它能够使文件通过网络从一台主机传送到另外一台计算机上却不受计算机和操作系统类型的限制。无论是 PC、服务器、大型机，还是 IOS、Linux、Windows 操作系统，只要双方都支持协议 FTP，就可以方便、可靠地进行文件的传送。

FTP 服务的具体工作过程如下，如图 14-1 所示。

（1）客户端向服务器发出连接请求，同时客户端系统动态地打开一个大于 1024 的端口等候服务器连接（如 1031 端口）。

（2）若 FTP 服务器在端口 21 侦听到该请求，则会在客户端 1031 端口和服务器的 21 端口之间建立起一个 FTP 会话连接。

（3）当需要传输数据时，FTP 客户端再动态地打开一个大于 1024 的端口（如 1032 端口）

连接到服务器的 20 端口，并在这两个端口之间进行数据的传输。当数据传输完毕后，这两个端口会自动关闭。

（4）当 FTP 客户端断开与 FTP 服务器的连接时，客户端上动态分配的端口将自动释放。

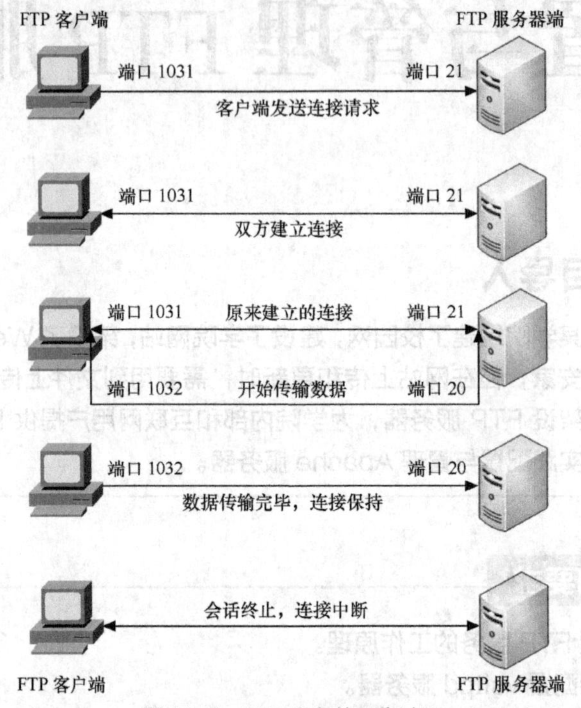

图 14-1　FTP 服务的工作过程

FTP 服务有两种工作模式：主动传输模式（Active FTP）和被动传输模式（Passive FTP）。

14.1.2　匿名用户

FTP 服务不同于 WWW，它首先要求登录到服务器上，然后再进行文件的传输，这对于很多公开提供软件下载的服务器来说十分不便，于是匿名用户访问就诞生了。通过使用一个共同的用户名 anonymous，密码不限的管理策略（一般使用用户的邮箱作为密码即可）让任何用户都可以很方便地从这些服务器上下载软件。

14.2　项目设计与准备

14.2.1　项目设计

在 VMWare 虚拟机中启动一台 Linux 服务器作为 vsftpd 服务器，在该系统中添加用户 user1 和 user2。在客户端对 vsftpd 服务器进行测试。

最后介绍一个典型 vsftpd 服务器配置案例，以达到融会贯通的教学目标。

14.2.2　项目准备

需要如下设备。

（1）PC 2 台，其中 PCA 安装企业版 Linux 网络操作系统，另一台作为测试客户端。

（2）推荐使用虚拟机进行网络环境搭建。

14.3 项目实施

14.3.1 任务1 安装、启动与停止 vsftpd 服务

1. 安装 vsftpd 服务

```
[root@RHEL6 桌面]# rpm -q vsftpd
[root@RHEL6 桌面]# mkdir /iso
[root@RHEL6 桌面]# mount /dev/cdrom /iso
[root@RHEL6 桌面]# yum clean all                    //安装前先清除缓存
[root@RHEL6 桌面]# yum install vsftpd -y
[root@RHEL6 桌面]# yum install ftp -y               //同时安装 ftp 软件包
[root@RHEL6 桌面]# rpm -qa|grep vsftpd              //检查安装组件是否成功
```

可以使用下面的命令检查系统是否已经安装了 vsftpd 服务：

```
[root@RHEL6 桌面]# rpm -qa |grep ftp
```

2. vsftpd 服务启动、重启、随系统启动、停止

安装完 vsftpd 服务后，下一步就是启动了。vsftpd 服务可以以独立或被动方式启动。在 Red Hat Enterprise Linux 6 中，默认以独立方式启动。所以输入下面的命令即可启动 vsftpd 服务。

```
[root@RHEL6 桌面]# service vsftpd start
```

要想重新启动 vsftpd 服务、随系统启动、停止，可以输入下面的命令：

```
[root@RHEL6 桌面]# service vsftpd restart
[root@RHEL6 桌面]# chkconfig  vsftpd  on            //每次开机后自动启动
[root@RHEL6 桌面]# service vsftpd stop
```

3. 在客户端 client 测试 vsftpd 服务

vsftpd 服务器安装并启动服务后，用其默认配置就可以正常工作了。下面使用 ftp 命令登录 vsftpd 服务器 192.168.1.30，以检测该服务器能否正常工作。

ftp 命令是 FTP 客户端程序，在 RHEL6 中可以使用 yum 进行安装。安装后，在 Linux 或 Windows 系统（自带）的字符界面下可以利用 FTP 命令登录 FTP 服务器，进行文件的上传、下载等操作。FTP 命令的格式如下：

```
ftp 主机名或 IP 地址
```

若连接成功，系统提示用户输入用户名和口令。在登录 FTP 服务器时，如果允许匿名用户登录，常见的匿名用户为 anonymous 和 ftp，密码为空或者是某个电子邮件的地址。vsftpd 默认的匿名用户账号为 ftp，密码也为 ftp。默认允许匿名用户登录，登录后所在的 FTP 站点的根目录为/var/ftp 目录。

① 在客户端 client 上安装好 vsftp 和 ftp 软件包，再进行测试，出现错误：

```
[root@client 桌面]# ftp 192.168.1.30
ftp: connect: 没有到主机的路由                        //出现错误
ftp> exit
```

分析：只能是防火墙和 SELinux。一是让防火墙放行 FTP 服务，将 SELinux 设置为允许；二是关闭防火墙，同时将 SELinux 设置为允许。

请读者参考前面的 setup 命令和“setenforce 0”命令。同样的问题多次出现，不再一一列举。

② 关闭防火墙和SELinux后的测试结果如图14-2所示。默认FTP目录下有个文件夹pub。

```
client1@RHEL6:~
[root@RHEL6 ~]# ftp 192.168.1.30
Connected to 192.168.1.30 (192.168.1.30).
220 (vsFTPd 2.2.2)
Name (192.168.1.30:root): ftp
331 Please specify the password.
Password:
230 Login successful.
Remote system type is UNIX.
Using binary mode to transfer files.
ftp> dir
227 Entering Passive Mode (192,168,1,30,158,246).
150 Here comes the directory listing.
drwxr-xr-x    2 0        0            4096 Mar 02  2012 pub
226 Directory send OK.
ftp> exit
221 Goodbye.
[root@RHEL6 ~]#
```

图 14-2　测试 FTP 服务器 192.168.1.30

③ FTP 登录成功后，将出现 FTP 的命令行提示符 ftp>。在命令行中输入 FTP 命令即可实现相关的操作。在提示符下输入“？”，显示 ftp 命令说明。“？”与 help 相同。关于其中常用到的一些重要命令，读者可查阅相关资料下载。

14.3.2　任务 2　认识 vsftpd 的配置文件

vsftpd 的配置主要通过以下几个文件来完成。

1. /etc/pam.d/vsftpd

vsftpd 的 Pluggable Authentication Modules（PAM）配置文件，主要用来加强 vsftpd 服务器的用户认证。

2. /etc/vsftpd/vsftpd.conf

vsftpd 的主配置文件。配置 FTP 服务器主要工作要通过修改此文件来完成。

3. /etc/vsftpd/ftpusers

所有位于此文件内的用户都不能访问 vsftpd 服务。当然，为了安全起见，这个文件中默认已经包括了 root、bin 和 daemon 等系统账号。

4. /etc/vsftpd/user_list

这个文件中包括的用户有可能是被拒绝访问 vsftpd 服务的，也可能是允许访问的，这主要取决于 vsftpd 的主配置文件/etc/vsftpd/vsftpd.conf 中的“userlist_deny”参数是设置为“YES”（默认值）还是“NO”。

5. /var/ftp

vsftpd 提供服务的文件集散地，它包括一个 pub 子目录。在默认配置下，所有的目录都是只读的，不过只有 root 用户有写权限。

14.3.3　任务 3　配置 vsftpd 常规服务器

1. 配置监听地址与控制端口

有时候，也许你不想采用 FTP 的默认 21 端口来提供服务。

【例 14-1】设置客户端访问通过 2121 端口，而不是默认的 21 端口来进行。

① 用文本编辑器打开/etc/vsftpd/vsftpd.conf。

```
[root@RHEL6 ~]# vim  /etc/vsftpd/vsftpd.conf
```

② 在其中添加如下两行：

```
listen_address=192.168.1.30
listen_port=2121
```

③ 重启 vsftpd 服务后，在 client 客户端测试结果如下。（测试结束，将上面两行语句删除，以免影响后面实训。）

```
[root@RHEL6 ~]# ftp 192.168.1.30 2121
Connected to 192.168.1.30 (192.168.1.30).
220 (vsftpd 2.2.2)
Name (192.168.1.30:root): anonymous     //也可以输入"ftp"
331 Please specify the password.
Password:                               //匿名访问，密码为空
230 Login successful.
Remote system type is UNIX.
Using binary mode to transfer files.
ftp>exit                                //退出 FTP 交互方式。
```

2. 配置 FTP 模式与数据端口

vsftpd 的主配置文件中还可以决定 FTP 采用的模式和数据传输端口。

（1）connect_from_port_20。

设置以 port 模式进行数据传输时使用 20 端口。“YES”表示使用，“NO”表示不使用。

（2）pasv_address。

定义 vsftpd 服务器使用 PASV 模式时使用的 IP 地址。默认值未设置。

（3）pasv_enable。

默认值为“YES”，也就是允许使用 PASV 模式。

（4）pasv_min_port。

指定 PASV 模式可以使用的最小（大）端口，默认值为 0，就是未限制，请将它设置为不小于 1 024 的数值（最大端口不能大于 65 535）。

（5）pasv_promiscuous。

设置为“YES”时，可以允许使用 FxP 功能。就是支持你的台式机作为客户控制端，让数据在两台服务器之间传输。

（6）port_enable。

允许使用主动传输模式，默认值为“YES”。

3. 配置 ASCII 模式

（1）ascii_download_enable。

设置是否可用 ASCII 模式下载。默认值为“NO”。

（2）ascii_upload_enable。

设置是否可用 ASCII 模式上传。默认值为“NO”。

4. 配置超时选项

vsftpd 中还有超时定义选项，以防客户端无限制地连接在 FTP 服务器上，占据宝贵的系统资源。

（1）data_connection_timeout。

定义数据传输过程中被阻塞的最长时间（以秒为单位），一旦超出这个时间，客户端的连接将被关闭。默认值是“300”。

（2）idle_session_timeout。

定义客户端闲置的最长时间（以秒为单位，默认值是 300）。超过 300 秒后，客户端的连接将被强制关闭。

（3）connect_timeout。

设置客户端尝试连接 vsftpd 命令通道的超时时间。

【例 14-2】设置客户端连接超时时间为 60 秒。

```
connect_timeout=60
```

5. 配置负载控制

当然，所有的服务器管理员都不希望 FTP 客户端占用过多的带宽，而影响了服务器的正常运行，通过以下参数就可以设置。

（1）anon_max_rate=5 000。

匿名用户的最大传输速率，单位是 B/s。

（2）local_max_rate=20 000。

本地用户的最大传输速率，单位是 B/s。

【例 14-3】限制所有用户的下载速度为 60KB/s。

```
anon_max_rate=60000
local_max_rate=60000
```

注意

vsftpd 对于文件夹传输速度限制并不是绝对锁定在一个数值，而是在 80%～120%变化。如果限制下载速度为 100KB/s，则实际下载速度在 80KB/s～120KB/s 变化。

6. 配置匿名用户

以下选项控制 anonymous（匿名用户）访问 vsftpd 服务器。

（1）anonymous_enable

当设置为“anonymous_enable=YES”时，表示启用匿名用户。当然，以下所有的控制匿名用户的选项，也只有在这项设置为“YES”时才生效。

【例 14-4】拒绝匿名用户登录 FTP 服务器。

```
anonymous_enable=NO
```

（2）anon_mkdir_write_enable

本选项设置为“YES”时，匿名用户可以在一个具备写权限的目录中创建新目录。默认值为“NO”。

（3）anon_root

当匿名用户登录 vsftpd 后，将它的目录切换到指定目录。默认值为未设置。

【例 14-5】设置匿名用户的根目录为/var/ftp/temp。

```
anon_root=/var/ftp/temp
```

（4）anon_upoad_enable

当本选项设置为“YES”时，匿名用户可以向具备写权限的目录中上传文件。默认值为“NO”。

（5）anon_world_readable_only

默认值为“YES”，这代表匿名用户只具备下载权限。

（6）ftp_username

指定匿名用户与本地的哪个账号相对应，该用户的/home 目录即为匿名用户访问 FTP 服务器时的根目录。默认值是“ftp”。

（7）no_anon_password

设置为“YES”时，匿名用户不用输入密码。默认值为“NO”。

（8）secure_email_1ist_enable

当设置为“YES”时（默认值为“NO”），匿名用户只有采用特定的 E-mail 作为密码才能访问 vsftpd 服务。

【例 14-6】搭建一台 FTP 服务器，允许匿名用户上传和下载文件，匿名用户的根目录设置为/var/ftp。

① 用文本编辑器打开，/etc/vsftpd/vsftpd.conf。

```
[root@RHEL6 桌面]# touch /var/ftp/pub/sample.tar
[root@RHEL6 桌面]# vim  /etc/vsftpd/vsftpd.conf
```

② 在其中添加如下 4 行（语句前后一定不要带空格！）：

```
anonymous_enable=YES                    #允许匿名用户登录
anon_root=/var/ftp                      #设置匿名用户的根目录为/var/ftp
anon_upload_enable=YES                  #允许匿名用户上传文件
anon_mkdir_write_enable=YES             #允许匿名用户创建文件夹
```

③ 在 Windows 7 客户端的资源管理器中输入 ftp://192.168.1.30，打开 pub 目录，新建一个文件夹，结果出错了。如图 14-3 所示。

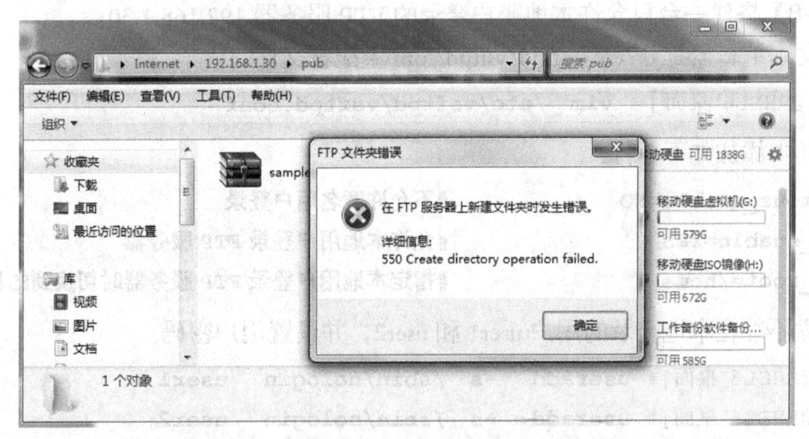

图 14-3　测试 FTP 服务器 192.168.1.30 出错

什么原因呢？系统的本地权限没有设置！

④ 设置本地系统权限，一是将属主设为 ftp，二是对 pub 目录赋予其他用户写的权限。

```
[root@RHEL6 桌面]# ll -ld /var/ftp/pub
drwxr-xr-x. 2 root root 4096 1月   3 12:36 /var/ftp/pub //其他用户没有写入权限
[root@RHEL6 桌面]# chown ftp /var/ftp/pub          //将属主改为匿名用户 ftp
[root@RHEL6 桌面]# ll -ld /var/ftp/pub
drwxr-xr-x. 2 ftp root 4096 1月   3 12:36 /var/ftp/pub//已将属主改为匿名用户 ftp
[root@RHEL6 桌面]# service vsftpd restart
```

⑤ 在 Windows 7 客户端再次测试，在 pub 目录下能够建立新文件夹。

如果要实现匿名用户删除文件等功能，仅仅在配置文件中开启这些功能是不够的，还需要注意开放本地文件系统权限，使匿名用户拥有写权限才行。在项目实录中有针对此问题的解决方案。另外也要注意关闭防火墙和允许 SELinux，否则一样会出问题！切记！

7. 配置本地用户及目录

vsftpd 允许用户以本地用户或者匿名用户登录（其中本地用户就是服务器上有实际账号的那些用户），并且提供了丰富的控制选项。

（1）local_enable

是否允许本地用户登录，默认值为“YES”，也就是允许本地用户访问 vsftpd 服务器。以下选项只有在“local enable=YES”的前提下才有效。

【例 14-7】允许本地用户登录 FTP 服务器。

```
local_enable=YES
```

（2）local_root

指定本地用户登录 vsftpd 服务器时切换到的目录。没有设置默认值。

（3）local_umask

设置文件创建的掩码（操作方法与 Linux 下文件属性设置相同），默认值是“022”，也就是其他用户具有只读属性。

【例 14-8】搭建一台只允许本地账户登录的 FTP 服务器 192.168.1.30。

① 用文本编辑器打开/etc/vsftpd/vsftpd.conf 主配置文件。

```
【root@RHEL6 桌面】# vim  /etc/vsftpd/vsftpd.conf
```

② 在其中添加如下 3 行：

```
anonymous_enable=NO                  #不允许匿名用户登录
local_enable=YES                     #允许本地用户登录 FTP 服务器
local_root=/home                     #指定本地用户登录 FTP 服务器时切换到的目录
```

③ 建立不能在本地登录的用户 user1 和 user2，并设置用户密码。

```
[root@RHEL6 桌面]# useradd  -s  /sbin/nologin  user1
[root@RHEL6 桌面]# useradd  -s  /sbin/nologin  user2
```

```
[root@RHEL6 桌面]# passwd  user1
[root@RHEL6 桌面]# passswd  user2
```

④ 测试。

```
[root@client 桌面]# ftp 192.168.1.30
Connected to 192.168.1.30 (192.168.1.30).
220 (vsftpd 2.2.2)
Name (192.168.2.30:root): ftp        //输入匿名用户 ftp 登录
331 Please specify the password.
Password:
clos530 Login incorrect.
Login failed.                        //登录失败
ftp> close                           //关闭该连接
221 Goodbye.
ftp> open 192.168.1.30               //重新打开 ftp 服务器 192.168.1.30
Connected to 192.168.1.30 (192.168.1.30).
220 (vsftpd 2.2.2)
Name (192.168.1.30:root): user1      //输入本地用户 user1
331 Please specify the password.
Password:                            //输入 user1 的用户密码
230 Login successful.
Remote system type is UNIX.
Using binary mode to transfer files.
ftp> ls                              //登录成功，可以列出设置的根目录下的文件夹
227 Entering Passive Mode (192,168,1,30,248,129).
150 Here comes the directory listing.
drwx------   2 0       0        16384 Dec 03 18:12 lost+found
drwx------    4 501      501        4096 Dec 13 07:50 user1
drwx------    4 502      502        4096 Dec 13 07:51 user2
drwx------   26 500      500        4096 Dec 03 20:10 yyadmin
226 Directory send OK.
ftp>
```

测试结果表明，在使用匿名用户（anonymous）登录时出现错误，而使用本地用户登录时成功。并且用户只能在其家目录上浏览和写入文件。

（4）chmod_enable

当设置为“YES”时，以本地用户登录的客户端可以通过“SITE CHMOD”命令来修改文件的权限。

（5）chroot_local_user

设置为“YES”时，本地用户只能访问到它的/home 目录，不能切换到/home 目录之外。

（6）chroot_list_enable

当设置为“YES”时，表示本地用户也有些例外，可以切换到它的/home 目录之外，例外

的用户在“chroot_list_file”指定的文件中（默认文件是“/etc/vsftpd/chroot_list”）。

限制用户目录的意思就是把使用者的活动范围限制在某一个目录里，他可以在这个目录范围内自由活动，但是不可以进入这个目录以外的任何目录。如果我们不限制 FTP 服务器使用者的活动范围的话，那么所有的使用者就可以随意地浏览整个文件系统，稍有设置不当就会给一些心怀不轨的用户制造机会，所以 vsftp 提供防止出现这类问题的功能，它就是限制用户目录。

【例 14-9】限制用户目录只能在本人/home 目录内。

① 建立用户 user1 和 user2。

```
[root@RHEL6 ~]# useradd  -s  /sbin/nologin  user1
[root@RHEL6 ~]# useradd  -s  /sbin/nologin  user2
```

② 修改主配置文件/etc/vsftpd/vsftpd.conf。

把 chroot_list_enable 和 chroot_list_file 前面的注释符号去掉即可。

```
chroot_list_enable=YES
# (default  follows)
chroot_list_file=/etc/vsftpd/chroot_list
```

③ 编辑 chroot_list 文件。

编辑/etc/vsftpd/chroot_list，并添加需要锁定用户目录的账号（注意每个用户占一行）。

```
 [root@RHEL6 ~]# vim /etc/vsftpd/chroot_list
user1
user2
```

④ 重启服务及测试。

当使用 user1 账号登录的时候，发现可以成功登录，但是当使用 pwd 命令查看当前路径时，发现目前所处的位置是在“/”下，而使用 ls 命令后发现，实际现在所处的位置是在/home 目录下。这样一来，user1 这个用户就被完全锁定在/home 目录中了，即使 user1 账号被黑客或图谋不轨者盗取，也无法对服务器做出过大的危害，从而大大提高系统安全性。

8. 配置虚拟用户

基于安全方面的考虑，vsftpd 除了支持本地用户和匿名用户之外，还支持虚拟用户，就是将所有非 Anonymous（匿名用户）都映射为一个虚拟用户，从而统一限制其他用户的访问权限。

（1）guest_enable

当设置为“YES”时（默认值为“NO”），所有非匿名用户都被映射为一个特定的本地用户。该用户通过“guest_username”命令指定。

（2）guest_username

设置虚拟用户映射到的本地用户，默认值为“ftp”。

9. 配置用户登录控制

vsftpd 还提供了丰富的登录控制选项，包括登录后客户端可以显示的信息，允许执行的命令等，以及登录中的一些控制选项。

（1）banner_file

设置客户端登录之后，服务器显示在客户端的信息，该信息保存在“banner_file”指定的文本文件中。

（2）cmds_allowed

设置客户端登录 vsftpd 服务器后，客户端可以执行的命令集合。需要注意的是，如果设置了该命令，则其他没有列在其中的命令都拒绝执行。没有设置默认值。

（3）ftpd-banner

设置客户端登录 vsftpd 服务器后，客户端显示的欢迎信息或者其他相关信息。需要注意的是，如果设置了“banner_file”，则本命令会被忽略。没有设置默认值。

（4）userlist_enable

userlist_deny 设置使用/etc/vsftpd/user_list 文件来控制用户的访问权限，当 userlist_deny 设置为“YES”时，user_list 中的用户都不能登录 vsftpd 服务器；设置为“NO”时，只有该文件中的用户才能访问 vsftpd 服务器。当然，这些都是在“userlist_enable”被设置为“YES”时才生效。

【例 14-10】设置一个禁止登录的用户列表文件/etc/vsftpd/user_list，并让该文件可以正常工作。

```
[root@RHEL6 ~]# vim  /etc/vsftpd/vsftpd.conf
userlist_enable=YES
userlist_file=/etc/vsftpd/user_list
```

10. 配置目录访问控制

vsftpd 还针对目录的访问设置了丰富的控制选项。

（1）dirlist_enable

设置是否允许用户列目录。默认值为“YES”，即允许列目录。

（2）dirmessage_enable

设置当用户切换到一个目录时，是否显示目录切换信息。如果设置为“YES”，则显示“message_file”指定文件中的信息（默认是显示.message 文件信息）。在项目实录中的子项目 3 对此有详细讲解。

（3）message_file

用于指定目录切换时显示的信息所在的文件，默认值为“.message”。

【例 14-11】设置用户进入/home/user1/目录后，提示“Welcome to user1's space！”。

① 用 vim 编辑/etc/vsftpd/vsftpd.conf 主配置文件。

```
[root@RHEL6 ~]# vim  /etc/vsftpd/vsftpd.conf
dirmessage_enable=YES
message_file=.message                          #指定信息文件为.message
```

② 创建提示性文件。

```
[root@RHEL6 ~]# cd  /home/user1
root@RHEL6 user1]# vim  .message
Welcome to user1's space!
```

③ 测试。测试结果表明，使用 user1 登录成功，当进入 user1 目录时，显示提示信息“Welcome to user1's space！”。

（4）force_dot_file

设置是否显示以“.”开头的文件，默认值是不显示。

（5）hide_ids

隐藏文件的所有者和组信息，匿名用户看到的文件所有者和组全部变成 ftp。

11. 配置文件操作控制

vsftpd 还提供了几个选项用于控制文件的上传和下载。

（1）download_enable

设置是否允许下载。默认值是“YES”，即允许下载。

（2）chown_uploads

当设置为“YES”时，所有匿名用户上传的文件，其拥有者都会被设置为“chown_username”命令指定的用户。默认值是“NO”。

（3）chown_username

设置匿名用户上传的文件的拥有者。默认值是“root”。

（4）write_enable

当设置为“YES”时，FTP 客户端登录后允许使用 DELE（删除文件）、RNFR（重命名）和 STOR（断点续传）命令。

12. 配置新增文件权限设置

vsftpd 服务器可以让我们设置上传过来的文件权限，以进行安全方面的设置。

（1）anon_umask

匿名用户新增文件的 umask 数值。默认值为 077。

（2）file_open_mode

上传文件的权限，与 chmod 所使用的数值相同。如果希望上传的文件可以执行，则设置此值为 0777。默认值为 0666。

（3）local_umask

本地用户新增文件时的 umask 数值（默认值为 077）。不过，其他大多数的 FTP 服务器使用的都是 022。如果用户希望的话，则可以修改为 022。

13. 日志设置

vsftpd 还可以让我们记录服务器的工作状态，以及客户端的上传、下载操作。

（1）dual_log_enable

如果启用，将生成两个相似的日志文件，分别为/var/log/xferlog 和/var/logrolate.d/vsftpd.log。前者是 Wu-ftpd 类型的传输日志，可以用于标准工具分析；后者是 vsftpd 自己类型的日志。默认值为“NO”。

（2）log_ftp_protocol

是否记录所有的 FTP 命令信息。默认值为“NO”。

（3）syslog_enable

设置为“YES”时会将本来应记录在/var/logrolate.d/vsftpd.log 中的信息，转而传给 syslogd daemon，由 syslogd 的配置文件决定存于什么位置。默认值为“NO”。

（4）xferlog_enable

如果启用，将会维护一个日志文件，用于详细记录上传和下载操作。在默认情况下，这个日志文件是/var/logrolate.d/vsftpd.log，但是也可以通过配置文件中的 vsftpd_log_file 选项来指定。默认值为“NO”。

（5）xferlog_std_format

如果启用，传输日志文件将以标准 xferlog 的格式书写，如同 Wu-ftpd 一样。此格式的日志文件默认为/var/log/xferlog，但是也可以通过 xferlog_file 选项来设定。

14. 配置限制服务器连接数

限制在同一时刻内允许连接服务器的数量是一种非常有效的保护服务器并减少负载的方式。主配置文件中常用的字段有以下两种。

（1）max_clients

设置 FTP 同一时刻的最大连接数。默认值为 0，表示不限制最大连接数。

（2）max_per_ip

设置每个 IP 的最大连接数。默认值为 0，表示不限制最大连接数。

14.3.4 任务 4 常规 FTP 服务器配置案例

1. FTP 服务器配置要求

公司内部现在有一台 FTP 服务器和 Web 服务器，FTP 主要用于维护公司的网站内容，包括上传文件、创建目录、更新网页等。公司现有两个部门负责维护任务，两者分别适用 team1 和 team2 账号进行管理。先要求仅允许 team1 和 team2 账号登录 FTP 服务器，但不能登录本地系统，并将这两个账号的根目录限制为/var/www/html，不能进入该目录以外的任何目录。

2. 需求分析

将 FTP 服务器和 Web 服务器做在一起是企业经常采用的方法，这样方便实现对网站的维护。为了增强安全性，首先需要使用仅允许本地用户访问，并禁止匿名用户登录。其次，使用 chroot 功能将 team1 和 team2 锁定在/var/www/html 目录下。如果需要删除文件，则还需要注意本地权限。

3. 解决方案

（1）建立维护网站内容的 FTP 账号 team1 和 team2 并禁止本地登录，然后为其设置密码。

```
[root@RHEL6 桌面]# useradd  -s  /sbin/nologin  team1
[root@RHEL6 桌面]# useradd  -s  /sbin/nologin  team2
[root@RHEL6 桌面]# passwd  team1
[root@RHEL6 桌面]# passwd  team2
```

（2）配置 vsftpd.conf 主配置文件并做相应修改。

```
[root@RHEL6 桌面]# vim  /etc/vsftpd/vsftpd.conf
anonymous_enable=NO                    #禁止匿名用户登录
local_enable=YES                       #允许本地用户登录
local_root=/var/www/html               #设置本地用户的根目录为/var/www/html
chroot_list_enable=YES                 #激活 chroot 功能
chroot_list_file=/etc/vsftpd/chroot_list  #设置锁定用户在根目录中的列表文件
```

保存主配置文件并退出。

（3）建立/etc/vsftpd/chroot_list 文件，添加 team1 和 team2 账号。

```
[root@RHEL6 桌面]# vim  /etc/vsftpd/chroot_list
team1
team2
```

（4）关闭防火墙和 SELinux。

① 利用 setup 命令打开防火墙对话框，将“启用”前面的“*”按空格去掉，保存退出即可。

② 编辑/etc/sysconfig/selinux 文件，将 “SELINUX=enforcing” 改为 “SELINUX=disabled”，存盘退出，重启系统即可。

（5）重启 vsftpd 服务使配置生效。

```
[root@RHEL6 桌面]# service  vsftpd  restart
```

（6）修改本地权限。

```
[root@RHEL6 桌面]# ll  -d  /var/www/html
[root@RHEL6 桌面]# chmod  -R  o+w  /var/www/html        //其他用户可以写入!
[root@RHEL6 桌面]# ll  -d  /var/www/html
```

（7）在 Linux 客户端 client 上的测试结果如图 14-4 所示。

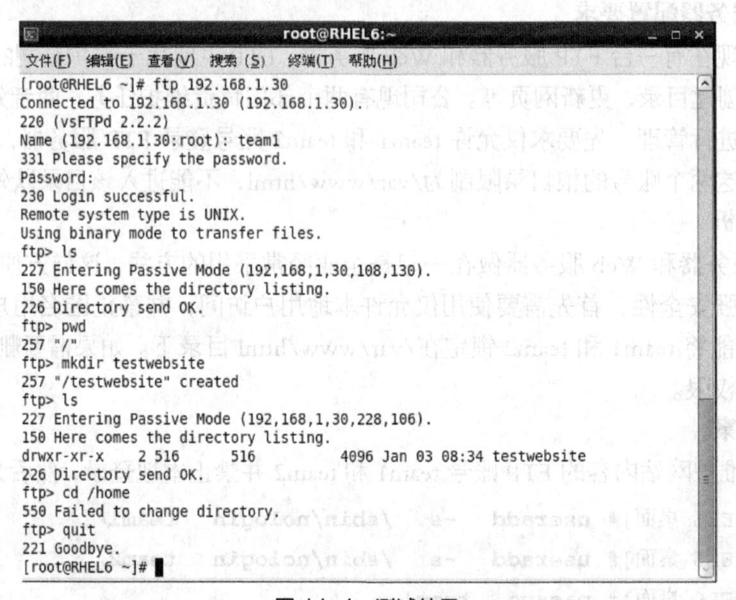

图 14-4　测试结果

14.4　项目实录

1. 录像位置

随书光盘中\随书项目实录\实训项目　配置与管理 FTP 服务器.exe。

2. 项目背景

某企业网络拓扑图如图 14-5 所示，该企业想构建一台 FTP 服务器，为企业局域网中的计算机提供文件传送任务，为财务部门、销售部门和 OA 系统提供异地数据备份。要求能够对 FTP 服务器设置连接限制、日志记录、消息、验证客户端身份等属性，并能创建用户隔离的 FTP 站点。该企业网络拓扑图如图 14-9 所示。

3. 深度思考

在观看录像时思考以下几个问题。

（1）如何使用 service vsftpd status 命令检查 vsftp 的安装状态？

（2）FTP 权限和文件系统权限有何不同？如何进行设置？

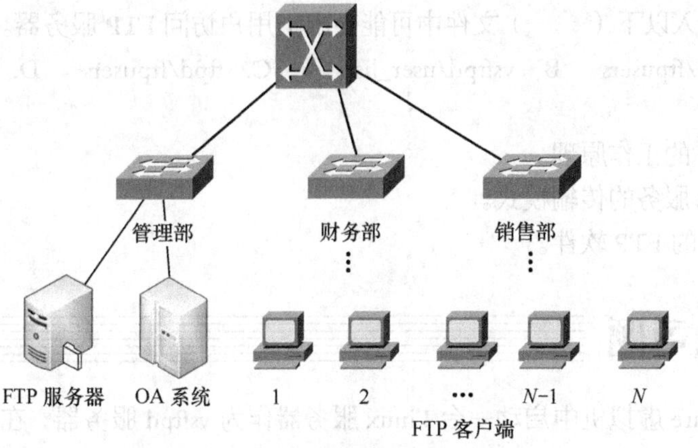

图 14-5 FTP 服务器搭建与配置网络拓扑

（3）为何不建议对根目录设置写权限？

（4）如何设置进入目录后的欢迎信息？

（5）如何锁定 FTP 用户在其宿主目录中？

（6）user_list 和 ftpusers 文件都存有用户名列表，如果一个用户同时存在两个文件中，最终的执行结果是怎样的？

4. 做一做

根据项目要求及录像内容，将项目完整无缺地完成。

14.5 练习题

一、填空题

1. FTP 服务就是________服务，FTP 的英文全称是________。

2. FTP 服务通过使用一个共同的用户名________，密码不限的管理策略，让任何用户都可以很方便地从这些服务器上下载软件。

3. FTP 服务有两种工作模式：________和________。

4. FTP 命令的格式如下：________。

二、选择题

1. ftp 命令的哪个参数可以与指定的机器建立连接？（　　）

A. connect　　B. close　　C. cdup　　D. open

2. FTP 服务使用的端口是（　　）。

A. 21　　B. 23　　C. 25　　D. 53

3. 我们从 Internet 上获得软件最常采用的是（　　）。

A. WWW　　B. telnet　　C. FTP　　D. DNS

4. 一次可以下载多个文件用（　　）命令。

A. mget　　B. get　　C. put　　D. mput

5. 下面（　　）不是 FTP 用户的类别。

A. real　　B. anonymous　　C. guest　　D. users

6. 修改文件 vsftpd.conf 的（　　）可以实现 vsftpd 服务独立启动。

A. listen=YES　　B. listen=NO　　C. boot=standalone　　D. #listen=YES

7. 将用户加入以下（　　）文件中可能会阻止用户访问 FTP 服务器。

A. vsftpd/ftpusers　B. vsftpd/user_list　C. ftpd/ftpusers　D. ftpd/userlist

三、简答题

1. 简述 FTP 的工作原理。
2. 简述 FTP 服务的传输模式。
3. 简述常用的 FTP 软件。

14.6 实践习题

1. 在 VMWare 虚拟机中启动一台 Linux 服务器作为 vsftpd 服务器，在该系统中添加用户 user1 和 user2。

（1）确保系统安装了 vsftpd 软件包。

（2）设置匿名账号具有上传、创建目录的权限。

（3）利用/etc/vsftpd/ftpusers 文件设置禁止本地 user1 用户登录 ftp 服务器。

（4）设置本地用户 user2 登录 FTP 服务器之后，在进入 dir 目录时显示提示信息 “welcome to user's dir!”。

（5）设置将所有本地用户都锁定在/home 目录中。

（6）设置只有在/etc/vsftpd/user_list 文件中指定本地用户 user1 和 user2 可以访问 FTP 服务器，其他用户都不可以。

（7）配置基于主机的访问控制，实现以下功能：

- 拒绝 192.168.6.0/24 访问；
- 对域 jnrp.net 和 192.168.2.0/24 内的主机不做连接数和最大传输速率限制；
- 对其他主机的访问限制每 IP 的连接数为 2，最大传输速率为 500kbit/s。

2. 建立仅允许本地用户访问的 vsftp 服务器，并完成以下任务。

（1）禁止匿名用户访问。

（2）建立 s1 和 s2 账号，并具有读写权限。

（3）使用 chroot 限制 s1 和 s2 账号在/home 目录中。

14.7 超级链接

点击 http://linux.sdp.edu.cn/kcweb，http://www.icourses.cn/coursestatic/course_2843.html 访问学习网站中学习情境的相关内容。

关于“配置与管理 FTP 服务器”的更详细的配置、更多的企业服务器实例、更多的企业服务器实例、故障排除方法，请读者参见作者的“十二五”职业教育国家规划教材《网络服务器搭建、配置与管理——Linux》（人民邮电出版社，杨云、马立新主编）。